中国劳动关系学院精品课系列教材

概率论与数理统计

主　编　吴亚凤

副主编　李　静　张　奎

上海交通大学出版社

SHANGHAI JIAO TONG UNIVERSITY PRESS

内容提要

本书内容包括：随机事件与概率、随机变量及其概率分布、多维随机变量及其概率分布、随机变量的数字特征、大数定理及中心极限定理、数理统计的基本知识、参数估计、假设检验。本书以基本理论和方法为核心，在此基础上注重应用，从实际问题引入基本概念，选用大量有关的例题与习题，具有循序渐进、逻辑清楚、结合实际等特点。

本书可作为高等学校理工类、经管类、人文社科类及相关专业本科生的教材或教学参考书。

图书在版编目(CIP)数据

概率论与数理统计/ 吴亚凤主编. —上海：上海交通大学出版社，2014(2020 重印)
ISBN 978-7-313-12533-0

Ⅰ．概... Ⅱ．吴... Ⅲ．①概率论 ②数理统计 Ⅳ．O21

中国版本图书馆 CIP 数据核字(2015)第 004169 号

概率论与数理统计

主 编：吴亚凤
出版发行：上海交通大学出版社　　地　　址：上海市番禺路 951 号
邮政编码：200030　　　　　　　　电　　话：021-64071208
印　　制：上海新艺印刷有限公司　　经　　销：全国新华书店
开　　本：710mm×1000mm　1/16　印　　张：12.25
字　　数：233 千字
版　　次：2015 年 8 月第 1 版　　　　印　　次：2020 年 8 月第 3 次印刷
书　　号：ISBN 978-7-313-12533-0
定　　价：39.00 元

前　　言

　　《概率论与数理统计》课程是高等学校本科大多数专业的一门重要的基础理论课,它具有广泛的实用性。通过概率论与数理统计课程的教学,能使学生获得概率论和数理统计方面的基本知识,掌握概率论和数理统计的基本概念,了解它的基本理论和基本方法,从而使学生初步掌握处理随机现象的基本思想和方法,培养学生运用概率统计方法分析和解决实际问题的能力。

　　本书根据教学大纲在多年教学实践的基础上编写而成,在编写的过程中,参照了大量的国内优秀教材,力求将目前《概率论与数理统计》教材的先进经验反映出来。本书立足于介绍概率论与数理统计的基本概念、基本理论和基本方法,在保持传统教材优点的基础上,更加注重实用性。

　　本书分8章,第1章由张奎编写,第2章由吴亚凤编写,第3章由张明编写,第4章和第5章由李静编写,第6章和第7章由王志高编写,第8章由贾屹峰编写。全书由吴亚凤负责结构安排、统稿定稿,郑红芬对本书进行了审阅。

　　本书的出版获得中国劳动关系学院规划教材项目的支持,并得到了上海交通大学出版社的鼎力帮助,在此表示感谢。

　　由于编者水平有限,书中存在的不妥之处,恳请广大读者提出宝贵意见。

编　者

目　　录

随机事件与概率

在现实生活中,人们遇到的现象一般可分为两种类型:一类是在某些确定的条件满足时,必然会发生的现象,如太阳每天从东方升起,落向西方;向上抛一枚石子必然下落;在标准大气压下水加热到 100℃一定会沸腾,到 0℃一定会结冰。这些都是**确定性现象**,也称**必然现象**。二是即使在相同条件下,其结果也是不确定的现象,如掷一枚硬币,结果可能正面向上,也可能反面向上,究竟是哪一种结果出现,事前无法知道;金融领域中事先无法断言将来某时刻某证券交易所的指数;同一条生产线上用同样的工艺生产出来的灯泡寿命长短也呈现出偶然性。这些都是不确定现象,也称为**随机现象**。

虽然随机现象"纯属偶然",但大量重复相同的试验会发现其结果还是有一定的规律可循。如若把一枚硬币重复多次,则出现正面和反面的次数大约各占一半。又如任取一只灯泡,测量其寿命等都是随机现象。这些现象有共有的特点是在个别试验(或观察)中呈现出不确定性,在大量重复的试验(或观察)中又具有某种规律性,称为**统计规律性**。概率论与数理统计正是研究和揭示随机现象的统计规律性的一门数学学科。本章将介绍随机试验、样本空间和随机事件等一系列概率论中的最基本的概念,并讨论一些特殊场合下的概率计算问题,使读者对概率有一个初步但又准确的认识,为学习下面的章节打好基础。

1.1 随机事件

1.1.1 随机试验

为了研究随机现象的统计规律性,我们把各种科学试验和观察都称为试验。概率论约定为研究随机现象所作的随机试验应具备以下 3 个特征:

(1) 可重复性:试验在相同条件下是可重复的。

(2) 可观察性:试验的全部可能结果不止一个,且试验的所有可能结果事前已知。

(3) 不确定性:每一次试验都会出现上述可能结果中的某一个结果,至于是哪一个结果则事前无法预知。

随机试验简称**试验**,通常用以字母 E 或 $E_1, E_2, \cdots$ 表示随机试验。本书所提到的试验都是随机试验。

例 1.1 下列试验均为随机试验:

（1）E_1：掷一枚硬币，观察正面反面出现的情况。

（2）E_2：抛一枚骰子，观察出现的点数。

（3）E_3：工商管理部门抽查市场某些商品的质量，检查商品是否合格。

（4）E_4：在电视机厂的仓库里，随机地抽取一台电视机，测试它的寿命。

（5）E_5：记录某一天城市发生车祸的次数。

（6）E_6：把一枚骰子抛掷两次，观察两次点数情况。

1.1.2　随机事件

在一次试验中可能发生也可能不发生，而在大量的重复试验中具有某种规律性的试验结果，称为**随机事件**，简称**事件**，常用大写英文字母 $A,B,C,D,\cdots$ 表示。

如在掷一枚骰子的试验中，$A=$"出现奇数点"是一个事件，即 $A=\{1,3,5\}$。$B=$"出现的点数小于 5"也是一个事件，即 $B=\{1,2,3,4\}$。

1.1.3　样本空间

随机试验的一切可能基本结果组成的集合称为**样本空间**，记为 $\Omega=\{\omega\}$，其中 ω 表示基本结果（不能再分解），又称**样本点**。

在具体问题中，给定样本空间是对随机现象进行数学描述的第一步。样本点是最基本单元，认识随机现象首先要列出随机试验的样本空间。

例 1.2　下面给出例 1.1 中随机试验的样本空间。

（1）掷一枚硬币的样本空间为 $\Omega_1=\{H,T\}$，其中 H 表示正面朝上，T 表示反面朝上。

（2）掷一颗骰子的样本空间为 $\Omega_2=\{\omega_1,\omega_2,\omega_3,\omega_4,\omega_5,\omega_6\}$，其中 ω_i 表示出现 i 点（$i=1,2,3,4,5,6$），也可直接记此样本空间为 $\Omega_2=\{1,2,3,4,5,6\}$。

（3）抽取一件商品是否合格的样本空间为 $\Omega_3=\{\omega_1,\omega_2\}$，其中 ω_1 表示抽取的商品为合格品，ω_2 表示抽取的商品为不合格品。

（4）电视机的寿命的样本空间为 $\Omega_4=\{t:t\geqslant 0\}$。

（5）车祸发生次数的样本空间为 $\Omega_5=\{n:n\in N\}$。

（6）把一枚骰子抛掷两次，观察两次点数情况的样本空间为 $\Omega_6=\{(1,1),(1,2),(1,3),(1,4),(1,5),(1,6),(2,1),(2,2),(2,3),(2,4),(2,5),(2,6),\cdots,(6,1),(6,2),(6,3),(6,4),(6,5),(6,6)\}$。

要成功地解决概率论中的问题，必须在具体问题中用恰当的样本空间来描述随机试验。需要注意的是：

（1）样本空间中的元素可以是数也可以不是数。

（2）样本空间至少有两个样本点。

（3）从样本空间含有样本点的个数来区分，样本空间可分为有限与无限两类。

（4）任一事件 A 是相应样本空间的一个子集。

（5）当子集 A 中某个样本点出现了，就说事件 A 发生了。

由样本空间 Ω 中的单个元素组成的子集称为**基本事件**；由样本空间 Ω 中的两个元素或两个以上元素组成的子集称为**复杂事件**；而样本空间 Ω 的最大子集（即 Ω 本身）称为**必然事件**，即每次随机试验中必然发生的事件；样本空间 Ω 的最小子集（即空集 $\varnothing$）称为**不可能事件**，即每次随机试验中不可能发生的事件。

例 1.3　掷一颗骰子的样本空间为 $\Omega=\{1,2,3,4,5,6\}$。

事件 $A=\{1\}$ 表示"出现 1 点"，是由 Ω 的单个样本点"1"组成，为基本事件；

事件 $B=\{2,4,6\}$ 表示"出现偶数点"，是由 Ω 的 3 个样本点"2，4，6"组成，为复杂事件；

事件 $C=\{$出现的点数小于 7$\}$，是由 Ω 的全部样本点"1，2，3，4，5，6"组成，为必然事件；

事件 $D=\{$出现的点数大于 6$\}$，Ω 中任一样本点都不在 D 中，所以 D 为空集，为不可能事件。

1.1.4　事件间的关系及运算

在同一问题中，我们常常需要考察多个事件及其之间的关系。将事件表示成样本空间的子集，就可以方便地运用集合间的关系及运算来讨论事件间的关系及运算。一个事件对应于样本空间的一个子集，因此某事件发生当且仅当它对应的子集中的某个元素（即样本点）在试验中出现。用 $A\subset\Omega$ 表示事件 A 是 Ω 的子集。事件的相互关系与集合论中集合的包含、相等以及集合的运算等概念相对应。

1）事件的包含

若事件 A 发生必然导致事件 B 发生，即属于 A 的样本点必属于 B，则称事件 B **包含**事件 A，或称事件 A **包含于**事件 B，记作 $B\supset A$，或 $A\subset B$（见图 1.1）。

2）事件的相等

如果事件 A 和事件 B 满足：事件 A 发生必然导致事件 B 发生，而且事件 B 发生必然导致事件 A 发生，即 $A\subset B$ 且 $B\subset A$，则称事件 A 与事件 B **相等**，记作 $A=B$。

3）事件的和（并）

事件 A 与事件 B 中至少有一个发生，即事件 A 与事件 B 中所有的样本点组成的新事件，称为事件 A 与事件 B 的和（并），记作 $A+B$ 或 $A\bigcup B$（见图 1.2）。

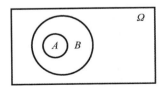

图 1.1

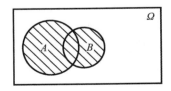

图 1.2

如在掷一颗骰子的试验中,记事件 A 为"出现奇数点",$A=\{1,3,5\}$,记事件 B 为"出现的点数不超过 3",$B=\{1,2,3\}$,则 A 与 B 的和为 $A+B=\{1,2,3,5\}$。

4）事件的积（交）

事件 A 与事件 B 同时发生,即事件 A 与事件 B 中公共的样本点组成的新事件,称为事件 A 与事件 B 的积（交）,记作 AB 或 $A\bigcap B$（见图 1.3）。

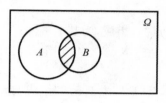

图 1.3

如在掷一颗骰子的试验中,记事件 A 为"出现奇数点",$A=\{1,3,5\}$,记事件 B 为"出现的点数不超过 3",$B=\{1,2,3\}$,则 A 与 B 的积为 $AB=\{1,3\}$。

事件的并和交运算可推广到有限个事件 A_1,A_2,$\cdots$,A_n 或可列个事件 A_1,A_2,$\cdots$的情形。n 个事件的并 $\bigcup\limits_{i=1}^{n} A_i$ 称为有限并,表示 n 个事件 A_1,A_2,$\cdots$,A_n 至少发生一个;n 个事件的交 $\bigcap\limits_{i=1}^{n} A_i$ 称为有限交,表示 n 个事件 A_1,A_2,$\cdots$,A_n 同时发生;可列个事件 A_1,A_2,$\cdots$的并 $\bigcup\limits_{i=1}^{\infty} A_i$ 称为可列并,交 $\bigcap\limits_{i=1}^{\infty} A_i$ 称为可列交。它们分别表示可列个事件和 A_1,A_2,$\cdots$至少有一个发生和同时发生。

5）事件的差

事件 A 发生而事件 B 不发生,即由在事件 A 中而不在事件 B 中的样本点组成的新事件,称为事件 A 与事件 B 的差,记作 $A-B$（见图 1.4）。

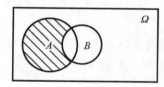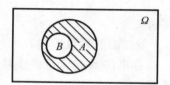

图 1.4

如在掷一颗骰子的试验中,记事件 A 为"出现奇数点",$A=\{1,3,5\}$,记事件 B 为"出现的点数不超过 3",$B=\{1,2,3\}$,则 A 与 B 的差为 $A-B=\{5\}$。

6）互不相容（或互斥）

如果事件 A 与事件 B 不可能同时发生,即事件 A 与事件 B 没有共同的样本点,$AB=\varnothing$,则称事件 A 与事件 B **互不相容**或**互斥**（见图 1.5）。

如在掷一颗骰子的试验中,记事件 A 为"出现奇数点",$A=\{1,3,5\}$,记事件 C 为"出现偶数点",$C=\{2,4,6\}$,则 A 与 C 是两个互不相容的事件。

类似地,称 n 个事件 A_1,A_2,$\cdots$,A_n 是互不相容

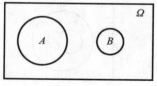

图 1.5

(或互斥)事件,如果它们中任何两个事件 A_i 与 A_j($i \neq j$,i,$j = 1,2,\cdots,n$)都互不相容;称可列个事件 A_1,A_2,$\cdots$,A_n,$\cdots$ **互不相容**,如果它们中任何两个事件 A_i 与 A_j($i \neq j$,i,$j = 1,2,\cdots$)都互不相容。

7) 对立事件(逆事件)

事件 A 不发生,即由在 Ω 中而不在 A 中的样本点组成的新事件,称为事件 A 的**对立事件**,记作 $\overline{A}$,即 $\overline{A} = \{\omega : \omega \in \Omega$ 且 $\omega \notin A\}$(见图 1.6)。

对立事件满足关系式:$A + \overline{A} = \Omega$ 及 $A\overline{A} = \varnothing$。

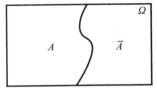

图 1.6

8) 完备事件组

如果 n 个事件 A_1,A_2,$\cdots$,A_n 满足:

(1) A_1,A_2,$\cdots$,A_n 两两互不相容,即 $A_i A_j = \varnothing$($1 \leqslant i,j \leqslant n,i \neq j$);

(2) 它们的和是必然事件,即 $\bigcup\limits_{i=1}^{n} A_i = \Omega$。

则称 n 个事件 A_1,A_2,$\cdots$,A_n **构成一个完备事件组**。

类似地,如果可列个事件 A_1,A_2,$\cdots$,A_n,$\cdots$ 满足:对于任何 $i \neq j$(i,$j = 1,2,\cdots$),有 $A_i A_j = \varnothing$,并且 $\bigcup\limits_{i=1}^{\infty} A_i = \Omega$,则称**可列个事件 A_1,A_2,$\cdots$,A_n,$\cdots$ 构成一个完备事件组**。

A_1,A_2,$\cdots$,A_n 构成一个完备事件组的意义是在每次试验中必然发生且仅能发生 A_1,A_2,$\cdots$,A_n 中的一个事件,当 $n = 2$ 时,A_1 与 A_2 就是对立事件。

1.1.5　事件的运算性质

与集合运算一样,事件的运算有如下的运算性质:

(1) $A + B = B + A$,$AB = BA$(交换律)。

(2) $A + (B + C) = (A + B) + C$,$A(BC) = (AB)C$(结合律)。

(3) $(A + B)C = AC + BC$,$(AB) + C = (A + C)(B + C)$(分配律)。

(4) $\overline{A + B} = \overline{A}\overline{B}$,$\overline{AB} = \overline{A} + \overline{B}$,$\overline{\bigcup\limits_{i} A_i} = \bigcap\limits_{i} \overline{A_i}$,$\overline{\bigcap\limits_{i} A_i} = \bigcup\limits_{i} \overline{A_i}$(对偶律:德摩根公式)。

(5) $\varnothing \subset A \subset \Omega$。

(6) 若 $A \subset B$,则 $A + B = B$,$AB = A$。

(7) $A + \varnothing = A$,$A + \Omega = \Omega$,$A\varnothing = \varnothing$,$A\Omega = A$。

(8) $A + B = A + \overline{A}B = B + A\overline{B} = A\overline{B} + \overline{A}B + AB$。

(9) $\overline{A} = \Omega - A$,$\overline{\overline{A}} = A$,$A - B = A\overline{B}$。

例 1.4　设 A,B,C 是某个随机试验的 3 个事件,则

(1) 事件"A 与 B 发生,C 不发生"可表示为:$AB\overline{C}$ 或 $AB - C$。

(2) 事件"A,B,C 中至少有一个发生"可表示为:$A + B + C$。

（3）事件"A,B,C 中至少有两个发生"可表示为：$AB+BC+AC$。

（4）事件"A,B,C 中恰好有两个发生"可表示为：$AB\bar{C}+A\bar{B}C+\bar{A}BC$。

（5）事件"A,B,C 同时发生"可表示为：ABC。

（6）事件"A,B,C 都不发生"可表示为：$\bar{A}\bar{B}\bar{C}$。

（7）事件"A,B,C 不全发生"可表示为：$\bar{A}+\bar{B}+\bar{C}$。

例 1.5　甲、乙、丙 3 人射击，以 A 表示事件"甲射击命中"，B 表示事件"乙射击命中"，C 表示事件"丙射击命中"，试用语言表述下列事件：

（1）$\bar{A}+\bar{B}+\bar{C}$；　　　　　　　　（2）$\overline{A+B}$；

（3）$AB\bar{C}+\bar{A}BC$；　　　　　　　　（4）$\overline{A+B+C}$；

（5）$\overline{AB}$。

解　（1）$\bar{A}+\bar{B}+\bar{C}$ 表示事件"甲、乙、丙未全命中"，即"甲、乙、丙至少有一人没命中"，或者"甲、乙、丙至多有两人命中"；

（2）$\overline{A+B}$ 表示事件"甲、乙均未命中"；

（3）$AB\bar{C}+\bar{A}BC$ 表示事件"甲、乙均命中，丙未命中或甲未命中，乙、丙均命中"；

（4）$\overline{A+B+C}$ 表示事件"甲、乙、丙均未命中"；

（5）$\overline{AB}$ 表示事件"甲、乙未全命中"，或者表示"甲、乙至少有一个人未命中"。

例 1.6　设 Ω 为必然事件，A,B 为两个事件，用事件运算公式简化：$AB+(A-B)+\bar{A}$。

解
$$AB+(A-B)+\bar{A}=AB+(A\bar{B})+\bar{A}=A(B+\bar{B})+\bar{A}$$
$$=A\Omega+\bar{A}=A+\bar{A}=\Omega$$

1.2　频率与概率

对于一个事件来说，它在一次试验中可能发生，也可能不发生，但通过长期的观察及对问题性质的分析发现，随机事件在一次试验中发生的可能性是有大小之分的，这是一种内在的客观规律性。我们常常希望知道某些事件在一次试验中发生的可能性究竟有多大。把衡量事件发生可能性大小的数量指标称为**事件的概率**。它是概率论中最基本的概念之一。

为了从数学上对概率这个概念给出严格的定义，先讨论一个与此相关的概念——频率。

1.2.1　频率及其性质

人们对概率的认识可以从直观的大量重复试验中获得。

定义 1.1　在相同条件下进行了 n 次试验，在这 n 次试验中事件 A 发生的次数 $n(A)$ 称为事件 A 的**频数**，比值 $n(A)/n$ 称为事件 A 发生的**频率**，并记为 $f_n(A)$，即

$$f_n(A) = \frac{n(A)}{n}$$

历史上,曾有不少人做过大量投掷硬币的试验,观察"正面向上"这一事件出现的规律。从表 1.1 的试验记录中可以发现:试验次数较少时频率是不稳定的,当试验次数不断增大时,频率稳定地在数值 0.5 附近摆动。

在生产生活中也经常会遇到同样的例子,如下雨时地面总是差不多同时淋湿,某种产品在质量检验中出现次品的频率和寿命在 70～80 岁的人占人口的比例等,在观察次数增多时,都可发现频率具有某种稳定性。

表 1.1

试验者	抛掷次数	出现正面的次数	出现正面的频率
德·摩根	2 048	1 061	0.518 1
蒲丰	4 040	2 048	0.506 9
皮尔逊	12 000	6 019	0.501 6
皮尔逊	24 000	12 012	0.500 5
维尼	30 000	14 994	0.499 8

试验表明,频率具有如下一些特点:

(1) 频率的大小能体现事件发生可能性的大小,频率大则发生的可能性也大;反之,频率小则发生的可能性也小。

(2) 频率有一定的随机波动性。

(3) 当试验的次数逐渐增多时,频率又具有稳定性。

如何来理解频率的波动性与稳定性呢?

给定一根木棒,谁都不会怀疑它有自身的"客观"长度,问题是它的长度是多少?在实际过程中,我们可以用尺或仪器来测量,但是不论尺或仪器有多精确,反复测量得到的数值多多少少会有一些差异,这类似于前面所说的频率的波动性,但是如果我们对大量重复测量的结果取平均值,这个平均值却总是稳定在"真实"长度值的附近,这又有些类似于频率的稳定性。我们把这个频率的稳定值作为对事件发生可能性大小的客观度量,称为该事件的**概率**。

定义 1.2　在相同条件下重复进行了 n 次试验,如果当 n 增大时,事件 A 发生的频率 $f_n(A)$ 稳定地在某一常数 p 附近摆动;且一般说来,n 越大,摆动幅度越小,则称常数 p 为事件 A 的**概率**,记作 $P(A)$。

这一定义称为**概率的统计定义**。它指出了事件的频率实际上是概率的一个"测量"。在这个测量过程中频率所呈现出的稳定性反映了概率的客观性,但并不能用这个定义直接计算概率。实际上,当概率不易求出时,可以取大量试验的频率作为概率的近似值。

由概率的统计定义,可以得到频率的 3 条最基本的性质,即

（1）**非负性**　任意事件 A 的频率非负：$f_n(A) \geqslant 0$。

（2）**规范性**　必然事件 Ω 的频率为 1：$f_n(\Omega) = 1$。

（3）**有限可加性**　若 $A_1, A_2, \cdots, A_m$ 是一组两两互不相容的事件,则有

$$f_n\left(\sum_{i=1}^{m} A_i\right) = \sum_{i=1}^{m} f_n(A_i)$$

证明

（1）对任何事件 A,它在 n 次试验中发生的频数 k 都满足 $0 \leqslant k \leqslant n$,由于频率 $f_n(A) = \dfrac{k}{n}$,因此有

$$0 \leqslant f_n(A) \leqslant \frac{n}{n} = 1$$

（2）必然事件 Ω 在每次试验中一定发生,即 $k = n$,因此

$$f_n(A) = \frac{n}{n} = 1$$

（3）事件 $\sum\limits_{i=1}^{m} A_i$ 表示在试验中 m 个事件 $A_1, A_2, \cdots, A_m$ 中至少有一个发生。由于它们互不相容,故在每次试验中,它们中的任何两个事件都不会同时出现。因此,在 n 次试验中 $\sum\limits_{i=1}^{m} A_i$ 发生的频数等于各事件发生频数之和,即

$$f_n\left(\sum_{i=1}^{m} A_i\right) = \sum_{i=1}^{m} f_n(A_i)$$

所以

$$f_n\left(\sum_{i=1}^{m} A_i\right) = \frac{f_n\left(\sum\limits_{i=1}^{m} A_i\right)}{n} = \frac{\sum\limits_{i=1}^{m} f_n(A_i)}{n} = \sum_{i=1}^{m} f_n(A_i)$$

1.2.2　概率的公理化定义

概率的统计定义不是严格的数学概念,其中"n 很大"时,频率"稳定地"在某一常数 p"附近摆动"都不是确切的数学语言。

因为频率的本质是概率,所以频率所满足的三条性质也必须是概率所具有的性质。但是理论上还要考虑到可列无穷多个事件的关系和运算,因此对上述性质作适当的推广,给出如下的定义。

定义 1.3　设 E 为随机试验,Ω 为样本空间,F 为所有事件组成的集合,对于 F 中的每一个事件 A,分别赋予一个实数,记为 $P(A)$,如果实值函数 $P(\bullet)$ 满足：

（1）**非负性**　对每一个事件 A,$P(A) \geqslant 0$。

（2）**规范性** $P(\Omega)=1$。

（3）**可列可加性** 若 $A_1,A_2,\cdots,A_n,\cdots$ 是一组互不相容的事件,则有

$$P\left(\sum_{i=1}^{\infty}A_i\right)=\sum_{i=1}^{\infty}P(A_i) \tag{1.1}$$

则称 $P(A)$ 为事件 A 的**概率**。

上述 3 条性质与公理一样已被数学家们普遍接受。因此,上面的定义又称为**概率的公理化定义**。概率论的全部结论均由此定义演绎导出。

1.2.3 概率的性质

性质 1 不可能事件的概率为零,即 $P(\varnothing)=0$。

证明 由于任何事件与不可能事件之并仍是此事件本身,所以

$$\Omega=\Omega\cup\varnothing\cup\varnothing\cup\cdots\cup\varnothing\cup\cdots$$

又因为不可能事件与任何事件是互不相容的,故由概率的可列可加性得

$$P(\Omega)=P(\Omega)+P(\varnothing)+P(\varnothing)+\cdots+P(\varnothing)+\cdots$$

从而由 $P(\Omega)=1$ 得 $P(\varnothing)+P(\varnothing)+\cdots+P(\varnothing)+\cdots=0$,再由概率的非负性得 $P(\varnothing)=0$。

性质 2（有限可加性） 若有限个事件 $A_1,A_2,\cdots,A_n$ 互不相容,则有

$$P\left(\sum_{i=1}^{n}A_i\right)=\sum_{i=1}^{m}P(A_i) \tag{1.2}$$

特别地,若 A 与 B 互不相容,则

$$P(A+B)=P(A)+P(B) \tag{1.3}$$

证明 对 $A_1,A_2,\cdots,A_n,\varnothing,\varnothing,\cdots$ 应用可列可加性,得

$$\begin{aligned}
P(A_1+A_2+\cdots+A_n)&=P(A_1+A_2+\cdots+A_n+\varnothing+\varnothing+\cdots)\\
&=P(A_1)+P(A_2)+\cdots+P(A_n)+P(\varnothing)+P(\varnothing)+\cdots\\
&=P(A_1)+P(A_2)+\cdots+P(A_n)
\end{aligned}$$

性质 3 $P(B-A)=P(B)-P(AB)$ $\tag{1.4}$

特别地,若 $A\subset B$,则有

$$P(B-A)=P(B)-P(A) \tag{1.5}$$

证明 因为 $B=B(A+\overline{A})=AB+(B-A)$,且 $(AB)(B-A)=\varnothing$,由有限可加性有

$$P(B)=P(AB)+P(B-A)$$

即

$$P(B-A)=P(B)-P(AB)$$

当 $A\subset B,AB=A$,有 $P(B-A)=P(B)-P(A),P(B)\geqslant P(A)$。

性质 4 若 $A\subset B$,则有 $P(A)\leqslant P(B)$。

特别地,对任何事件 A,有 $P(A)\leqslant 1$。

性质5　如果可列个事件 $A_1, A_2, \cdots, A_n, \cdots$ 构成一个完备事件组,则有

$$P\left(\sum_{i=1}^{\infty} A_i\right) = 1 \tag{1.6}$$

特别地,对立事件的概率有

$$P(\overline{A}) = 1 - P(A) \tag{1.7}$$

证明　由于 $A_1, A_2, \cdots, A_n, \cdots$ 构成一个完备事件组,它们一定互不相容,且 $\sum_{i=1}^{\infty} A_i = \Omega$,根据可列可加性,有

$$P\left(\sum_{i=1}^{\infty} A_i\right) = \sum_{i=1}^{\infty} P(A_i) = P(\Omega) = 1$$

同理可证,对于有限个事件构成的完备事件组 $A_1, A_2, \cdots, A_n$,有

$$P\left(\sum_{i=1}^{n} A_i\right) = \sum_{i=1}^{n} P(A_i) = P(\Omega) = 1$$

特别地,当 $n=2$ 时,A 与 $\overline{A}$ 构成完备事件组,则

$$P(A+\overline{A}) = P(A) + P(\overline{A}) = P(\Omega) = 1$$

所以有

$$P(\overline{A}) = 1 - P(A)$$

性质6(加法公式)　对于任意两个事件 A, B,有

$$P(A+B) = P(A) + P(B) - P(AB) \tag{1.8}$$

证明　因为 $A+B=A+(B-AB), A(B-AB)=\varnothing$,再由性质2和性质3有

$$P(A+B) = P(A) + P(B-AB) = P(A) + P(B) - P(AB)$$

该性质可推广到多个事件的和:

$$P\left(\sum_{i=1}^{n} A_i\right) = \sum_{i=1}^{n} P(A_i) - \sum_{1 \leqslant i < j \leqslant n} P(A_i A_j) + \\ \sum_{1 \leqslant i < j \leqslant n} P(A_i A_j A_k) - \cdots + (-1)^{n-1} P(A_1 A_2 \cdots A_n) \tag{1.9}$$

例1.7　设 $P(A) \geqslant 0.8, P(B) \geqslant 0.8$,证明:$P(AB) \geqslant 0.6$。

证明　由加法公式可知 $P(AB) = P(A) + P(B) - P(A+B)$,再由概率定义可知 $0 \leqslant P(A+B) \leqslant 1$,由此可得

$$P(AB) \geqslant P(A) + P(B) - 1 = 0.6$$

例1.8　小王参加"智力大冲浪"游戏,他能答出甲、乙二类问题的概率分别为 0.7 和 0.2,两类问题都能答出的概率为 0.1。求小王

(1) 答出甲类而答不出乙类问题的概率;

(2) 至少有一类问题能答出的概率;

(3) 两类问题都答不出的概率。

解　设事件 A, B 分别表示"小王能答出甲、乙类问题",则 $P(A)=0.7, P(B)=$

$0.2, P(AB)=0.1$,于是

（1）$P(A\bar{B})=P(A)-P(AB)=0.7-0.1=0.6$。

（2）$P(A+B)=P(A)+P(B)-P(AB)=0.7+0.2-0.1=0.8$。

（3）$P(\bar{A}\bar{B})=1-P(\overline{\bar{A}\bar{B}})=1-P(A+B)=1-0.8=0.2$。

1.3　古典概型与几何概型

1.3.1　古典概型

定义 1.4　如果随机试验具有下列特点：

（1）**有限性**：所涉及的随机试验只有有限个样本点（即基本事件总数有限），不妨设为 n 个，并记它们为 $\omega_1,\omega_2,\cdots,\omega_n$。

（2）**等可能性**：每个样本点发生的可能性相等，即有

$$P(\omega_1)=P(\omega_2)=\cdots=P(\omega_n)$$

（3）**完备性**：在任意一次试验中 $\omega_1,\omega_2,\cdots,\omega_n$ 至少有一个发生。

（4）**互不相容性**：在任意一次试验中 $\omega_1,\omega_2,\cdots,\omega_n$ 至多有一个发生。

则称这种随机试验的数学模型为**等可能概型**。等可能概型是概率论发展早期的主要研究对象，所以也称为**古典概型**。

设在古典概型中共有 n 个基本事件，随机事件 A 含有 k 个样本点，则事件 A 的概率为

$$P(A)=\frac{\text{事件 }A\text{ 所含样本点的个数}}{\Omega\text{ 中所有样本点的个数}}=\frac{k}{n} \tag{1.10}$$

容易验证，由上式确定的概率满足公理化定义。在古典概型中，求事件 A 的概率归结为计算 A 中含有的样本点的个数和 Ω 中含有的样本点的总数。对较简单的情况可以把样本空间的基本事件一一列出，当 n 较大时，不可能一一列出，需具有分析想象力，熟练地运用排列、组合知识。

例 1.9（抽样模型）　一口袋中有 6 个大小形状相同的球，其中 4 只白球、2 只红球。从袋中取球两次，每次随机地取一只。考虑 3 种取球方式：

a. 第一次取一只球，观察其颜色后放回袋中，第二次从袋中再取一球。这种取球方式称为**放回抽样**。

b. 第一次取一球不放回袋中，第二次从剩余的球中再取一球。这种取球方式称为**不放回抽样**。

c. 一次任取两只。

试分别就上面 3 种情况求：①取到的两只球都是白球的概率；②取到的两只球颜色相同的概率；③取到的两只球中至少有一只是白球的概率。

解　a. 放回抽样的情形

设事件 A 为"取到的两只球都是白球",事件 B 为"取到的两只球都是红球",事件 C 为"取到的两只球颜色相同",事件 D 为"取到的两只球中至少有一只是白球",则有 $C=A+B,D=\bar{B}$。

(1) $P(A)=\dfrac{4\times 4}{6\times 6}=\dfrac{4}{9}$;

(2) 由于 $P(B)=\dfrac{2\times 2}{6\times 6}=\dfrac{1}{9}$, $AB=\varnothing$,

由概率的有限可加性,得

$$P(C)=P(A+B)=P(A)+P(B)=\frac{5}{9}$$

(3) $P(D)=P(\bar{B})=1-P(B)=\dfrac{8}{9}$

b. 不放回抽样的情形

(1) $P(A)=\dfrac{4\times 3}{6\times 5}=\dfrac{2}{5}$, $P(B)=\dfrac{2\times 1}{6\times 5}=\dfrac{1}{15}$

(2) $P(C)=P(A+B)=P(A)+P(B)=\dfrac{7}{15}$

(3) $P(D)=P(\bar{B})=1-P(B)=\dfrac{14}{15}$

c. 一次任取 2 只的情形

(1) $P(A)=\dfrac{4\times 3}{6\times 5}=\dfrac{2}{5}$, $P(B)=\dfrac{2\times 1}{6\times 5}=\dfrac{1}{15}$

(2) $P(C)=P(A+B)=P(A)+P(B)=\dfrac{7}{15}$

(3) $P(D)=P(\bar{B})=1-P(B)=\dfrac{14}{15}$

比较 b 与 c 结果可以看到,"不放回抽样"与"两只同时取",两种抽样方法是等效的。

例 1.10(分房模型)　设有 n 个人,每个人都等可能地被分配到 N 个房间中的任意一间去住($n\leqslant N$),求下列事件的概率:

(1) 指定的 n 个房间各有一个人住。

(2) 恰好有 n 个房间,其中各住一个人。

解　设 $A=$"指定的 n 个房间各有一个人住",$B=$"恰好有 n 个房间,其中各住一个人"。因为每一个人有 N 个房间可供选择,所以 n 个人住的方式共有 N^n 种,它们是等可能的。

(1) 指定的 n 个房间各有一个人住,其可能总数为 n 个人的全排列 $n!$,于是

$$P(A) = \frac{n!}{N^n}。$$

（2）n 个房间可以在 N 个房间中任意选取，其总数有 C_N^n 个，对选定的 n 个房间，按前述的讨论可知有 $n!$ 种分配方式，所以恰有 n 个房间，其中各住一个人的概率为 $P(B) = \dfrac{C_N^n n!}{N^n} = \dfrac{N!}{N^n (N-n)}。$

例 1.11（抽签问题）　袋中有 a 支红签，b 支白签，它们除颜色外无差别，现有 $a+b$ 个人无放回地去抽签，求第 k 个人抽到红签的概率。

解　令 $A =$ "第 k 个人抽到红签"。第 k 个人抽签有可能抽到 $a+b$ 支签中的任何一个，共有 $a+b$ 种可能结果，而要想抽到红签，只能在 a 支红签中抽取，有 a 个可能，所以

$$P(A) = \frac{a}{a+b} \quad (1 \leqslant k \leqslant a+b)$$

本例题结果告诉每个人抽到红签的概率与抽签的先后次序无关，所以进行分组的时候采用抽签或抓阄的方法是公平的。

例 1.12　在 $1 \sim 9$ 的整数中可重复的随机取 6 个数组成 6 位数，求下列事件的概率：

（1）6 个数完全不同。

（2）6 个数不含奇数。

（3）6 个数中 5 恰好出现 4 次。

解　从 9 个数中允许重复的取 6 个数进行排列，共有 9^6 种排列方法。

（1）事件 $A =$ "6 个数完全不同"的取法有 $9 \times 8 \times 7 \times 6 \times 5 \times 4$ 种取法，故

$$P(A) = \frac{9 \times 8 \times 7 \times 6 \times 5 \times 4}{9^6} = 0.11$$

（2）事件 $B =$ "6 个数不含奇数"的取法。因为 6 个数只能在 $2,4,6,8$ 四个数中选，每次有 4 种取法，所以有 4^6 取法。故

$$P(B) = \frac{4^6}{9^6}$$

（3）事件 $C =$ "6 个数中 5 恰好出现 4 次"的取法。因为 6 个数中 5 恰好出现 4 次可以是 6 次中的任意 4 次，出现的方式有 C_6^4 种，剩下的两种只能在 $1,2,3,4,6,7,8,9$ 中任取，共有 8^2 种取法。故

$$P(C) = \frac{C_6^4 8^2}{9^6}$$

1.3.2　几何概型

在古典概型中，利用等可能性的概念，成功地计算了一类问题的概率。但是除了等可能性，古典概型还要求样本点总数有限，对于试验的可能结果有无穷多种的

情形,概率的古典定义并不适用。然而,实际问题中经常出现试验的可能结果有无穷多种,但仍有某种等可能性的情形。为了克服上述古典概率是在有限样本空间下进行的这种局限性,我们将古典概型加以推广。

几何概型的基本思想是:

(1) 如果一个随机现象的样本空间 Ω 充满某个区域,其度量(长度、面积或体积等)大小可用 S_Ω 表示。

(2) 任意一点落在度量相同的子区域内是等可能的,如在样本空间 Ω 中有一个单位正方形 A 和直角边为 1 与 2 的直角三角形 B,而点落在区域 A 和区域 B 是等可能的,因为这两个区域面积相等(见图 1.7)。

(3) 若事件 A 为 Ω 中的某个子区域(见图 1.8),且其度量大小可用 S_A 表示,则事件 A 的概率为

$$P(A) = \frac{S_A}{S_\Omega} \tag{1.11}$$

容易验证,由上式确定的概率满足公理化定义。求几何概型的关键是对样本空间 Ω 和所求事件 A 用图形描述清楚,然后计算出相关图形的度量。

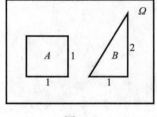

图 1.7

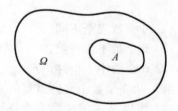

图 1.8

例 1.13 在一个均匀陀螺的圆周上均匀地刻上 $(0,4)$ 上的所有实数,旋转陀螺,求陀螺停下来后,圆周与桌面的接触点位于 $[0.5,1]$ 上的概率。

解 由于陀螺及刻度的均匀性,它停下来时其圆周上的各点与桌面接触的可能性相等,且接触点可能有无穷多个,故

$$P(A) = \frac{区间[0.5,1]\ 的长度}{区间[0,4]\ 的长度} = \frac{\frac{1}{2}}{4} = \frac{1}{8}$$

例 1.14(会面问题) 甲乙两人约定在下午 6 时到 7 时之间在某处会面,并约定先到者应等候另一个人 20 分钟,过时即可离去。求两人能会面的概率。

解 以 x 和 y 分别表示甲、乙两人到达约会地点的时间(以分钟为单位),在平面上建立 xOy 直角坐标系(见图 1.9)。

因为甲、乙都是在 0 至 60 分钟内等可能地到达,所以由等可能性知这是一个几何概型问题。(x,y) 的所有可能取值是边长为 60 的正方形,其面积为 $S_\Omega = 60^2$。而事

件 A="两人能够会面"相当于
$$|x-y| \leqslant 20$$
即图中的阴影部分,其面积为 $S_A = 60^2 - 40^2$。由式 (1.11) 知

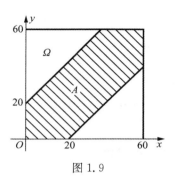

$$P(A) = \frac{S_A}{S_\Omega} = \frac{60^2 - 40^2}{60^2} = \frac{5}{9} = 0.5556$$

结果表明:按此规则约会,两人能会面的概率不超过 0.6。若把约定时间改为在下午 6 时到 6 时 30 分,其他不变,则两人能会面的概率提高到 0.8889。

图 1.9

例 1.15(蒲丰投针问题) 平面上画有间隔为 $d(d>0)$ 的等距平行线,向平面任意投掷一枚长为 $l(l<d)$ 的针,求针与任一平行线相交的概率。

解 以 x 表示针的中点与最近一条平行线的距离,又以 φ 表示针与此直线间的交角(见图 1.10)。

易知样本空间 Ω 满足
$$0 \leqslant x \leqslant d/2, \quad 0 \leqslant \varphi \leqslant \pi$$

由这两式可以确定 $x-\varphi$ 平面上的一个矩形 Ω 就是样本空间,其面积为 $S_\Omega = d\pi/2$。这时针与平行线相交(记为事件 A)的充要条件是

$$x \leqslant \frac{l}{2}\sin\varphi$$

由这个不等式表示的区域是图 1.11 中的阴影部分。

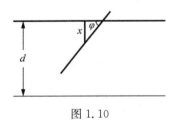

图 1.10

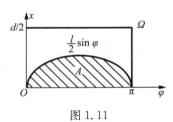

图 1.11

由于针是向平面任意投掷的,所以由等可能性知这是一个几何概型问题。由此得

$$P(A) = \frac{S_A}{S_\Omega} = \frac{\int_0^\pi \frac{l}{2}\sin\varphi \mathrm{d}\varphi}{\frac{d}{2}\pi} = \frac{2l}{d\pi}$$

如果 l,d 为已知,则以 π 的值代入上式即可计算得 $P(A)$ 之值。反之,如果已知 $P(A)$ 的值,则也可以利用上式去求 π,而关于 $P(A)$ 的值,可用从试验中获得的频率去近似它:即投针 N 次,其中针与平行线相交 n 次,则频率 n/N 可作为 $P(A)$ 的估计值,于是由

$$\frac{n}{N} \approx P(A) = \frac{2l}{d\pi}$$

可得

$$\pi \approx \frac{2lN}{dn}$$

历史上有一些学者曾亲自做过这个试验,表 1.2 记录了他们的试验结果。

表 1.2

试验者	年份	l/d	投掷次数	相交次数	π 的近似值
Wolf	1850	0.8	5 000	2 532	3.159 6
Fox	1884	0.75	1 030	489	3.159 5
Lazzerini	1901	0.83	3 408	1 808	3.141 5
Reina	1925	0.54	2 520	859	3.179 5

这是一个颇为奇妙的方法:只要设计一个随机试验,使一个事件的概率与某个未知数有关,然后通过重复试验,以频率估计概率,即可求得未知数的近似解。一般来说,试验次数越多,则求得的近似解就越精确。随着计算机的出现,人们便可利用计算机来大量重复地模拟所设计的随机试验。这种方法得到了迅速的发展和广泛的应用。人们称这种方法为**随机模拟法**,也称为**蒙特卡罗(Monte Carlo)法**。

1.4 条件概率

1.4.1 条件概率

到现在为止,对事件 A 的概率 $P(A)$ 的讨论都是在一组固定的条件限制下进行的。但有时,经常会遇到这样的情况:已经知道某个事件 A 发生,要求事件 B 发生的概率。例如,在桥牌游戏中,已经知道对家手中有两张 K,想知道草花 K 在他手中的概率;又如在医学上,已经知道了随机选取的某一位病人有糖尿病的家庭史,问该病人患有糖尿病的概率有多大。这种带有条件的概率称为**条件概率**,记为 $P(B\mid A)$。相应地,把 $P(B)$ 称为**无条件概率**或**原概率**。

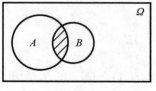

图 1.12

如何来定义条件概率 $P(B\mid A)$ 呢?既然已经知道事件 A 发生,那么试验产生的可能结果总包含于 A。所以,为了计算事件 B 发生的条件概率,只需在 A 中考察导致 B 发生的事件,显然这一事件为 AB,如图1.12 所示。

定义 1.5 设 A 与 B 为两个事件,若 $P(A)>0$,则称

$$P(B \mid A) = \frac{P(AB)}{P(A)} \qquad (1.12)$$

为事件 A 发生的条件下事件 B 发生的**条件概率**。

可以验证,条件概率仍然满足概率的三条公理,即

(1) 对于每一个事件 B,有 $P(B \mid A) \geqslant 0$;

(2) $P(\Omega \mid A) = 1$;

(3) 设 $B_1, B_2, \cdots$ 是两两互不相容的事件,则有

$$P\left(\sum_{i=1}^{\infty} B_i \Big| A\right) = \sum_{i=1}^{\infty} P(B_i \mid A) \qquad (1.13)$$

因此,条件概率满足概率所具有的所有性质和关系式。

例如,有

$$P(\varnothing \mid A) = 0$$
$$P(\bar{B} \mid A) = 1 - P(B \mid A)$$
$$P(B_1 + B_2 \mid A) = P(B_1 \mid A) + P(B_2 \mid A) - P(B_1 B_2 \mid A)$$

条件概率 $P(B \mid A)$ 可视具体情况运用下列两种方法之一来计算:

(1) 在缩减后的样本空间 Ω_A 中计算。

(2) 在原来的样本空间 Ω 中,直接按定义计算。

例 1.16 一盒子装有 5 只产品,其中 3 只是一等品,2 只是二等品。从中取产品两次,每次任取一只,作不放回抽样。设事件 A 为"第一次取到的是一等品",事件 B 为"第二次取到的是一等品",试求条件概率 $P(B \mid A)$。

解法 1 在缩减后的样本空间 Ω_A 中计算。

由于事件 A 已经发生,即第一次取到的是一等品,所以第二次取产品时,所有产品只有 4 只,即 Ω_A 所含的基本事件数为 4,而其中一等品只剩下 2 只,所以 $P(B \mid A) = \dfrac{1}{2}$。

解法 2 在原来的样本空间 Ω 中,直接按定义计算。由于是不放回抽样,所以有

$$P(A) = \frac{3}{5}, \quad P(AB) = \frac{3 \times 2}{5 \times 4} = \frac{3}{10}$$

由定义,$P(B \mid A) = \dfrac{P(AB)}{P(A)} = \dfrac{1}{2}$。

例 1.17 设某种动物由出生起活 20 岁以上的概率为 80%,活 25 岁以上的概率为 40%。如果现在有一个 20 岁的这种动物,问它能活 25 岁以上的概率?

解 设事件 $A = $"能活 20 岁以上";事件 $B = $"能活 25 岁以上"。按题意,$P(A) = 0.8$,由于 $B \subset A$,因此 $P(AB) = P(B) = 0.4$。

由条件概率定义

$$P(B \mid A) = \frac{P(AB)}{P(A)} = \frac{0.4}{0.8} = 0.5$$

1.4.2 乘法公式

由条件概率的定义,可直接得到下面的乘法公式:

定理 1.1(乘法公式) 设 A 与 B 为两个事件,若 $P(A) > 0$,则

$$P(AB) = P(A)P(B \mid A) \tag{1.14}$$

这一定理还可以推广到 n 个事件的情况:

如果 $A_1, A_2, \cdots, A_n$ 是 n 个事件,并且 $P(A_1, A_2, \cdots, A_n) > 0$,则有

$$P(A_1, A_2, \cdots, A_n)$$
$$= P(A_1)P(A_2 \mid A_1) \cdots P(A_{n-1} \mid A_1 A_2 \cdots A_{n-2})P(A_n \mid A_1 A_2 \cdots A_{n-1})$$

事实上,由 $P(A_1) \geqslant P(A_1 A_2) \geqslant \cdots \geqslant P(A_1 A_2 \cdots A_{n-1}) > 0$,有

$$P(A_1)P(A_2 \mid A_1)P(A_3 \mid A_1 A_2) \cdots P(A_n \mid A_1 A_2 \cdots A_{n-1})$$
$$= P(A_1) \frac{P(A_1 A_2)}{P(A_1)} \cdots \frac{P(A_1 A_2 \cdots A_{n-1} A_n)}{P(A_1 A_2 \cdots A_{n-1})} = P(A_1 A_2 \cdots A_{n-1} A_n)$$

例 1.18 设在一个盒子中装有 10 只晶体管,4 只是次品,6 只是正品,从其中取两次,每次任取一只,作不放回抽样,问两次都取到正品的概率是多少?

解 记事件 $A =$ "第一次取到的是正品",$B =$ "第二次取到的是正品",则两次都取到正品为 AB,而 $P(A) = \frac{6}{10} = \frac{3}{5}$,$P(B \mid A) = \frac{5}{9}$,故 $P(AB) = P(A)P(B \mid A) = \frac{1}{3}$。

例 1.19 设袋中有 5 个红球、3 个黑球和 2 个白球,按不放回抽样连续摸球 3 次,求第三次才摸到白球的概率。

解 设 $A_i =$ "第 i 次摸到白球",$i = 1, 2, 3$,则所求的概率为

$$P(\overline{A_1}\,\overline{A_2}A_3) = P(\overline{A_1})P(\overline{A_2} \mid \overline{A_1})P(A_3 \mid \overline{A_1}\,\overline{A_2}) = \frac{8}{10} \cdot \frac{7}{9} \cdot \frac{2}{8} = \frac{7}{45}$$

1.5 事件的独立性

设 A, B 是两个事件,一般而言 $P(A) \neq P(A \mid B)$,这表示事件 B 的发生对事件 A 的发生的概率有影响,只有当 $P(A) = P(A \mid B)$ 时才可认为 B 的发生与否对 A 的发生毫无影响,这时就称两事件是独立的。

所谓两个事件 A 与 B 相互独立,直观上说就是它们互不影响,即事件 A 发生与否不会影响事件 B 发生的可能性,同时事件 B 发生与否也不会影响事件 A 发生的可能性,用数学式子来表示,就是

$$P(B \mid A) = P(B), \quad P(A \mid B) = P(A)$$

但上面两个式子分别要求 $P(B) > 0$ 及 $P(A) > 0$,考虑到更一般的情形,给出如下定义。

定义 1.6 设 A 与 B 为两个事件,若下式成立

$$P(AB) = P(A)P(B) \tag{1.15}$$

则称**事件 A 与 B 相互独立**。

由定义可推知,概率为零的事件与任何事件相互独立。

需要强调的一点是,事件的独立性与事件的互不相容是两个完全不同的概念。事实上,从上面的定义可以推出,如果两个概率大于零的事件是互不相容的,那么它们一定是不独立的;反之,如果两个概率大于零的事件是相互独立的,那么它们不可能互不相容。

定理 1.2　若事件 A 与 B 相互独立,则 A 与 $\overline{B}$,$\overline{A}$ 与 B,$\overline{A}$ 与 $\overline{B}$ 也相互独立。

证明　这里只证明 A 与 $\overline{B}$ 相互独立,其余的留给读者自己证明。

由 $P(AB) = P(A)P(B)$,得

$$P(A\overline{B}) = P(A - B) = P(A - AB) = P(A) - P(AB)$$
$$= P(A) - P(A)P(B) = P(A)[1 - P(B)] = P(A)P(\overline{B})$$

所以,A 与 $\overline{B}$ 相互独立。

例 1.20　某工人同时看管两台独立工作的机床,在单位时间内,甲、乙机床不需要看管的概率分别为 0.9 和 0.8,求

(1) 在单位时间内这两台机床都不需要看管的概率。

(2) 在单位时间内这两台机床都需要看管的概率。

(3) 在单位时间内甲机床需要看管而乙机床不需要看管的概率。

解　设事件 A ＝"在单位时间内甲机床不需要看管",则 $P(A) = 0.9$;设事件 B ＝"单位时间内乙机床不需要看管",则 $P(B) = 0.8$。

因为事件 A 与 B 相互独立,故

(1) 在单位时间内这两台机床都不需要看管的概率为

$$P(AB) = P(A)P(B) = 0.9 \times 0.8 = 0.72$$

(2) 在单位时间内这两台机床都需要看管的概率为

$$P(\overline{A}\,\overline{B}) = P(\overline{A})P(\overline{B}) = 0.1 \times 0.2 = 0.02$$

(3) 在单位时间内甲机床需要看管而乙机床不需要看管的概率为

$$P(\overline{A}B) = P(\overline{A})P(B) = 0.1 \times 0.8 = 0.08$$

下面,给出 3 个事件相互独立的定义:

定义 1.7　对任意 3 个事件 A, B, C,如果如下 4 个等式

$$\begin{cases} P(AB) = P(A)P(B) \\ P(AC) = P(A)P(C) \\ P(BC) = P(B)P(C) \\ P(ABC) = P(A)P(B)P(C) \end{cases} \tag{1.16}$$

成立,则称**事件 A, B, C 相互独立**。

上述定义中的前 3 个等式说明事件 A, B, C 是两两相互独立的。那么"A, B, C

中任意两个事件都是相互独立的"与"事件 A,B,C 是相互独立的"这两者之间难道有什么不同吗？难道由前 3 个等式推不出第 4 个等式吗？

下面我们通过一个例子来回答这些问题。

例 1.21 如果将一枚硬币抛掷两次，观察正面 H 和反面 T 的出现情况，则此时样本空间 $\Omega=\{HH,HT,TH,TT\}$，令

$$A=\{HH,HT\},\quad B=\{HH,TH\},\quad C=\{HH,TT\}$$

则 $AB=AC=BC=ABC=\{HH\}$，$P(A)=P(B)=P(C)=\dfrac{1}{2}$，故有

$$P(AB)=P(AC)=P(BC)=P(ABC)=\frac{1}{4}$$

利用定义 1.5 可知，A,B,C 中任意两个事件都是相互独立的，但是 $P(ABC)=\dfrac{1}{4}\neq\dfrac{1}{8}=P(A)P(B)P(C)$，不满足定义，也就是说事件 A,B,C 并不相互独立。

定义 1.8 设 $A_1,A_2,\cdots,A_n$ 为 n 个事件，如果对于任意正整数 $m(2\leqslant m\leqslant n)$ 以及 $1\leqslant i_1<i_2<\cdots<i_m\leqslant n$，都有

$$P(A_{i_1}A_{i_2}\cdots A_{i_m})=P(A_{i_1})P(A_{i_2})\cdots P(A_{i_m})$$

则称**事件 $A_1,A_2,\cdots,A_n$ 相互独立**。

从上述定义可以看出，n 个相互独立的事件中的任意一部分仍是相互独立的，而且任意一部分与另一部分也是独立的。与定理 1.2 类似可以证明：将相互独立事件中的任一部分换为对立事件，所得的诸事件仍为相互独立的。

例 1.22 设每一名机枪射击手击落飞机的概率都是 0.2，若 10 名机枪射击手同时向一架飞机射击，问击落飞机的概率是多少？

解 设 $A=$"第 i 名射击手击落飞机"，$i=1,2,\cdots,10$。$B=$"飞机被击落"，则有 $B=A_1+A_2+\cdots+A_{10}$。由事件的独立性可得

$$P(B)=P(A_1+A_2+\cdots A_{10})=1-P(\overline{A_1+A_2+\cdots+A_{10}})$$
$$=1-P(\overline{A_1}\overline{A_2}\cdots\overline{A_{10}})=1-P(\overline{A_1})P(\overline{A_2})\cdots P(\overline{A_{10}})$$
$$=1-(0.8)^{10}=0.893$$

1.6 全概率公式与贝叶斯公式

1.6.1 全概率公式

在计算随机事件的概率时，为了求比较复杂事件的概率，通常将它分解成若干个互不相容的简单事件之和，通过分别计算这些简单事件的概率，再利用概率的可加性得到所需结果。在这一方法的运用上，全概率公式起着重要的作用。

定理 1.3 若 $A_1,A_2,\cdots,A_n$ 为一个完备事件组，且 $P(A_i)>0,i=1,2,\cdots,n$，则

对任一事件 B,有

$$P(B) = \sum_{i=1}^{n} P(A_i) P(B \mid A_i) \qquad (1.17)$$

称式(1.17)为**全概率公式**。

事实上,$A_1, A_2, \cdots, A_n$ 为一个完备事件组(见图 1.13)。对任一事件 B,都有

$$B = \sum_{i=1}^{n} A_i B \qquad (1.18)$$

这里的 $A_i B(i=1,2,\cdots,n)$ 互不相容,从而由概率的有限可加性及概率的乘法公式可得全概率公式。

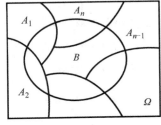

图 1.13

显然,对于可列个事件 $A_1, A_2, \cdots, A_n, \cdots$ 构成的完备事件组,定理 1.3 也成立。

使用全概率公式的关键,是找出与事件 B 的发生相联系的完备事件组 $A_1, A_2, \cdots, A_n, \cdots$。经常遇到的比较简单的完备事件组由 2 个或 3 个事件组成,即 $n=2$ 或 $n=3$。从证明中可以看出,$A_1, A_2, \cdots, A_n, \cdots$ 构成一个完备事件组并不是全概率公式的必要条件。

事实上,只要 $\sum_{i=1}^{n} A_i \supset B$,并且 $A_1 B, A_2 B, \cdots, A_n B, \cdots$ 两两互不相容或者更弱的条件,即可有全概率公式。

例 1.23 一袋中有 10 个球,其中 3 个黑球,7 个白球,现从袋中不放回地取两次,求第二次取到的是黑球的概率。

解 记事件 $A_i =$ "第 i 次取到的是黑球",$i=1,2$,显然 $A_1, \overline{A}_1$ 构成一个完备事件组,则由题意易知

$$P(A_1) = \frac{3}{10}, \quad P(\overline{A}_1) = \frac{7}{10}, \quad P(A_2 \mid A_1) = \frac{2}{9}, \quad P(A_2 \mid \overline{A}_1) = \frac{3}{9}$$

由全概率公式得

$$P(A_2) = P(A_1) P(A_2 \mid A_1) + P(\overline{A}_1) P(A_2 \mid \overline{A}_1)$$
$$= \frac{3}{10} \times \frac{2}{9} + \frac{7}{10} \times \frac{3}{9} = \frac{3}{10}$$

例 1.24 某工厂三条生产流水线生产同一种产品,它们的产量各占 45%、40%、15%,而在各自生产的产品中不合格率分别为 2%、3%、4%。假定三条生产流水线生产的产品混合在一起,现从中任取一件,求它是不合格品的概率。

解 记事件 $B =$ "所取产品为不合格品",事件 $A_i =$ "所取产品为第 i 条生产流水线生产",$i=1,2,3$。显然 A_1, A_2, A_3 构成一个完备事件组,则

$$P(A_1) = 0.45, \quad P(A_2) = 0.40, \quad P(A_3) = 0.15$$

$$P(B \mid A_1) = 0.02, \quad P(B \mid A_2) = 0.03, \quad P(B \mid A_3) = 0.04$$

由全概率公式得

$$P(B) = \sum_{i=1}^{3} P(A_i) P(B \mid A_i)$$

$$= 0.45 \times 0.02 + 0.40 \times 0.03 + 0.15 \times 0.04 = 0.027$$

例 1.25 甲、乙、丙 3 人同时射击某一目标,命中的概率分别为 0.3,0.2,0.1,若目标中 1 弹、2 弹、3 弹被摧毁的概率分别是 0.1,0.3,0.8,求 3 人各射一弹时目标被摧毁的概率。

解 设事件 $B=$"目标被摧毁",事件 $A_i=$"命中目标 i 弹",$i=1,2,3$,则

$$P(A_1) = 0.3 \times 0.8 \times 0.9 + 0.7 \times 0.2 \times 0.9 + 0.7 \times 0.8 \times 0.1 = 0.398$$

$$P(A_2) = 0.3 \times 0.2 \times 0.9 + 0.3 \times 0.8 \times 0.1 + 0.7 \times 0.2 \times 0.1 = 0.092$$

$$P(A_3) = 0.3 \times 0.2 \times 0.1 = 0.006$$

$$P(B) = \sum_{i=1}^{n} P(A_i B) = \sum_{i=1}^{n} P(A_i) P(B \mid A_i)$$

$$= 0.398 \times 0.1 + 0.092 \times 0.3 + 0.006 \times 0.8 = 0.0722$$

注 A_1, A_2, A_3 并不构成完备事件组,因为 $P(B \mid A_0) = 0$,所以没有必要考虑 A_0。

1.6.2 贝叶斯公式

设 $A_1, A_2, \cdots, A_n$ 是一个完备事件组,$P(A_i) > 0$,$i=1,2,\cdots,n$,B 为任一满足 $P(B) > 0$ 的事件,则

$$P(A_i \mid B) = \frac{P(A_i) P(B \mid A_i)}{\sum\limits_{i=1}^{n} P(A_i) P(B \mid A_i)}, \quad i = 1, 2, \cdots, n \tag{1.19}$$

称式(1.19)为**贝叶斯公式**。

对贝叶斯公式,假定 $A_1, A_2, \cdots, A_n$ 是导致试验结果 B 发生的"原因",$P(A_i)$ 称为**先验概率**,它反映了各种"原因"发生的可能性的大小,它往往是根据以往的经验,在试验前就已确定的。现在若试验产生了事件 B,这一信息将有助于探究事件 B 发生的"原因"。条件概率 $P(A_i \mid B)$ 称为**后验概率**,它反映了试验后对各种"原因"发生的可能性大小的新见解。因此贝叶斯公式主要用于由"结果"B 的发生来探求导致这一结果的各种"原因"A_i 发生的可能性大小,在各类推断问题中有广泛应用。

例 1.26 在例 1.24 的假设下,若所取产品为次品时,求该产品分别为第一、二、三条流水线所生产的概率。

解 这里 B, A_1, A_2, A_3 如同例 1.21 所设,则由贝叶斯公式,有

$$P(A_1 \mid B) = \frac{P(A_1 B)}{P(B)} = \frac{0.45 \times 0.02}{0.027} = \frac{1}{3}$$

$$P(A_2 \mid B) = \frac{P(A_2 B)}{P(B)} = \frac{0.40 \times 0.03}{0.027} = \frac{4}{9}$$

$$P(A_3 \mid B) = \frac{P(A_3 B)}{P(B)} = \frac{0.15 \times 0.04}{0.027} = \frac{2}{9}$$

由上面的计算结果可以看出,所取次品为第二条流水线生产的可能性最大。

例 1. 27(疾病检验)　根据以往的临床记录,在人口中患有癌症的概率为 0.006,现用某种试验方法对某单位人群进行癌症普查,由于技术及其他原因,该方法的效果如下:$A=$"试验反应为阳性",$B=$"被检查者患有癌症",则

$$P(A \mid B) = 0.95, \quad P(\overline{A} \mid \overline{B}) = 0.95$$

现已知某人被检出为阳性,问此人真正患癌症的概率是多少?

解　由题设

$$P(B) = 0.006, \quad P(\overline{B}) = 0.994, \quad P(A \mid \overline{B}) = 1 - P(\overline{A} \mid \overline{B}) = 0.05$$

由贝叶斯公式有

$$P(B \mid A) = \frac{P(B)P(A \mid B)}{P(B)P(A \mid B) + P(\overline{B})P(A \mid \overline{B})}$$

$$= \frac{0.006 \times 0.95}{0.006 \times 0.95 + 0.994 \times 0.05} \approx 0.103$$

其结果表明,即使被检出阳性,也不能断定此人真的患癌症了,事实上,这种可能性尚不足 11%。

仔细分析此例是很有意思的,对于不懂概率者而言,由于 $P(A \mid \overline{B}) = 0.05$,即不患癌症而被检出阳性的可能性才 5%,现在呈阳性,说明有 95% 的可能性患上癌症。其实不然,这是把 $P(A \mid B)$ 和 $P(B \mid A)$ 搞混造成的不良后果。故在实际诊断中应注意到这一点,否则会出现误诊。此外,若提高检验的精确度,比如 $P(A \mid B) = 0.99$,则 $P(B \mid A) = 0.375$,这样检验结果的精确性将大大提高。这说明提高设备的精确度在这类检验中极为重要。

习　题　一

1. 掷一颗骰子,观察其点数。令 A 表示"掷出奇数点",B 表示"点数不超过 3",C 表示"点数大于 2",D 表示"掷出 5 点",写出 A、B、C、D,并写出 $A \cup B, B \cup C, AB, BD, \overline{A}, \overline{AC}, A-B, B-A$。

2. 某人连续三次购买体育彩票,每次一张。令 A, B, C 分别表示其第一、二、三次所买的彩票中奖的事件。试用 A, B, C 及其运算表示下列事件:

(1) 第三次未中奖; 　　　　(2) 只有第三次中了奖;

(3) 恰有一次中奖; 　　　　(4) 至少有一次中奖;

(5) 不止一次中奖; 　　　　(6) 至少中奖两次。

3. 设 A,B,C 为三个随机事件,求证:

(1) $(A-AB)\cup B=A\cup B$；　　　　(2) $(A\cup B)-B=A-AB=A\bar{B}$；

(3) $(A\cup B)-AB=A\bar{B}\cup\bar{A}B$。

4. 设 A,B 为任意两个事件,求证:

$$P(AB)=1-P(\bar{A})-P(\bar{B})+P(\bar{A}\bar{B})$$

5. A,B,C 分别表示三个事件,用 A,B,C 的运算关系表示下列事件:

(1) A 发生,而 B,C 都不发生；　　　　(2) A,B 发生,而 C 不发生；

(3) A 或 B 发生,而 C 不发生；　　　　(4) A,B,C 都不发生；

(5) A,B,C 中至少有一个发生；　　　　(6) A,B,C 中恰有一个发生；

(7) A,B,C 中恰有两个发生；　　　　(8) A,B,C 中至少有两个发生；

(9) A,B,C 中至多有两个发生；

(10) 或者 A,B 不同时发生,或者 B 发生,但 A 不发生。

6. 写出下列随机实验的样本空间:

(1) 投掷一枚硬币四次,观察每次出现正反面的情况。

(2) 已知一批机器螺钉中含有许多次品,随机抽取三个并检验。

(3) 盒子中有十个螺钉,一个次品,九个合格品,从盒子随机抽取三个并检验。

7. 样本空间 S 是由所有的实数构成的且定义下列事件(子集):

$$A=\{x:x>0\},\quad B=\{x:-1<x<2\},\quad C=\{X:x<0\}$$

(1) 在数轴(实数轴)上将下列 S 的子集描绘出来,即

$$A\cup C,\quad A\cap C,\quad \bar{A},\quad B\cap C,\quad A\cap\bar{B},\quad A\cup B。$$

(2) 用 A、B 和 C 表示 S 的以下子集:

$$D=\{x:0<x<2\},\quad E=\{x:x=0\},\quad F=\{x:x\leqslant-1\}。$$

8. 在 1 700 个产品中有 500 个次品、1 200 个正品,现任取 200 个,试求

(1) 恰有 90 个次品的概率；　　　　(2) 至少有 2 个次品的概率。

9. 某人有 5 把钥匙,但他忘了开门的是哪一把,逐把试开,求

(1) 恰好第 3 次打开房门的概率；　　　　(2) 3 次内打开房门的概率；

(3) 如果 5 把中有 2 把房门钥匙,3 次内打开房门的概率又是多少?

10. 甲乙二人玩剪刀、石头、布的游戏,并设每人每次出剪刀、石头、布是等可能的,计算甲先胜的概率以及两个人一直打平手的概率。

11. 从 1~9 这 9 个正整数中,有放回地取 3 次,每次任取一个,求所得到的 3 个数之积能被 10 整除的概率。

12. 橱内有 10 双皮鞋,从中任取 4 只,求其中恰好成 2 双、只有 2 只成双和没有 2 只成双的概率各为多少?

13. 已知在 10 只晶体管中有两只次品,在其中取两次,每次任取 1 只,作不放回抽样。试求下列事件的概率:

(1) 两只都是正品；　　　　(2) 两只都是次品；

(3) 一只是正品,一只是次品；　　　　(4) 第二次取出的是次品。

14. 某城市有 3 种报纸 A,B,C。该城市中有 60% 的家庭订阅 A 报,40% 的家庭订阅 B 报,

30%的家庭订阅 C 报。又知有20%的家庭同时订阅 A 报与 B 报,有10%的家庭同时订阅 A 报与 C 报,有20%的家庭同时订阅 B 报与 C 报,有5%的家庭三份报都订阅。试求该城市中有多少家庭一份报纸都没订。

15. 有4个瓮,每一个装有3个球。其中瓮1装有3个白球,瓮2装有2个白球和1个黑球,瓮3装有1个白球和2个黑球,瓮4装有3个黑球。随机地选择一个瓮,并从中随机的选择一个球。如果球是白色,计算该球是取自瓮2的条件概率。

16. 在一个噪声通讯系统传输二进位数(0或1),发送人可能发送一个数字(如1),接收人可能接收到另外一个数字(如0)。设 A 是事件"一个1被发送"和 B 是事件"一个1被接收"。因此 $\bar{A}$ 是事件"一个0被发送", $\bar{B}$ 是事件"一个0被接收"。假设

$$P(\bar{B} \mid A) = 0.01, \quad P(B \mid \bar{A}) = 0.01$$

进一步假设 $P(A)=0.5$。解释上述条件概率,确定 $P(A|B),P(\bar{A}|B),P(A|\bar{B})$ 和 $P(\bar{A}|\bar{B})$。

17. 在设计汽车的仪表板中,警告灯是用来警告司机即将发生的机械故障。因此希望当故障即将来临时,有一盏灯高概率开启,当没有故障的时候没有灯开启。假设 T 是事件"机械故障", O 是事件"灯开启"。设 $P(O|T)=p$ 和 $P(\bar{O}|\bar{T})=q$。假设 $P(T)=0.01$。用贝叶斯公式确定求下列值:

(1) $P(T|O)$;　　　　　　　　　　　　(2) $P(T|\bar{O})$;

(3) $P(T\cap O)$;　　　　　　　　　　　(4) $P(T\cap \bar{O})$。

18. 设有甲、乙两口袋,甲袋中装有 n 只白球、m 只红球;乙袋中装有 N 只白球、M 只红球。今从甲袋中任意取1只球放入乙袋中,再从乙袋中任意取1只球,试问取到白球的概率是多少?

19. 已知 $P(A)=0.4,P(B)=0.3$,且 A,B 相互独立,试求

$$P(A \mid B), \quad P(A+B), \quad P(\bar{A}B), \quad P(\bar{A}\bar{B}), \quad P(\bar{A}+B)$$

20. 甲乙两人每枪射中同一目标的概率分别为0.4,0.3,甲射1枪,乙射5枪,各枪独立,求下列事件的概率:

(1) 目标被射中的概率;　　　　　　　　(2) 共射中目标4枪的概率;

(3) 乙最有可能射中的枪数。

21. 假设 $P(A)>0$ 和 $P(B)>0$,且事件 A 和 B 是独立的,A 和 B 是互斥事件吗?

22. 一个电子元件由三个部分组成。每一部分都正常工作的概率是0.99。如果两个及其以上都不能正常工作,这个元件就失效。假定各个部分是否正常工作不依赖其他部分的工作情况,确定这个电子元件失效的概率是多少?

23. 袋中有20个球,其中7个是红色的,5个是黄色的,4个是黄蓝两色的,1个是红黄蓝三色的,其余3个是无色的。A,B,C 分别表示事件从袋中任意摸出1球有红色,有黄色,有蓝色,证明:$P(ABC)=P(A)P(B)P(C)$,但 A,B,C 两两不独立。

24. 设有4张卡片分别标以数字1,2,3,4,今任取1张,设事件 A 为"取到4或2",事件 B 为"取到4或3",事件 C 为"取到4或1"。试验证:

$$P(AB) = P(A)P(B), \quad P(BC) = P(B)P(C),$$
$$P(AC) = P(A)P(C), \quad P(ABC) \neq P(A)P(B)P(C)$$

25. 某校射击队共有20名射手,其中一级射手4人,二级射手8人,三级射手7人,四级射手1人,一、二、三、四级射手能通过预赛进入正式比赛的概率分别为0.9、0.7、0.5、0.2,求任选一名射手能进入正式比赛的概率。

26. 某商店收进甲、乙厂生产的同种商品分别为 30 箱、20 箱,甲厂产品每箱装 100 个,次品率为 0.06,乙厂产品每箱装 120 个,次品率为 0.05。

(1) 任取一箱,从中任取一个产品,求其为次品的概率。

(2) 所有产品混装,任取一个产品,求其为次品的概率。

27. 每箱产品有 10 件,其次品数为 0、1、2 是等可能的,开箱检验时,从中任取一件,如果检验为次品,则认为该箱产品不合格而拒收,由于检验误差,假设一件正品被误判为次品的概率是 2%,一件次品被漏查误判为正品的概率是 10%。求

(1) 检验一箱产品能通过验收的概率。

(2) 检验 10 箱产品通过率不低于 90% 的概率。

28. 将两信息分别编码为 A 和 B 传递出去,接收站收到时,A 被误收作 B 的概率为 0.02,而 B 被误收作 A 的概率为 0.01,信息 A 和 B 传送的频繁程度为 2:1。若接收站收到的信息是 A,试问原发信息是 A 的概率是多少?

随机变量及其分布

第一章讨论了随机事件及其概率,并初步掌握了一些基本的概率计算方法。概率论是从数量上来研究随机现象统计规律性的,因此考虑可以借助微积分来研究随机现象。微积分主要是研究变量、函数的变化,但随机事件是集合,因此为了便于数学上的推导和计算,就需要用变量、函数对随机实验进行描述,即需要将随机事件数量化。当把一些随机事件用数字来表示时,就建立起了随机变量的概念。随机变量概念的建立是概率论发展史上的重大突破,它使得对随机现象的处理更简单且直接,也更统一而有力。本章介绍随机变量及其相关知识。

2.1 随机变量的概念

2.1.1 随机变量的概念

由第 1 章可以看出,在一些随机试验中,有很多样本点本身就是用数量表示的。如掷一颗骰子出现的点数,某段时间内通过某一路口的车辆数,每天从北京火车站上下车的人数,在产品检验问题中出现的废品数,一个地区一年的降雨量,测量产生的误差,某种产品的使用寿命等,都与数值有关。此外,在有些试验中,试验结果看起来与数值无关,但可以引进一个变量来表示它的各种结果。也就是说,把试验结果数值化。如在抛掷硬币问题中,每次出现的结果是正面(记为 H)或反面(记为 T),与数值没关系,但可以用下面的方法使它与数值联系起来。当出现正面时对应数字"1",而出现反面时对应数字"0",即相当于引入一个定义在样本空间 $\Omega=\{H,T\}$ 上的变量 $X(\omega)$,其中

$$X(\omega) = \begin{cases} 1, & \omega = H \\ 0, & \omega = T \end{cases}$$

由于试验结果是随机的,因而 $X(\omega)$ 的取值也是随机的。

再如在产品检验问题中,每次抽取的是合格品或者次品,与数值没关系,但可以用下面的方法使它与数值联系起来。当出现合格品时对应数字"1",而出现次品时对应数字"0",即相当于引入一个定义在样本空间 $\Omega=\{$合格品,次品$\}$ 上的变量 $X(\omega)$,其中

$$X(\omega) = \begin{cases} 1, & \omega = 合格品 \\ 0, & \omega = 次品 \end{cases}$$

同样的,$X(\omega)$ 的取值也是随机的。

通过以上分析可以看出,无论是哪种情况,都可以建立起试验结果(样本点 ω)

和实数 $X(\omega)$ 之间的一个对应关系。可以给出如下定义:

定义 2.1 设随机试验的样本空间为 $\Omega=\{\omega\}$,如果 $X=X(\omega)$ 是定义在样本空间 $\Omega=\{\omega\}$ 上的实值函数,即对于每一个 $\omega\in\Omega$,总有一个确定的实数 $X(\omega)$ 与其对应,则称 $X=X(\omega)$ 为随机变量。

随机变量通常用大写英文字母 X,Y,Z 或者希腊字母 ξ,η,ζ 等表示,其可能的取值用小写字母 x,y,z 等表示。

随机变量具有如下的特点:

(1) 随机变量与普通的函数不同。

随机变量是一个函数,但它与普通的函数有着本质的差别,普通函数是定义在实数轴上的,而随机变量是定义在样本空间上的(样本空间的元素不一定是实数)。

(2) 随机变量的取值具有随机性且有一定的概率规律。

随机变量的取值随着试验结果的不同而变化,因此其取值具有随机性,即在试验前不能确定它取哪一个值;随机变量随着试验的结果不同而取不同的值,由于试验的各个结果的出现具有一定的概率,因此随机变量的取值也有一定的概率规律。

(3) 随机变量与随机事件的关系。

随机事件包容在随机变量这个范围更广的概念之内。或者说:随机事件是从静态的观点来研究随机现象,而随机变量则是从动态的观点来研究随机现象。

下面举几个随机变量的例子。

(1) 射击手 n 次射击命中目标的次数 X(或随意抽验 n 件产品,其中不合格品的件数),它有 $n+1$ 个可能取值:$0,1,2,\cdots,n$。

(2) 灯泡寿命 X,可以取 $[0,+\infty)$ 上的任意值。

(3) 在有两个孩子的家庭中,考虑其性别,共有 4 个样本点:

$$e_1=(男,男), \quad e_2=(男,女), \quad e_3=(女,男), \quad e_4=(女,女)$$

若用 X 表示该家女孩子的个数时,则可得随机变量 $X(e)$:

$$X(e)=\begin{cases}0, & e=e_1 \\ 1, & e=e_2, e=e_3 \\ 2, & e=e_4\end{cases}$$

有了随机变量,随机试验中的各种事件,就可以通过随机变量的关系式表达出来。

例如,从一批产品中任意取出 100 件,若用 X 表示其中的废品数,这时,{少于 5 件废品}、{恰有 2 件废品}两个事件,就可以分别用 {$X<5$}、{$X=2$} 来表示。

又如,射击 30 次,若用 X 表示命中目标的次数,则{恰好射中 6 次}、{至少射中 10 次}两个事件,就可以分别用{$X=6$}、{$X\geqslant10$}来表示。

例 2.1 一报亭卖某种报纸,每份 0.15 元,其成本为 0.10 元。报馆每天给报亭 1 000 份报,并规定不得把卖不出的报纸退回。设 X 为报亭每天卖出的报纸份数,试将报亭赔钱这一事件用随机变量的表达式表示。

　　解　{报亭赔钱}⟺{卖出的报纸钱不够成本}，当 $0.15X < 1\,000 \times 0.1$ 时，报亭赔钱，所以{报亭赔钱}⟺$\{X \leqslant 666\}$。

　　随机变量按其取值可分为两大类：离散型和非离散型。

　　所有取值可以逐个一一列举的称为离散型随机变量，即离散型随机变量仅取数轴上的有限个或可列无穷多个点。非离散型随机变量范围很广，情况比较复杂，其中最重要的也是实际中常遇到的是连续型随机变量，连续型随机变量全部可能取值不仅无穷多，而且不能一一列举，而是充满一个或若干个区间。本课程只讨论离散型及连续型随机变量。

2.1.2　随机变量的分布函数

　　对于随机变量 X，不仅要知道 X 取哪些值，要知道 X 取这些值的概率；更重要的是要知道 X 在任意有限区间 (a,b) 内取值的概率。因此引入分布函数的概念。

　　定义 2.2　设 X 是一个随机变量，对任意实数 x，函数

$$F(x) = P\{X \leqslant x\} \tag{2.1}$$

称为随机变量 X 的**分布函数**，且称 X 服从 $F(x)$，记为 $X \sim F(x)$。有时也可用 $F_X(x)$ 表明是 X 的分布函数。

　　由此定义，若已知随机变量 X 的分布函数 $F(x)$，则 X 落在任一区间 $(a,b]$ 的概率就等于 $F(x)$ 在此区间的增量，即

$$P\{a < X \leqslant b\} = P\{X \leqslant b\} - P\{X \leqslant a\} = F(b) - F(a)$$

分布函数 $F(x)$ 具有下列 4 条基本性质：

　　(1) $0 \leqslant F(x) \leqslant 1$，对任意的 $x \in \mathbf{R}$。

　　(2) 若 $x_1 < x_2$，则 $F(x_1) \leqslant F(x_2)$，即 $F(x)$ 是 x 的单调不减函数。

　　(3) $F(-\infty) = \lim\limits_{x \to -\infty} F(x) = 0, F(+\infty) = \lim\limits_{x \to +\infty} F(x) = 1$。

　　(4) $\lim\limits_{x \to x_0^+} F(x) = F(x_0)$，即对任意的 $x_0 \in \mathbf{R}, F(x)$ 为右连续函数。

　　以上性质是分布函数必须具有的性质，性质(1)、(2)由概率和分布函数的定义可以直接得到，性质(3)、(4)直观上也容易理解，但严格的证明还需要补充其他知识，这里不做证明。同时，可以证明：**任意满足性质(2)、(3)、(4)的函数，一定可以作为某个随机变量的分布函数。**

　　有了随机变量 X 的分布函数，有关 X 的各种事件的概率就都可以用分布函数来表示了。如对任意的 a,b，有

$$P\{X \leqslant a\} = F(a)$$
$$P\{X > a\} = 1 - F(a)$$
$$P\{a < X \leqslant b\} = F(b) - F(a)$$
$$P\{X < a\} = F(a^-)$$

$$P\{X=a\}=F(a)-F(a^-)$$
$$P\{X \geqslant a\}=1-F(a^-)$$
$$P\{a \leqslant X \leqslant b\}=F(b)-F(a^-)$$
$$P\{a<X<b\}=F(b^-)-F(a)$$
$$P\{a \leqslant X<b\}=F(b^-)-F(a^-)$$

由以上讨论可知,只要知道了一个随机变量的分布函数,就可以知道该随机变量取值于任何一个区间,任何一个实数值的概率。从这个意义上来讲,分布函数全面地描述了随机变量的变化情况。只要知道了分布函数,也就把握住了随机变量取值的统计规律。由此可以领会到分布函数对于随机变量的重要意义。

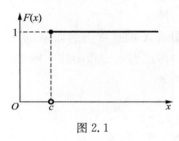

图 2.1

例 2.2 设随机变量 X 只取一个值 c,即
$$P\{X=c\}=1$$
求 X 的分布函数。

解 由定义可知
$$F(x)=\begin{cases}0, & x<c \\ 1, & x \geqslant c\end{cases}$$
$F(x)$ 的图形如图 2.1 所示。

例 2.3 设随机变量 X 的分布函数为
$$F(x)=A+B \arctan x, \quad x \in (-\infty,+\infty)$$
求(1)常数 A 的值;(2)随机变量 X 落在 $(-1,1]$ 内的概率。

解 (1)由分布函数的性质可知
$$F(-\infty)=0, \quad F(+\infty)=1$$
所以
$$A-\frac{\pi}{2}B=0, \quad A+\frac{\pi}{2}B=1, \quad \Rightarrow A=\frac{1}{2}, \quad B=\frac{1}{\pi}$$

(2) $P\{-1<X \leqslant 1\}=F(1)-F(-1)=\dfrac{1}{2}$

例 2.4 设随机变量 X 的分布函数为
$$F(x)=\begin{cases}0, & x<0 \\ Ax^2, & 0 \leqslant x \leqslant 1 \\ 1, & x>1\end{cases}$$
求(1)常数 A 的值;(2)随机变量 A 落在 $(0.3,0.7]$ 内的概率。

解 (1)由分布函数的性质可知,$F(x)$ 为右连续函数,所以
$$F(1)=F(1^+) \Rightarrow A=1$$

(2) $P\{0.3<X \leqslant 0.7\}=F(0.7)-F(0.3)=0.7^2-0.3^2=0.4$

2.2　离散型随机变量及其分布律

有些随机变量,它的全体可能取值是有限个或可列无穷个值,这种随机变量就称为**离散型随机变量**。显然要描述一个离散型随机变量,不仅需要知道它的全体可能取值,更重要的是知道它取各个值的概率。

2.2.1　离散型随机变量的概率分布

定义 2.3　设离散型随机变量 X 的所有可能取值为 $x_1, x_2, \cdots, x_n, \cdots$,则称

$$P\{X = x_k\} = p_k, \quad k = 1, 2, \cdots \tag{2.2}$$

为离散型随机变量 X 的**概率分布**或**分布律**。

分布律也表示成如下的表格形式:

X	x_1	x_2	$\cdots$	x_n	$\cdots$
P	p_1	p_2	$\cdots$	p_n	$\cdots$

或 $X \sim \begin{bmatrix} x_1 & x_2 & \cdots & x_n & \cdots \\ p_1 & p_2 & \cdots & p_n & \cdots \end{bmatrix}$

由概率的性质,离散型随机变量的分布律具有以下两条基本性质:

(1) $0 \leqslant p_k \leqslant 1$。

(2) $\sum\limits_{k=1}^{\infty} p_k = 1$。

可以证明,凡满足上述(1)、(2)的 $\{p_k\}$ 一定是某个离散型随机变量的分布律,即这两个性质也是判断一个数列 $p_1, p_2, \cdots, p_n, \cdots$ 能否成为某个随机变量的分布律的充分必要条件。

可以看出,要求出离散型随机变量 X 的分布律,就是要确定两点:

(1) 随机变量 X 的所有可能的取值。

(2) 随机变量 X 取这些值的概率。

例 2.5　已知随机变量 X 的分布律是

X	0	1	2	3	4
P	1/2	1/4	1/8	1/16	k/32

求(1)常数 k;(2)$P\{1 < X < 3\}$;(3)$P\{1 < X \leqslant 3\}$;(4)$P\{X > 0\}$。

解　(1) 由分布律的性质,有

$$\frac{1}{2} + \frac{1}{4} + \frac{1}{8} + \frac{1}{16} + \frac{k}{32} = 1$$

由此得 $k=2$；

(2) $P\{1<X<3\}=P\{X=2\}=\dfrac{1}{8}$；

(3) 根据概率的加法公式得

$$P\{1<X\leqslant 3\}=P\{X=2\}+P\{X=3\}=\dfrac{1}{8}+\dfrac{1}{16}=\dfrac{3}{16}；$$

(4) $P\{X>0\}=1-P\{X\leqslant 0\}=1-P\{X=0\}=\dfrac{1}{2}$。

例 2.6 现有某种产品 8 个，其中 3 个是合格品 5 个是次品，从中任意取出 2 个，试求取到次品个数的分布律。

解 设随机变量 X 为取到次品的个数，则 X 的所有可能取值为 $0,1,2$。

$$P\{X=0\}=\dfrac{C_3^2}{C_8^2}=\dfrac{3}{28}，\quad P\{X=1\}=\dfrac{C_3^1 C_5^1}{C_8^2}=\dfrac{15}{28}，\quad P\{X=2\}=\dfrac{C_5^2}{C_8^2}=\dfrac{10}{28}$$

故所求分布律为

X	0	1	2
P	3/28	15/28	10/28

2.2.2 离散型随机变量的分布函数

设 X 是离散型随机变量，则对于任意实数 x，随机事件 $\{X\leqslant x\}$ 可以表示为

$$\{X\leqslant x\}=\bigcup_{x_k\leqslant x}\{X=x_k\}$$

由于 x_k 互不相同，由概率的可加性、分布函数和离散型随机变量概率分布的定义可得离散型随机变量 X 的分布函数为

$$F(x)=P\{X\leqslant x\}=\sum_{x_k\leqslant x}P\{X=x_k\}=\sum_{x_k\leqslant x}P_k$$

由微积分知识可知，离散型随机变量 X 的分布函数是阶梯函数。

例 2.7 设离散型随机变量 X 的分布律是

X	-1	2	3
P	0.25	0.5	0.25

写出 X 的分布函数。

解

$$F(x)=\begin{cases}0, & x<-1\\ 0.25, & -1\leqslant x<2\\ 0.25+0.5=0.75, & 2\leqslant x<3\\ 0.25+0.5+0.25=1, & x\geqslant 3\end{cases}$$

其分布函数如图 2.2 所示。

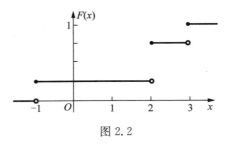

图 2.2

例 2.8　设 X 的分布函数为

$$F(x) = \begin{cases} 0, & x < -1 \\ 0.1, & -1 \leqslant x < 1 \\ 0.5, & 1 \leqslant x < 5 \\ 0.8, & 5 \leqslant x < 10 \\ 1, & x \geqslant 10 \end{cases}$$

求 X 的分布律。

解

X	-1	1	5	10
P	0.1	0.4	0.3	0.2

2.2.3　几种常见的离散型随机变量及其分布

下面我们介绍几种常见的离散型随机变量。

1) 0-1 分布（两点分布）

定义 2.4　设随机变量的概率分布为

$$P\{X = x_k\} = p^k(1-p)^{1-k}, \quad k = 0,1, \quad 0 < p < 1 \tag{2.3}$$

或写为

X	x_1	x_0
P	p	$1-p$

则称随机变量 X 服从参数为 p 的**两点分布(0-1 分布)**。

显然两点分布可以描述任何只有两种试验结果的随机现象,如:掷一枚硬币,一件产品检验是否合格,人口调查中的性别等。

例 2.9　设某批产品合格率为 p,每次抽检一件(验后放回),检测 10 件,其中的合格品数目怎样表示?

解　设

$$X_i = \begin{cases} 1, & \text{第 } i \text{ 次取出的是合格品} \\ 0, & \text{第 } i \text{ 次取出的是次品} \end{cases}$$

显然每个随机变量 X_i 服从参数为 p 的两点分布,其中 p 就是合格率。即

X_i	1	0
P	p	$1-p$

分析 $\sum\limits_{i=1}^{10} X_i$,$\sum\limits_{i=1}^{10} X_i$ 中有 10 项 X_i,这 10 项中有些取 0,有些取 1,其中取 1 的数目便是合格品的数目,所以 $\sum\limits_{i=1}^{10} X_i$ 就表示抽检 10 件中抽到的合格品的数目。

2)几何分布

定义 2.5 设随机变量 X 的概率分布为

$$P\{X = k\} = (1-p)^{k-1} p, \quad k = 1, \cdots, n, \cdots \tag{2.4}$$

则称随机变量 X 服从参数为 p 的**几何分布**。

在一次试验中只有两个结果 A 和 $\overline{A}$,且每次试验中事件 A 发生的结果为 p,则事件 A 发生时已经进行的试验次数服从参数为 p 的几何分布。

例 2.10 某射手连续向一目标射击,直到命中为止,已知他每发命中的概率是 0.8,求所需射击发数 X 的概率分布,并求 X 取奇数的概率。

解 显然 X 服从参数为 0.8 的几何分布,其概率分布为

$$P\{X = k\} = 0.2^{k-1} 0.8 = \frac{4}{5^k}, \quad k = 1, \cdots, n, \cdots$$

$$P\{X = 2k - 1\} = \sum_{k=1}^{\infty} 0.2^{2k-1-1} 0.8 = \sum_{k=1}^{\infty} \frac{4}{5^{2k-1}} = \frac{5}{6}$$

例 2.11 自动机床加工零件,当出现次品时立刻进行调整,且加工一个正品零件的概率为 $\frac{3}{4}$,求在两次调整之间加工的零件数的概率分布。

解 设 X 为两次调整之间加工的零件数,则 X 服从参数为 $\frac{1}{4}$ 的几何分布,其概率分布为

$$P\{X = k\} = \left(\frac{3}{4}\right)^{k-1} \frac{1}{4} = \frac{3^{k-1}}{4^k}, \quad k = 1, 2, 3, \cdots$$

定理 2.1 设随机变量 X 服从参数为 p 的几何分布,m, n 为任意两个自然数,则

$$P\{X > n + m \mid X > n\} = P\{X > m\}$$

证明

$$P\{X > n + m \mid X > n\}$$

$$= \frac{P\{X > n + m, X > n\}}{P\{X > n\}} = \frac{P\{X > n + m\}}{P\{X > n\}}$$

$$=\frac{\sum_{k=n+m+1}^{\infty}(1-p)^{k-1}p}{\sum_{k=n+1}^{\infty}(1-p)^{k-1}p}=\frac{\dfrac{(1-p)^{n+m}}{1-(1-p)}}{\dfrac{(1-p)^{n}}{1-(1-p)}}$$

$$=(1-p)^{m}=\sum_{k=m+1}^{\infty}(1-p)^{k-1}p=P\{X>m\}$$

这个性质称为几何分布的**无记忆性**。实际意义是,在已经作了 n 次失败试验的条件下,还需要继续作 m 次以上的试验的可能性,与从一开始就需要作 m 次以上试验的可能性是一致的。这表明,几何分布在后面的计算中,把过去的 n 次失败的信息遗忘了,就像刚开始算一样。

3) 超几何分布

定义 2.6　设随机变量 X 的概率分布为

$$P\{X=k\}=\frac{C_M^k C_{N-M}^{n-k}}{C_N^n},\quad k=0,1,\cdots,n,\quad M\leqslant N,\quad n\leqslant M \qquad (2.5)$$

则称随机变量 X 服从参数为 N,M,n 的**超几何分布**。

从有限个元素中进行不放回抽样常会遇到超几何分布。

若 N 个元素分成两类,其中有 M 个是第一类。若从中不放回地随机抽取 n 件,则其中含有的第一类元素的个件数 X 服从超几何分布。

超几何分布是一种常用的离散型分布,它在抽样理论中占有重要地位。

例 2.12　袋中有 5 个球,分别编号 1,2,3,4,5,其中有 2 个白球,3 个黑球,从中随机取出 3 个,记取到白球的个数为 X,求 X 得概率分布。

解　显然 X 服从超几何分布,其中 $N=5,M=2,n=3$ 则

$$P\{X=k\}=\frac{C_2^k C_3^{3-k}}{C_5^3}$$

也可以表示为

X	0	1	2
P	0.1	0.6	0.3

例 2.13　某顾客要购买一箱产品,每箱装有 10 件该产品,假设这 10 件产品中以 30% 概率有 4 件次品,以 70% 概率有 1 件次品。顾客从中取出 3 件,若取出 3 件都是正品,则买下该箱产品,求买下该箱产品的概率。

解　设事件 $A=$ "买下该箱产品",事件 $B=$ "该箱产品中有 4 件次品",事件 $C=$ "该箱产品中有 1 件次品",则

$$P(B)=0.3,\quad P(C)=0.7,$$

$$P(A \mid B) = \frac{C_6^3 C_4^0}{C_{10}^3} = \frac{1}{6}, \quad P(A \mid C) = \frac{C_9^3 C_1^0}{C_{10}^3} = \frac{7}{10}$$

从而

$$P(A) = P(A \mid B)P(B) + P(A \mid C)P(C) = 0.54$$

4）伯努利试验与二项分布

在实践中,我们经常遇到下列类型的重复试验：

（1）每次试验的条件都相同,且试验结果只有两个：A 及 $\bar{A}$,且 $P(A)=p, P(\bar{A})=q=1-p(0<p<1)$；

（2）每次试验的结果（即基本事件）是相互独立的。

我们称这样的实验为 n **重伯努利（Bernoulli）试验**,或伯努利概型。

由于它是一个常见的、十分有用的概型,所以在这里着重对它进行讨论。

对于伯努利概型,可以得到如下结果：在 n 次试验中事件 A 出现 k 次的概率为

$$P_n(k) = b(k, n, p) = C_n^k p^k q^{n-k}, \quad k = 0, 1, 2, \cdots, n \tag{2.6}$$

例 2.14　设由四门高射炮同时独立地向一架敌机各发射一发炮弹,若敌机被不少于两发炮弹击中时,就被击落。设每门高射炮击中敌机的概率为 0.6,求敌机被击落的概率。

解　这是 4 重伯努利实验,其中 $p=0.6$。

显然敌机没被击中的概率为

$$P_4(0) = b(0, 4, 0.6) = C_4^0 0.6^0 0.4^4 = 0.0256$$

敌机被击中一次的概率为

$$P_4(1) = b(1, 4, 0.6) = C_4^1 0.6 \times 0.4^3 = 0.1536$$

所求概率为 $P = 1 - P_4(0) - P_4(1) = 0.8208$。

例 2.15　甲、乙两乒乓球运动员实力相等,连赛数局,问哪一种结果的可能性大：赛 3 局甲胜 2 局；赛 5 局甲胜 3 局。

解　赛 3 局相当进行 3 重伯努利实验,赛 5 局相当进行 5 重伯努利实验,因此赛 3 局甲胜 2 局的概率为 $P_3(2) = \dfrac{3}{8}$；赛 5 局甲胜 3 局的概率为 $P_5(3) = \dfrac{5}{16}$。所以赛 3 局甲胜 2 局的概率大。

定义 2.7　若随机变量 X 的所有可能取值为 $0, 1, \cdots, n$,且它的分布为

$$p_k = P\{X = k\} = C_n^k p^k q^{n-k}, \quad k = 0, 1, \cdots, n \tag{2.7}$$

其中 $q=1-p, 0<p<1$,则称随机变量 X 服从参数为 n, p 的**二项分布**（Binomial distribution）,记作 $X \sim B(n, p)$。

容易验证二项分布满足：

（1）$p_k \geqslant 0, k = 0, 1, \cdots, n$；

（2）$\displaystyle\sum_{k=0}^{n} p_k = \sum_{k=0}^{n} C_n^k p^k q^{n-k} = (p+q)^n = 1$。

由于 $p_k = C_n^k p^k q^{n-k}$ 恰好是二项式 $(q+p)^n$ 展开式中的第 $k+1$ 项，所以二项分布由此得名。

显然，0-1 分布就是二项分布 $B(1,p)$，即 0-1 分布是二项分布 $n=1$ 时的特例。

由定义不难发现，二项分布的背景是伯努利概型，用 X 表示 n 重伯努利试验中事件 A 出现的次数，则 X 服从二项分布，即 $X \sim B(n,p)$。

二项分布是离散型分布中最重要的分布之一，它概括了许多实际问题，具有非常重要的实用价值。

例 2.16　已知口袋中有 10 个球，其中有 3 个红球，今从中摸取若干次，每次摸出 1 个球，试求在放回抽样下的 4 次摸取中，摸得红球个数的分布律。

解　设随机变量 X 为摸得的红球个数，则 $X \sim B(4,0.3)$，于是，所求分布律为：
$$p_k = P\{X = k\} = C_4^k 0.3^k 0.7^{4-k}, \quad k = 0,1,2,3,4$$
即

X	0	1	2	3	4
P	0.240 1	0.411 6	0.264 6	0.075 6	0.008 1

例 2.17　已知 100 个产品中有 5 个次品，现从中有放回地取 3 次，每次任取 1 个，求在所取的 3 个中恰有 2 个次品的概率。

解　因为这是有放回地取 3 次，因此这 3 次试验的条件完全相同且独立，它是 3 重伯努利试验。设 X 为所取的 3 个中的次品数，则
$$X \sim B(3,0.05)$$
于是，所求概率为
$$P\{X = 2\} = C_3^2 (0.05)^2 (0.95) = 0.007\,125$$

例 2.18　某车间有 10 台电机各为 7.5 千瓦的机床，如果每台机床的工作情况是相互独立的，且每台机床平均每小时开动 12 分钟，问全部机床用电超过 48 千瓦的可能性有多少？

解　设 X 表示正在工作的机床台数，则 $X \sim B\left(10, \dfrac{1}{5}\right)$，用电超过 48 千瓦即有 7 台或 7 台以上的机床在工作，则所求概率为

$$p\{X \geqslant 7\} = C_{10}^7 \left(\frac{1}{5}\right)^7 \left(\frac{4}{5}\right)^3 + C_{10}^8 \left(\frac{1}{5}\right)^8 \left(\frac{4}{5}\right)^2 + C_{10}^9 \left(\frac{1}{5}\right)^9 \left(\frac{4}{5}\right) + C_{10}^{10} \left(\frac{1}{5}\right)^{10}$$
$$\approx \frac{1}{1\,157}$$

从此例可看出，当 n 很大时，计算 $P\{X=k\} = C_n^k p^k q^{1-k}$ 是十分麻烦的。

为此，有下述定理

泊松(Poisson)定理　设 $\lambda > 0$ 是一个常数，n 是任意正整数，设 $np_n = \lambda$，则对于

任一固定的非负整数 k,有

$$\lim_{n\to\infty} C_n^k p_n^k (1-p_n)^{n-k} = \frac{\lambda^k e^{-\lambda}}{k!}$$

证 由 $p_n = \frac{\lambda}{n}$,有

$$C_n^k p_n^k (1-p_n)^{n-k}$$

$$= \frac{1}{k!} n(n-1)\cdots(n-k+1) \left(\frac{\lambda}{n}\right)^k \left(1-\frac{\lambda}{n}\right)^{n-k}$$

$$= \frac{\lambda^k}{k!} \left[1 \cdot \left(1-\frac{1}{n}\right) \cdot \left(1-\frac{2}{n}\right)\cdots\left(1-\frac{k-1}{n}\right)\right] \left(1-\frac{\lambda}{n}\right)^n \left(1-\frac{\lambda}{n}\right)^{-k}$$

对于任意固定的 k,当 $n\to\infty$ 时,有

$$\left[1 \cdot \left(1-\frac{1}{n}\right) \cdot \left(1-\frac{2}{n}\right)\cdots\left(1-\frac{k-1}{n}\right)\right] \to 1,$$

$$\left(1-\frac{\lambda}{n}\right)^n \to e^{-\lambda}, \quad \left(1-\frac{\lambda}{n}\right)^{-k} \to 1$$

故有 $\lim_{n\to\infty} C_n^k p_n^k (1-p_n)^{n-k} = \frac{\lambda^k e^{-\lambda}}{k!}$

可见,当 **n 很大,p 很小时,二项分布就可以用下式来近似计算:**

$$C_n^k p^k (1-p)^{1-k} \approx \frac{\lambda^k e^{-\lambda}}{k!} \quad (\lambda = np) \tag{2.8}$$

这就是著名的二项分布的泊松逼近公式。

例 2.19 某人进行射击,每次命中率为 0.02,独立射击 400 次,求命中次数 X 不小于 2 的概率。

解 显然,$X \sim B(400, 0.02)$,则

$$P\{X \geqslant 2\} = 1 - P\{X=0\} - P\{X=1\}$$

$$= 1 - C_{400}^0 (0.02)^0 (0.98)^{400} - C_{400}^1 (0.02)^1 (0.98)^{399}$$

$$\approx 1 - 9e^{-8} \approx 0.9970$$

这个概率接近于 1,它说明,一个事件尽管它在一次试验中发生的概率很小,但只要试验次数很多,而且试验是独立进行的,那么这一事件的发生几乎是肯定的,所以不能轻视小概率事件。另外,如果在 400 次射击中,击中目标的次数竟不到 2 次,根据实际推断原理,我们将怀疑"每次命中率为 0.02"这一假设。

例 2.20 为保证设备正常工作,需要配备适量的维修工人(工人配备多了就浪费,配备少了要影响生产)。现有同类型设备 300 台,各台设备工作与否是相互独立的,发生故障的概率都是 0.01,在通常情况下,一台设备的故障可由一人来处理(我们也只考虑这种情况),问至少需配备多少工人,才能保证当设备发生故障但不能维修的概率小于 0.01?

解　设需要配备 N 人,记同一时刻发生故障的设备台数为 X,则

$X \sim B(300, 0.01)$,所要解决的问题是确定 N,使得 $P\{X > N\} < 0.01$。由泊松定理,$\lambda = np = 3$,

$$P\{X > N\} = 1 - P\{X \leqslant N\} = 1 - \sum_{k=0}^{N} C_{300}^{k}(0.01)^k \cdot (0.99)^{300-k}$$

$$\approx 1 - \sum_{k=0}^{N} \frac{3^k \mathrm{e}^{-3}}{k!} = \sum_{k=N+1}^{\infty} \frac{3^k \mathrm{e}^{-3}}{k!} < 0.01$$

查表知,满足上式的最小的 N 是 8,因此需配备 8 个维修工人。

例 2.21　在上例中,若由一人负责维修 20 台设备,求设备发生故障而不能及时处理的概率。若由 3 人共同负责维修 80 台呢?

解　对于前一种情况,设备发生故障而不能及时处理,说明在同一时刻设备有 2 台以上发生故障。设 X 为发生故障设备的台数,则 $X \sim B(20, 0.01)$ 且 $n = 20, \lambda = 0.2$,于是,设备发生故障而不能及时处理的概率为

$$P\{X \geqslant 2\} = \sum_{k=2}^{20} C_{20}^{k}(0.01)^k(0.99)^{20-k} = 1 - P\{X < 2\}$$

$$= 1 - \sum_{k=0}^{1} C_{20}^{k}(0.01)^k(0.99)^{20-k}$$

$$\approx 1 - \sum_{k=0}^{1} \mathrm{e}^{-0.2} \frac{(0.2)^k}{k!} = 0.0175$$

若由 3 人共同负责维修 80 台,设同一时刻发生故障的设备台数为 X,则 $X \sim B(80, 0.01)$,$\lambda = 0.8$,故同一时刻至少有 4 台设备发生故障的概率为

$$P\{X \geqslant 4\} = \sum_{k=4}^{80} C_{80}^{k}(0.01)^k(0.99)^{80-k} \approx \sum_{k=4}^{80} \frac{(0.8)^k \mathrm{e}^{-0.8}}{k!} \approx 0.0091$$

计算结果表明,后一种情况尽管任务重了(平均每人维修 27 台),但工作质量不仅没有降低,相反还提高了,不能维修的概率变小了。这说明,由 3 人共同负责维修 80 台,比一人单独维修 20 台更好。既节约了人力又提高了工作效率。所以,可用概率论的方法进行国民经济管理,以便达到更有效地使用人力、物力资源的目的。因此,概率方法成为运筹学的一个有力工具。

二项分布的最可能取值

二项分布 $B(n, p)$ 中,概率 $P\{X = k\} = C_n^k p^k q^{n-k}$ 随着 k 的变化取值是有规律的:$P\{X = k\}$ 一般先是随着 k 的增加而增加,直到达到一个最大值,然后随着 k 的增加而减小。

事实上,考虑

$$\frac{P\{X = k\}}{P\{X = k-1\}} = \frac{C_n^k p^k q^{n-k}}{C_n^{k-1} p^{k-1} q^{n-k+1}} = \frac{(n-k+1)p}{kq} = 1 + \frac{(n+1)p - k}{kq}$$

(1) 当 $k < (n+1)p$ 时，$P\{X=k\} > P\{X=k-1\}$，即 $P\{X=k\}$ 随着 k 的增加而增加；

(2) 当 $k = (n+1)p$ 时，$P\{X=k\} = P\{X=k-1\}$；

(3) 当 $k > (n+1)p$ 时，$P\{X=k\} < P\{X=k-1\}$，即 $P\{X=k\}$ 随着 k 的增加而减小。

因此，当 $k = k_0$ 时，$P\{X=k\}$ 取最大值，其中

$$k_0 = \begin{cases} (n+1)p \ \text{或} \ (n+1)p-1, & (n+1)p \ \text{是整数} \\ [(n+1)p], & (n+1)p \ \text{不是整数} \end{cases}$$

这里，$[(n+1)p]$ 表示不超过 $(n+1)p$ 的最大整数。达到最大值的 k_0 也就是随机变量 X 最可能取的值，是最可能出现的次数。

5）泊松分布

定义 2.8 若随机变量 X 的取值为非负整数，且其概率分布为

$$p_k = P\{X=k\} = \frac{\lambda^k}{k!}\mathrm{e}^{-\lambda}, \quad k=0,1,2,\cdots \tag{2.9}$$

其中 $\lambda > 0$ 为常数，则称随机变量 X 服从参数为 λ 的**泊松分布**（Poisson distribution），记作 $X \sim P(\lambda)$。

我们容易验证 p_k 满足：

(1) $p_k \geqslant 0, k=0,1,2,\cdots$；

(2) $\sum\limits_{k=0}^{\infty} p_k = \sum\limits_{k=0}^{\infty} \frac{\lambda^k}{k!}\mathrm{e}^{-\lambda} = \mathrm{e}^{-\lambda} \sum\limits_{k=0}^{\infty} \frac{\lambda^k}{k!} = \mathrm{e}^{-\lambda} \cdot \mathrm{e}^{\lambda} = 1$。

泊松分布是概率论中最重要的概率分布之一。在各种服务系统中大量出现泊松分布。例如观察某电话交换台在单位时间内收到用户的呼叫次数、某公共汽车站在单位时间内来车站乘车的乘客数、某商店中来到的顾客人数等均是服从泊松分布的；在工业生产中，机床发生故障的次数、自动控制系统中元件损坏的个数、纺织厂生产的一批布匹上的疵点个数、纺织机上的断头数、一本书某页（或某几页）上印刷错误的个数、每件钢铁铸件的缺陷数、种子中杂草种子的个数等也近似地服从泊松分布；另外，像宇宙中单位体积内星球的个数、在一个固定时间内从某块放射物质中发射出的 α 粒子的数目等也近似地服从泊松分布。由于许多实际问题中的随机变量都可以用泊松分布来描述，从而使得泊松分布对于概率论的应用来说，有着很重要的作用。

例 2.22 某计算机内的存储器由 3 000 个存储单元组成，存储单元损坏的个数服从参数为 1.5 的泊松分布，如果任一存储单元损坏时，计算机便停止工作，求计算机停止工作的概率。

解 设随机变量 X 为存储单元损坏的个数，则 $X \sim P(1.5)$。

$$P\{X=0\} = \frac{1.5^0}{0!}\mathrm{e}^{1.5} \approx 0.223\,13$$

$$P\{X \geqslant 1\} = 1 - P\{X = 0\} \approx 1 - 0.22\,313 = 0.776\,87$$

故计算机停止工作的概率为 $0.776\,87$。

2.3 连续型随机变量及其概率密度

2.3.1 连续型随机变量的概率密度

定义2.9 设随机变量 X 的分布函数为 $F(x)$，如果存在实数域上的一个非负可积函数 $f(x)$，使得对任意实数 x 有

$$F(x) = \int_{-\infty}^{x} f(t)\mathrm{d}t \tag{2.10}$$

则称 X 为**连续型随机变量**，并称 $f(x)$ 为连续型随机变量 X 的**概率密度函数**，简称为**密度函数**或称**概率密度**。常记作 $X \sim f(x)$。

连续型随机变量 X 的概率密度函数 $f(x)$ 满足下面一些性质：

性质1(非负性) $f(x) \geqslant 0$；

性质2(规范性) $\int_{-\infty}^{+\infty} f(x)\mathrm{d}x = 1$； $\tag{2.11}$

性质1由定义即知。下面证明性质2。

证明 $\int_{-\infty}^{+\infty} f(x)\mathrm{d}x = \lim_{x \to +\infty} \int_{-\infty}^{x} f(t)\mathrm{d}t = \lim_{x \to +\infty} F(x) = 1$

以上两条基本性质是密度函数必须具有的性质，也是确定或判别某个函数是否为密度函数的**充要条件**。

性质3 如果随机变量 X 的密度函数为 $f(x)$，分布函数为 $F(x)$，则对任意的 $a, b, a < b$，有

$$P\{a < X \leqslant b\} = F(b) - F(a) = \int_{a}^{b} f(x)\mathrm{d}x \tag{2.12}$$

由定积分的几何意义知，$\int_{-\infty}^{+\infty} f(x)\mathrm{d}x = 1$ 表示整个密度曲线 $y = f(x)$ 以下（x 轴以上）的面积为1。$P\{a < X \leqslant b\} = \int_{a}^{b} f(x)\mathrm{d}x$ 表示 X 落在 $(a, b]$ 中的概率恰好等于在区间 $(a, b]$ 上由曲线 $y = f(x)$ 形成的曲边梯形的面积。

性质4 设 $F(x)$ 为连续型随机变量 X 的分布函数，则 $F(x)$ 处处连续。

性质5 若 X 是连续型随机变量，则对任意实数 a，有

$$P\{X = a\} = 0$$

在概率论中，概率为零的事件称为**零概率事件**。它与不可能事件 $\varnothing$ 是有差别的，不可能事件 $\varnothing$ 是零概率事件，但零概率事件不全是不可能事件。例如，对连续型随机变量而言，事件 $\{X = a\}$ 是零概率事件，但这并不意味着事件 $\{X = a\}$ 是不可能事

件,因为连续型随机变量取任何一点都是有可能发生的。同样,必然事件的概率为1,但概率为1时事件不全是必然事件。在概率论中把概率为1的事件称为**几乎必然事件**,把概率为0的事件称为**几乎不可能事件**。

由性质5可得,对连续型随机变量而言

$$P\{a \leqslant X \leqslant b\} = P\{a \leqslant X < b\} = P\{a < X \leqslant b\}$$
$$= P\{a < X < b\} = \int_a^b f(x)\mathrm{d}x$$

即在计算连续型随机变量 X 落入某一区间的概率时,增加或减少有限个点其概率不变。

性质6 设 $F(x)$ 和 $f(x)$ 分别是连续型随机变量 X 的分布函数和密度函数,若 $f(x)$ 在点 x 处连续,则有

$$F'(x) = f(x) \tag{2.13}$$

性质6表明,若 X 是连续型随机变量,当已知其分布函数 $F(x)$ 时,用导数可求得其密度函数 $f(x)$。对 $f(x)$ 的不连续点,可定义 $f(x)$ 为任意非负有限值,因为在有限个点上改变密度函数 $f(x)$ 的值不影响我们计算 X 落入任何区间的概率。另外,当已知其密度函数 $f(x)$ 时,可由 $F(x) = \int_{-\infty}^x f(t)\mathrm{d}t$ 求得分布函数 $F(x)$。因此,对连续型随机变量来说,$F(x)$ 和 $f(x)$ 可以相互表示。

例2.23 设随机变量 X 的密度函数为

$$f(x) = \begin{cases} kx, & 0 \leqslant x < 3 \\ 2 - \dfrac{x}{2}, & 3 \leqslant x \leqslant 4 \\ 0, & \text{其他} \end{cases}$$

求(1)常数 k;(2)随机变量 X 的分布函数;(3)随机变量 X 落在 $\left[1, \dfrac{7}{2}\right]$ 内的概率。

解 (1)由密度函数性质知,$\int_{-\infty}^{+\infty} f(x)\mathrm{d}x = 1$,因此

$$\int_{-\infty}^{+\infty} f(x)\mathrm{d}x = \int_0^3 kx\,\mathrm{d}x + \int_3^4 \left(2 - \dfrac{x}{2}\right)\mathrm{d}x = 1$$

可得 $k = \dfrac{1}{6}$。从而

$$f(x) = \begin{cases} \dfrac{x}{6}, & 0 \leqslant x < 3 \\ 2 - \dfrac{x}{2}, & 3 \leqslant x \leqslant 4 \\ 0, & \text{其他} \end{cases}$$

$$(2)\ F(x) = \int_{-\infty}^{x} f(t)\,\mathrm{d}t = \begin{cases} 0, & x < 0 \\ \int_{0}^{x} \dfrac{t}{6}\,\mathrm{d}t, & 0 \leqslant x < 3 \\ \int_{0}^{3} \dfrac{t}{6}\,\mathrm{d}t + \int_{3}^{x}\left(2 - \dfrac{t}{2}\right)\mathrm{d}t, & 3 \leqslant x < 4 \\ 1, & \text{其他} \end{cases}$$

$$= \begin{cases} 0, & x < 0 \\ \dfrac{x^2}{12}, & 0 \leqslant x < 3 \\ -3 + 2x - \dfrac{x^2}{4}, & 3 \leqslant x < 4 \\ 1, & \text{其他} \end{cases}$$

$$(3)\ P\left\{1 \leqslant X \leqslant \frac{7}{2}\right\} = \int_{1}^{\frac{7}{2}} f(x)\,\mathrm{d}x = F\left(\frac{7}{2}\right) - F(1) = \frac{41}{48}$$

例 2.24　设随机变量 X 的分布函数为

$$F(x) = \begin{cases} 0, & x < -a \\ A + B \arcsin \dfrac{x}{a}, & -a \leqslant x < a \\ 1, & x \geqslant a \end{cases}$$

其中 $a > 0$，试求（1）常数 A 和 B；（2）$P\left\{-\dfrac{a}{2} \leqslant X \leqslant \dfrac{a}{2}\right\}$；（3）随机变量 X 的密度函数。

解　（1）由于连续型随机变量的分布函数处处连续，当然在 $-a$ 和 a 处也连续，因此，

$$\lim_{x \to -a^{+}} F(x) = \lim_{x \to -a^{+}} \left(A + B \arcsin \frac{x}{a}\right) = 0$$

$$\lim_{x \to a^{-}} F(x) = \lim_{x \to a^{-}} \left(A + B \arcsin \frac{x}{a}\right) = 1$$

故

$$\begin{cases} A - \dfrac{\pi}{2} B = 0 \\ A + \dfrac{\pi}{2} B = 1 \end{cases}$$

解得 $A = \dfrac{1}{2}$，$B = \dfrac{1}{\pi}$。于是

$$F(x) = \begin{cases} 0, & x < -a \\ \dfrac{1}{2} + \dfrac{1}{\pi}\arcsin \dfrac{x}{a}, & -a \leqslant x < a \\ 1, & x \geqslant a \end{cases}$$

(2) $P\left\{-\dfrac{a}{2} \leqslant X \leqslant \dfrac{a}{2}\right\} = P\left\{-\dfrac{a}{2} < X \leqslant \dfrac{a}{2}\right\} = F\left(\dfrac{a}{2}\right) - F\left(-\dfrac{a}{2}\right)$

$$= \left[\dfrac{1}{2} + \dfrac{1}{\pi}\arcsin\left(\dfrac{\frac{a}{2}}{a}\right)\right] - \left[\dfrac{1}{2} + \dfrac{1}{\pi}\arcsin\left(\dfrac{\frac{-a}{2}}{a}\right)\right] = \dfrac{1}{3}$$

（3）密度函数为

$$f(x) = F'(x) = \begin{cases} \dfrac{1}{\pi\sqrt{a^2 - x^2}}, & -a < x < a \\ 0, & \text{其他} \end{cases}$$

若已知 X 的概率密度 $f(x)$，要求分布函数 $F(x)$，用积分方法 $F(x) = \int_{-\infty}^{x} f(t)\mathrm{d}t$，当 $f(x)$ 是分段函数时，积分要分段讨论；若已知 X 的分布函数 $F(x)$，要求概率密度 $f(x)$，则用微分方法 $F'(x) = f(x)$，当 $F(x)$ 是分段函数时，在分段点处用导数定义求导，当 $F'(x)$ 不存在（个别点），则可任意规定 $F'(x)$ 的值（个别点的值不影响积分结果）。

2.3.2 几种常见的连续型随机变量及其概率密度

下面我们介绍几种常见的连续型随机变量。

1）均匀分布

定义 2.10 若连续型随机变量 X 的密度函数为

$$f(x) = \begin{cases} \dfrac{1}{b-a}, & a \leqslant x \leqslant b \\ 0, & \text{其他} \end{cases} \tag{2.14}$$

则称 X 服从区间 $[a, b]$ 上的**均匀分布**，记作 $X \sim U[a, b]$。

易知均匀分布随机变量的密度函数满足 $f(x) \geqslant 0$，且 $\int_{-\infty}^{+\infty} f(x)\mathrm{d}x = 1$。

均匀分布的分布函数为

$$F(x) = \begin{cases} 0, & x < a \\ \dfrac{x-a}{b-a}, & a \leqslant x \leqslant b \\ 1, & x > b \end{cases} \tag{2.15}$$

于是，对于任意的 $x_1, x_2 \in (a, b), (x_1 < x_2)$，有

$$P\{x_1 < X < x_2\} = F(x_2) - F(x_1) = \dfrac{x_2 - x_1}{b - a}$$

这表明，服从均匀分布的随机变量落入 $[a, b]$ 的任意子区间内的概率只依赖于子区间的长度，而与子区间的位置无关，这正是均匀分布的概率意义。

均匀分布的密度函数和分布函数如图 2.3 所示。

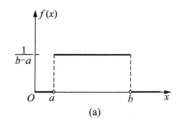
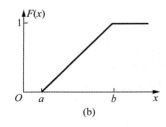

图 2.3　均匀分布的密度函数和分布函数

（a）密度函数 $f(x)$　（b）分布函数 $F(x)$

均匀分布是常见的连续型分布之一,常见于具有等可能性的试验中。如乘客随机到达某一车站等车的时间,随手打开收音机收到电台定时发送的某一信号前的等待时间,定点计算中的舍入误差,电子计算机中常常要产生的一种"随机数"等均服从均匀分布。

例 2.25　某公共汽车站每 15 分钟发一趟车,一乘客某天要乘坐该公共汽车,他到达车站的时间是等可能的,则此乘客候车时间服从 $[0,15]$ 上的均匀分布。

2）指数分布

定义 2.11　若连续型随机变量 X 的密度函数为

$$f(x) = \begin{cases} \lambda e^{-\lambda x}, & x > 0 \\ 0, & x \leqslant 0 \end{cases} \tag{2.16}$$

其中 $\lambda > 0$ 为常数,则称 X 服从参数为 λ 的**指数分布**,记作 $X \sim E(\lambda)$。

指数分布的分布函数为

$$F(x) = \begin{cases} 1 - e^{-\lambda x}, & x > 0 \\ 0, & x \leqslant 0 \end{cases} \tag{2.17}$$

指数分布的密度函数图像如图 2.4 所示。

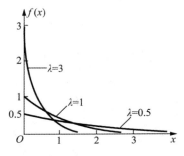

指数分布有重要应用,常用于可靠性统计研究,也常用它来作为各种"寿命"分布的近似。例如无线电元件的寿命、动物的寿命、电话问题中的通话时间、随机服务系统中的服务时间、某些消耗性产品（电子元件等）的寿命等都常假定服从指数分布。

服从指数分布的随机变量 X 具有以下有趣的性质:

图 2.4　指数分布的密度函数

对于任意的 $s, t > 0$,有 $P\{X > s+t \mid X > s\} = P\{X > t\}$。事实上

$$P\{X > s+t \mid X > s\} = \frac{P\{(X > s+t) \bigcap (X > s)\}}{P\{X > s\}} = \frac{P\{X > s+t\}}{P\{X > s\}}$$

$$= \frac{1-F(s+t)}{1-F(s)} = \frac{e^{-\lambda(s+t)}}{e^{-\lambda s}} = e^{-\lambda t} = P\{X > t\}$$

此性质称为无记忆性。如果 X 是某一元件的寿命,那么上式表明:已知元件已使用了 s 小时,它总共能使用至少 $s+t$ 小时的条件概率,与从开始使用时算起它至少能使用 t 小时的概率相等。这就是说,元件对它已使用过 s 小时没有记忆。所以,有人说指数分布"永远年轻",这就是指数分布的明显特征。具有这一性质是指数分布有广泛应用的原因。

例 2.26 某种元件的寿命(单位:小时)服从 $\lambda = \dfrac{1}{2\,000}$ 的指数分布,试求下列事件的概率:

(1) 任取其中的 1 只,正常使用 1000 小时以上;

(2) 若任取的一只已经使用了 1000 小时,以后继续使用 1000 小时以上。

解 设随机变量 X 为元件的寿命,由题设有 $X \sim E\left(\dfrac{1}{2\,000}\right)$。

(1) $P\{X > 1\,000\} = \displaystyle\int_{1000}^{+\infty} \frac{1}{2\,000} e^{-\frac{x}{2\,000}} \mathrm{d}x = e^{-0.5} = 0.606\,5$;

(2) $P\{X > 2\,000 \mid X > 1\,000\} = \dfrac{P\{X > 2\,000\}}{P\{X > 1\,000\}} = \dfrac{e^{-1}}{e^{-0.5}} = 0.606\,5$。

3) 正态分布

定义 2.12 若连续型随机变量 X 的密度函数为

$$f(x) = \frac{1}{\sqrt{2\pi}\sigma} e^{\frac{(x-\mu)^2}{2\sigma^2}}, \quad x \in (-\infty, +\infty) \tag{2.18}$$

其中 μ, σ 为常数,且 $\sigma > 0$,则称 X 服从参数为 μ 和 σ 的正态分布,记作 $X \sim N(\mu, \sigma^2)$。

正态分布的分布函数为

$$F(x) = \frac{1}{\sqrt{2\pi}\sigma} \int_{-\infty}^{x} e^{-\frac{(t-\mu)^2}{2\sigma^2}} \mathrm{d}t, \quad x \in (-\infty, +\infty) \tag{2.19}$$

正态分布的密度函数如图 2.5 所示。

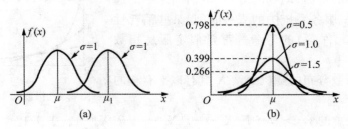

图 2.5 正态分布的密度函数

(a) σ 固定,μ 值改变　(b) μ 固定,σ 值改变

正态分布的概率密度 $f(x)$ 的图形称为正态曲线,它具有以下性质:

(1) 曲线位于 x 轴的上方,以直线 $x=\mu$ 为对称轴,即 $f(\mu+x)=f(\mu-x)$。这表明对于任意的 $h>0$,有 $P\{\mu-h<x\leqslant\mu\}=P\{\mu<x\leqslant\mu+h\}$。

(2) $f(\mu)=\max f(x)=\dfrac{1}{\sqrt{2\pi}\sigma}$,即当 $x=\mu$ 时,曲线处于最高点,此时概率密度函数取得最大值。当 $x<\mu$ 时,$f(x)$ 单调增加,当 $x>\mu$ 时,$f(x)$ 单调减少;即当 x 向左右远离 μ 时,曲线逐渐降低,整条曲线呈现"中间高、两边低"的钟形。这表明对于同样长度的区间,当区间离 μ 越远,X 落在这个区间上的概率越小。

(3) 在 $x=\mu\pm\sigma$ 处曲线有拐点,并以 x 轴为渐近线。

(4) 参数 μ 确定了曲线的位置,σ 确定了曲线的形状。σ 越大,曲线越平坦,σ 越小,曲线越集中。

当一随机变量是大量微小的独立的随机因素共同作用的结果,而每一种因素都不能起到压倒其他因素的作用时,此随机变量通常被认为服从正态分布。如测量误差;一个群体的身高;考试成绩;射击命中点与靶心距离的偏差;某地年降雨量等都被认为是服从正态分布的随机变量。此外,在正常条件下各种产品的质量指标,如零件的尺寸;纤维的强度和张力;农作物的产量,小麦的穗长、株高;测量误差,射击目标的水平或垂直偏差;信号噪声等都服从或近似服从正态分布。

标准正态分布

特别地,$\mu=0,\sigma=1$ 的正态分布称为**标准正态分布**,记作 $N(0,1)$。相应的密度函数和分布函数分别用 $\varphi(x)$ 和 $\Phi(x)$ 表示,即

$$\varphi(x)=\frac{1}{\sqrt{2\pi}}e^{-\frac{x^2}{2}},\quad x\in(-\infty,+\infty) \tag{2.20}$$

$$\Phi(x)=\frac{1}{\sqrt{2\pi}}\int_{-\infty}^{x}e^{-\frac{t^2}{2}}\mathrm{d}t,\quad x\in(-\infty,+\infty) \tag{2.21}$$

易知标准正态分布 $N(0,1)$ 的分布函数 $\Phi(x)$ 具有以下性质:

(1) $\Phi(-x)=1-\Phi(x)$;

(2) $\Phi(0)=0.5$;

(3) $P\{|X|<c\}=2\Phi(c)-1,(c\geqslant0)$。

我们知道,利用分布函数 $F(x)$ 可以计算事件"$X\leqslant x$"的概率。但当 $X\sim N(0,1)$ 时,$\Phi(x)$ 就无法用初等方法计算,因此,为计算方便,人们编制了 $\Phi(x)$ 的函数表,从表中可查出服从 $N(0,1)$ 分布的随机变量小于指定值 $x(x>0)$ 的概率 $P\{X\leqslant x\}=\Phi(x)$。

注　当 $x<0$ 时,由于 $\Phi(-x)=1-\Phi(x)$,只要查得 $\Phi(-x)$,即可求得 $\Phi(x)$ 的值。

例 2.27　设 $X\sim N(0,1)$,

求(1)$P\{X\leqslant1.96\}$;(2)$P\{X\leqslant-1.52\}$;(3)$P\{X>2.33\}$;(4)$P\{-1\leqslant X\leqslant2\}$。

解　(1) $P\{X\leqslant1.96\}=\Phi(1.96)=0.975$;

(2) $P\{X \leqslant -1.52\} = \Phi(-1.52) = 1 - \Phi(1.52) = 1 - 0.93574 = 0.06426$；

(3) $P\{X > 2.33\} = 1 - \Phi(2.33) = 1 - 0.99097 = 0.00903$；

(4) $P\{-1 \leqslant X \leqslant 2\} = \Phi(2) - \Phi(-1) = \Phi(2) - [1 - \Phi(1)] = 0.81855$。

正态变量的标准化

定理 2.2 若随机变量 $X \sim N(\mu, \sigma^2)$，则 $Y = \dfrac{X - \mu}{\sigma} \sim N(0, 1)$。

证明 记 X 与 Y 的分布函数分别为 $F_X(x)$ 与 $F_Y(y)$，其密度函数分别为 $f_X(x)$ 与 $f_Y(y)$，则由分布函数的定义知

$$F_Y(y) = P\{Y \leqslant y\} = P\left\{\frac{X - \mu}{\sigma} \leqslant y\right\} = P\{X \leqslant \mu + \sigma y\} = F_X(\mu + \sigma y)$$

由于正态分布的分布函数是严格单调增函数，且处处可导，则有

$$f_Y(y) = \frac{\mathrm{d}}{\mathrm{d}y} F_X(\mu + \sigma y) = f_X(\mu + \sigma y) \cdot \sigma = \frac{1}{\sqrt{2\pi}} \mathrm{e}^{-\frac{y^2}{2}}$$

由此得

$$Y = \frac{X - \mu}{\sigma} \sim N(0, 1)$$

由以上定理，可以得到一些在实际中有用的计算公式，若随机变量 $X \sim N(\mu, \sigma^2)$，则

$$P\{X \leqslant c\} = \Phi\left(\frac{c - \mu}{\sigma}\right) \tag{2.22}$$

$$P\{a < X \leqslant b\} = \Phi\left(\frac{b - \mu}{\sigma}\right) - \Phi\left(\frac{a - \mu}{\sigma}\right) \tag{2.23}$$

例 2.28 设 $X \sim N(8, 0.5^2)$，试求

(1) $P\{|X - 8| < 1\}$；　　　　　(2) $P\{X \leqslant 10\}$。

解 (1) 因为 $X \sim N(8, 0.5^2)$，所以 $\dfrac{X - 8}{0.5} \sim N(0, 1)$，

$$P\{|X - 8| < 1\} = P\left\{\left|\frac{X - 8}{0.5}\right| < 2\right\} = 2\Phi(2) - 1 = 0.9545$$

(2) $P\{X \leqslant 10\} = \Phi\left(\dfrac{10 - 8}{0.5}\right) = \Phi(4) = 0.99996833$

例 2.29 设 $X \sim N(3, 4)$，试求

(1) $P\{2 \leqslant X < 5\}$；

(2) 确定 c，使得 $P\{X > c\} = P\{X < c\}$。

解 (1) $P\{2 \leqslant X < 5\} = \Phi\left(\dfrac{5 - 3}{2}\right) - \Phi\left(\dfrac{2 - 3}{2}\right) = \Phi(1) - \Phi(-0.5)$

$$= \Phi(1) + \Phi(0.5) - 1 \approx 0.8413 + 0.6915 - 1 = 0.5328$$

(2) $P\{X > c\} = 1 - P\{X \leqslant c\} = P\{X < c\}$，又 $P\{X \leqslant c\} = P\{X < c\}$，则 $P\{X \leqslant c\} = 0.5$，即 $\Phi\left(\dfrac{c - 3}{2}\right) = 0.5$，即 $\dfrac{c - 3}{2} = 0$，所以 $c = 3$。

例 2.30　公共汽车车门的高度是按男子与车门顶碰头的机会在 0.01 以下来设计的。设男子身长 X 服从 $\mu=170\,\mathrm{cm}$，$\sigma=6\,\mathrm{cm}$ 的正态分布，即 $X\sim N(170,6^2)$，问车门高度应如何确定？

解　设车门高度为 $h\,\mathrm{cm}$。按设计要求，

$$P\{X\geqslant h\}\leqslant 0.01,\quad \text{或}\quad P\{X<h\}\geqslant 0.99,$$

因为 $X\sim N(170,6^2)$，故 $P\{X<h\}=F(h)=\Phi\left(\dfrac{h-170}{6}\right)\approx 0.99$，

查表得 $\Phi(2.33)=0.9901>0.99$，所以，$\dfrac{h-170}{6}=2.33$，$h=184\,\mathrm{cm}$。

例 2.31　设某项竞赛成绩 $X\sim N(65,100)$，若按参赛人数的 10% 发奖，问获奖分数线应定为多少？

解　设获奖分数线定为 a，则求使 $P\{X\geqslant a\}=0.1$ 成立的 a。由题意知 $\mu=65$，$\sigma=10$，则

$$P\{X\geqslant a\}=1-P\{X<a\}=1-P\left\{\frac{X-65}{10}<\frac{a-65}{10}\right\}$$

$$=1-\Phi\left(\frac{a-65}{10}\right)=0.1$$

即 $\Phi\left(\dfrac{a-65}{10}\right)=0.9$，查表得 $\dfrac{a-65}{10}=1.28$，解得 $a=77.8$，故分数线可定为 78 分。

为了便于今后应用，对于标准正态随机变量，我们引入 α 分位点的概念。

定义 2.13　设 $X\sim N(0,1)$，对给定的数 α，$0<\alpha<1$，称满足条件

$$P\{X>z_\alpha\}=\int_{z_\alpha}^{+\infty}\varphi(x)\mathrm{d}x=\alpha$$

的数 z_α 为标准正态分布的上（侧）α 分位点。

对于给定的 α，z_α 的值可这样求得：$P\{X>z_\alpha\}=1-\Phi(z_\alpha)=\alpha$，从而，$\Phi(z_\alpha)=1-\alpha$，查表可得。如，$z_{0.05}=1.645$，$z_{0.3}=0.52$。

一般地，对随机变量 X，若对给定的数 α，$0<\alpha<1$，称满足条件 $P\{X>z_\alpha\}=1-F(z_\alpha)$ 的数 z_α 为此概率分布的上（侧）α 分位点（数）。

2.4　随机变量函数的分布

在实际问题中常常有一些随机变量，它们的分布往往难于直接得到，但是与它们相关的另一些随机变量的分布却容易得到，例如，工厂中批量生产的滚珠的体积难以测量，但是滚珠直径可以测量，即滚珠直径的分布易知，因此，可以利用直径与体积的关系并借助直径的分布获得体积的分布。

一般地，设 $g(x)$ 是定义在随机变量 X 的一切可能取值 x 的集合上的函数，如果

当 X 取值为 x 时,随机变量 Y 的取值为 $y=g(x)$,则称 Y 是随机变量 X 的函数,记为 $Y=g(X)$。

下面我们讨论如何由已知的随机变量 X 的分布去求得它的函数的分布。

2.4.1 离散型随机变量函数的分布

设 X 是离散型随机变量,X 的分布律为

X	x_1	x_2	$\cdots$	x_n	$\cdots$
P	p_1	p_2	$\cdots$	p_n	$\cdots$

则 $Y=g(X)$ 也是一个离散型随机变量,此时 Y 的分布律可简单地表示为

Y	$g(x_1)$	$g(x_2)$	$\cdots$	$g(x_n)$	$\cdots$
P	p_1	p_2	$\cdots$	p_n	$\cdots$

当 $g(x_1),g(x_2),\cdots,g(x_n),\cdots$ 中某些值相等时,则把那些相等的值分别合并,并把对应的概率相加即可。

例 2.32 设随机变量 X 的分布律为

X	-2	-1	0	1	2
P	0.2	0.1	0.3	0.2	0.2

求 $Y=2X+2$ 和 $Z=(X+1)^2$ 的分布律。

解 随机变量 Y 的可能取值为 $-2,0,2,4,6$,且

$$P\{Y=-2\}=P\{X=-2\}=0.2$$
$$P\{Y=0\}=P\{X=-1\}=0.1$$
$$P\{Y=2\}=P\{X=0\}=0.3$$
$$P\{Y=4\}=P\{X=1\}=0.2$$
$$P\{Y=6\}=P\{X=2\}=0.2$$

所以 Y 的分布律为

Y	-2	0	2	4	6
P	0.2	0.1	0.3	0.2	0.2

随机变量 Z 的可能取值为 $0,1,4,9$,且

$$P\{Z=0\}=P\{X=-1\}=0.1$$
$$P\{Z=1\}=P\{X=0\}+P\{X=-2\}=0.5$$
$$P\{Z=4\}=P\{X=1\}=0.2$$

$$P\{Z=9\} = P\{X=2\} = 0.2$$

所以 Z 的分布律为

Z	0	1	4	9
P	0.1	0.5	0.2	0.2

2.4.2　连续型随机变量函数的分布

设 X 为连续型随机变量,其密度函数 $f_X(x)$ 已知,如果函数 $g(x)$ 是连续函数,那么随机变量 $Y=g(X)$ 也为一连续型随机变量。下面讨论如何求得 $Y=g(X)$ 的密度函数 $f_Y(y)$。

1) 分布函数法

为了求 Y 的密度函数 $f_Y(y)$,先求 Y 的分布函数 $F_Y(y)$,即

$$F_Y(y) = P\{Y \leqslant y\} = P\{g(X) \leqslant y\} = P\{X \in D\}$$

其中 $D=\{x \mid g(x) \leqslant y\}$,然后 $F_Y(y)$ 对 y 求导,就得到 $f_Y(y)$,即

$$f_Y(y) = \begin{cases} \dfrac{\mathrm{d}F_Y(y)}{\mathrm{d}y}, & \text{当 } F_Y(y) \text{ 在 } y \text{ 处可导时} \\ 0, & \text{当 } F_Y(y) \text{ 在 } y \text{ 处不可导时} \end{cases}$$

下面给出这种方法的几个实例:

例 2.33　设随机变量 X 的密度函数为 $f_X(x)$,$Y=aX+b$,求 Y 的密度函数。

解　先求分布函数

$$F_Y(y) = P\{Y \leqslant y\} = P\{aX+b \leqslant y\}$$

$$= \begin{cases} P\left\{X \leqslant \dfrac{y-b}{a}\right\} = F_X\left(\dfrac{y-b}{a}\right), & a > 0 \\ P\left\{X \geqslant \dfrac{y-b}{a}\right\} = 1 - F_X\left(\dfrac{y-b}{a}\right), & a < 0 \end{cases}$$

对上式两边求导,有

$$f_Y(y) = F_Y'(y) = \begin{cases} \dfrac{1}{a} f_X\left(\dfrac{y-b}{a}\right), & a > 0 \\ -\dfrac{1}{a} f_X\left(\dfrac{y-b}{a}\right), & a < 0 \end{cases}$$

$$= \frac{1}{|a|} f_X\left(\frac{y-b}{a}\right)$$

例 2.34　设随机变量 X 服从标准正态分布,$Y=X^2$,求 Y 的密度函数。

解　先求分布函数

因为 $Y=X^2$,所以当 $y<0$ 时 $F_Y(y) = P\{Y \leqslant y\} = 0$。

当 $y \geqslant 0$ 时

$$F_Y(y) = P\{Y \leqslant y\} = P\{X^2 \leqslant y\} = P\{-\sqrt{y} \leqslant X \leqslant \sqrt{y}\}$$

$$= \int_{-\sqrt{y}}^{\sqrt{y}} \varphi(x)\,\mathrm{d}x = \int_{-\sqrt{y}}^{\sqrt{y}} \frac{1}{\sqrt{2\pi}} e^{-\frac{x^2}{2}} \,\mathrm{d}x$$

对上式两边求导,有

$$f_Y(y) = \frac{\mathrm{d}F_Y(y)}{\mathrm{d}y} = \frac{\mathrm{d}}{\mathrm{d}y} \int_{-\sqrt{y}}^{\sqrt{y}} \frac{1}{\sqrt{2\pi}} e^{-\frac{x^2}{2}} \,\mathrm{d}x = \frac{1}{\sqrt{2\pi}} e^{-\frac{y}{2}} y^{-\frac{1}{2}}$$

所以

$$f_Y(y) = \begin{cases} \dfrac{1}{\sqrt{2\pi}} e^{-\frac{y}{2}} y^{-\frac{1}{2}}, & y \geqslant 0 \\ 0, & y < 0 \end{cases}$$

2) 公式法

定理 2.3 设 X 是连续型随机变量,其密度函数为 $f_X(x)$,$y = g(x)$ 是严格单调且处处可导函数,其反函数 $h(y)$ 有连续导函数,则 $Y = g(X)$ 是连续型随机变量,其密度函数为

$$f_Y(y) = \begin{cases} f_X[h(y)] \mid h'(y) \mid, & a < y < b \\ 0, & \text{其他} \end{cases} \tag{2.24}$$

其中 $a = \min\{g(-\infty), g(+\infty)\}$,$b = \max\{g(-\infty), g(+\infty)\}$。

证明略。

例 2.35 设随机变量 X 服从参数为 μ, σ 的正态分布,$Y = aX + b$,证明 $Y \sim N(a\mu + b, a^2\sigma^2)$。

证明 记随机变量 X 和 Y 的密度函数分别为 $f_X(x)$ 和 $f_Y(y)$。

因为函数 $y = ax + b$ 的反函数为 $x = \dfrac{y-b}{a}$,所以

$$f_Y(y) = f_X\left(\frac{y-b}{a}\right) \left| \left(\frac{y-b}{a}\right)' \right| = \frac{1}{\sqrt{2\pi}\sigma \mid a \mid} e^{-\frac{|y-a\mu-b|^2}{a^2\sigma^2}}$$

从而

$$Y \sim N(a\mu + b, a^2\sigma^2)$$

习 题 二

1. 试判断下列各题给出的是否是某随机变量的概率分布律? 并说出理由。

(1)

X	0	1	2
$P\{X = x_i\}$	0.2	0.2	0.2

(2)

X	-1	1
$P\{X=x_i\}$	0.5	0.5

(3) $P\{X=i\}=\dfrac{2}{3^i}$，　$i=1,2,\cdots$

(4) $P\{X=k\}=\dfrac{2}{3}\cdot\dfrac{1}{4^k}$，　$k=0,1,2,\cdots$

2. 设随机变量 X 的分布律为

$$P\{X=x\}=c\cdot\left(\dfrac{1}{2}\right)^x，\quad x=1,2,3$$

求 c 的值。

3. 一袋中装有 5 只球，编号为 1,2,3,4,5。在袋中同时取 3 只，以 X 表示取出球的最大号码，写出 X 的概率分布。

4. 同时抛掷 3 枚硬币，以 X 表示出现正面的数目，写出 X 的概率分布。

5. 已知随机变量 X 只能 $-1,0,1,2$ 四个值，相应的概率依次为 $\dfrac{1}{2c},\dfrac{3}{4c},\dfrac{5}{8c},\dfrac{7}{16c}$，试确定 c 的值并计算 $P\{X<1|X\neq0\}$。

6. 一批产品分一、二、三级，其中一级品是二级品的两倍，三级品是二级品的一半。从这批产品中随机地抽取一个检验质量，用随机变量描述检验的可能结果，写出它的概率分布。

7. 设随机变量 X 的分布函数为

$$F(x)=\begin{cases}0, & x<-1 \\ 0.4, & -1\leqslant x<1 \\ 0.8, & 1\leqslant x<3 \\ 1, & x\geqslant3\end{cases}$$

求 X 的概率分布。

8. 设随机变量 X 只取正整数值 n，且 $P\{X=n\}$ 与 n^2 成反比，求 X 的分布律。$\left(\text{提示：}\displaystyle\sum_{k=1}^{+\infty}\dfrac{1}{k^2}=\dfrac{\pi^2}{6}\right)$

9. 设随机变量 X 和 Y 的分布律分别为

$$P\{X=k\}=C_2^k p^k(1-p)^{2-k}，\quad k=0,1,2$$
$$P\{Y=l\}=C_4^l p^l(1-p)^{4-l}，\quad l=0,1,2,3,4$$

已知 $P\{X\geqslant1\}=\dfrac{5}{9}$，求 $P\{Y\geqslant1\}$。

10. 设事件 A 在每次试验中发生的概率为 p。现独立重复地进行试验，直到事件 A 发生了 m 次为止。求需要进行的试验总次数 X 的概率分布。

11. 甲乙两人进行游戏，各有本金两元。假设二人每次赢得游戏的概率相等，且游戏结果没有平局，即要么甲赢，要么乙赢，输方给赢方一元，直到一方输完本金为止游戏结束。求在游戏结束时二人游戏次数 X 的概率分布律。

12. 甲乙二人轮流射击，直到某人击中目标为止。已知甲击中目标的概率为 0.4，乙击中目标的概率为 0.6，甲先射击。求目标被击中时甲、乙二人各自射击次数的分布律。

13. 设随机变量 X 的分布函数为

$$F(x) = \begin{cases} 0, & x < 1 \\ \ln x, & 1 \leqslant x < e \\ 1, & x \geqslant e \end{cases}$$

试求:(1) $P\{X < 2\}, P\{1 < X \leqslant 4\}, P\{X > 2\}$;

(2) X 的密度函数 $f(x)$。

14. 设连续型随机变量 X 的密度函数为

$$f(x) = \begin{cases} A \cos x, & |x| \leqslant \dfrac{\pi}{2} \\ 0, & |x| > \dfrac{\pi}{2} \end{cases}$$

试求(1)常数 A;(2) $P\left\{0 < X < \dfrac{\pi}{4}\right\}$;(3) X 的分布函数。

15. 设连续型随机变量 X 的密度函数为

$$f(x) = \begin{cases} ax + b, & 0 < x < 1 \\ 0, & 其他 \end{cases}$$

又已知 $P\left\{X < \dfrac{1}{3}\right\} = P\left\{X > \dfrac{1}{3}\right\}$,试求常数 a, b 的值。

16. 设连续型随机变量 X 的分布函数为

$$F(x) = \begin{cases} 0, & x < 0 \\ Ax^2, & 0 \leqslant x < 1 \\ 1, & x \geqslant 1 \end{cases}$$

试求(1)常数 A 的值;(2) $P\{0.3 < X < 0.7\}$;(3) X 的密度函数。

17. 设连续型随机变量 X 的分布函数为

$$F(x) = A + B \arctan x, \quad x \in \mathbf{R}$$

试求 X 的密度函数。

18. 函数 $f(x) = \begin{cases} \sin x, & x \in D \\ x, & x = 0 \end{cases}$,是否为概率密度函数?

(1) $D = \left[0, \dfrac{\pi}{2}\right]$;   (2) $D = [0, \pi]$;

(3) $D = \left[0, \dfrac{3}{2}\pi\right]$。

19. 设随机变量 X 的概率密度函数为

$$f(x) = \begin{cases} \dfrac{1}{2}, & x \in [0,1] \\ \dfrac{1}{4}, & x \in [2,4] \\ 0, & 其他 \end{cases}$$

若某个 k 使得 $P\{X \leqslant k\} = \dfrac{1}{2}$,试确定 k 的取值。

20. 某血库急需 AB 型血,需从献血者中获得,根据经验,每 100 个献血者中只能获得 2 名身体合格的 AB 型血的人,今对献血者一个接一个进行化验,用 X 表示第一次找到合格的 AB 型血时,献血者已被化验的人数,求 X 的概率分布。

21. 某班有 20 名同学,其中有 5 名女同学,现从班上任选 4 名学生去参观展览,求被选到的女同学数 X 的分布律。

22. 有 1 000 件产品,其中 900 件是正品,其余是次品,现从中每次任取一件,有放回地取 5 次,试求这 5 件所含次品数的分布律。

23. 在一个繁忙的交通路口,单独 1 辆汽车发生交通意外事故的概率 p 是很小的,$p=0.000\ 1$。如果某段时间内有 1 000 辆汽车通过这个路口,问这段时间内,该路口至少发生 1 起交通意外事故的概率是多少?

24. 设随机变量 X 服从泊松分布,且已知 $P\{X=1\}=P\{X=2\}$,求 $P\{X=4\}$。

25. 某商店出售某种商品,月销售量服从参数为 5 的泊松分布,问在月初进货时至少要库存多少件此种商品,才能以 0.999 的概率满足顾客的需要?

26. 假设一设备在任何长为 t 的时间段内发生故障的次数 $N(t)$ 服从参数为 λt 的指数分布,求两次故障之间时间间隔 T 的概率分布。

27. 设随机变量 X 服从正态分布 $N(1,2^2)$,求:

(1) $P\{X<-3\}$;　　　　　　　　(2) $P\{1\leqslant X<3\}$;

(3) $P\{|X|<3\}$。

28. 设随机变量 X 服从正态分布 $N(10,1)$,求 $P\{9<X<11\}$,并求最小的常数 x,使得 $P\{|X-10|<x\}>99\%$。

29. 设随机变量 X 服从正态分布 $N(4,\sigma^2)$,且已知 $P\{3<X<4\}=0.04$,求 $P\{5<X<6\}$。在本题已知条件下,能否不用计算就能确定 $P\{4<X<5\}$?

30. 设随机变量 X 服从正态分布 $N(10,3^2)$,求分点 x_1,x_2,x_3 使得 X 落在 $(-\infty,x_1)$,(x_1,x_2),(x_2,x_3),(x_3,∞) 内的概率之比为 $5:45:45:5$。

31. 设一自动车床生产的零件长度 Y(mm)服从正态分布 $N(10,0.5^2)$。产品检验部门规定零件的长度在 10 ± 1 mm 之间为合格品,求该自动车床生产的零件是合格品的概率。

32. 某高校三年级学生的某门课程成绩 X 近似地服从正态分布 $N(75,\sigma^2)$,其中 90 分以上的占学生总数的 5%。求

(1) 数学不及格(考分低于 60)的学生的百分比。

(2) 数学成绩在 65~80 分之间的学生的百分比。

33. 设随机变量 X 的概率分布如下:

X	-2	-1	0	1	2	3
p_k	0.1	0.2	0.1	0.3	0.2	0.1

求随机变量 $Y=2X+1$ 及随机变量 $Z=X^2$ 的概率分布律。

34. 对球的直径做近似测量,设测量值服从 $[a,b]$ 上的均匀分布,求球体积的概率密度函数。

35. 设随机变量 X 服从参数 1 的指数分布,求随机变量 $Y=e^X$ 的概率密度函数。

36. 设随机变量 X 服从参数为 3 的指数分布,求随机变量 $Y=1-e^{-3X}$ 的概率密度函数。

37. 设 $X\sim N(0,1)$,求 $Y=2(1-|X|)$ 的概率密度。

38. 设 X 是在 $(0,1)$ 上均匀分布的随机变量，求随机变量 $Y=-\dfrac{1}{\lambda}\ln(1-X)$ 的分布密度，其中 $\lambda>0$。

39. 设随机变量 X 的密度函数为

$$f(x)=\begin{cases}\dfrac{2}{\pi(1+x^2)}, & x>0 \\ 0, & x\leqslant 0\end{cases}$$

求随机变量 $Y=\ln X$ 的概率密度函数。

40. 设随机变量 X 的密度函数为

$$f(x)=\begin{cases}6x(1-x), & 0<x<1 \\ 0, & \text{其他}\end{cases}$$

问是否存在函数 $Y=h(X)$，使得 Y 具有密度函数

$$g(y)=\begin{cases}12y^3(1-y^2), & 0<y<1 \\ 0, & \text{其他}\end{cases}$$

41. 设随机变量 X 的概率密度函数为 $f(x)=\begin{cases}2x, & 0<x<1 \\ 0, & \text{其他}\end{cases}$

以 Y 表示对 X 的三次独立重复观察中事件"$X\leqslant\dfrac{1}{2}$"出现的次数，求 $P\{Y=2\}$。

42. 设某学校某学生考试的总成绩（按四门计算）$X\sim N(300,50^2)$。学校按学生考试成绩给学生等级分 Y：如果总分高于 360 分，则等级分为 1；如果总分在 320～360 之间，等级分为 2；总分在 260～320 之间，等级分为 3；总分低于 260 的，等级分为 4。求该学生等级分的概率分布。

多维随机变量及其分布

第**3**章

　　在实际应用中,有些随机现象需要同时用两个或两个以上的随机变量来描述。如研究某地区学龄前儿童的发育情况时,就要同时抽查儿童的身高 H 和体重 W,这里,H 和 W 是定义在同一个样本空间上的两个随机变量。又如考察某次射击中弹着点的位置时,就要同时考察弹着点的横坐标 X 和纵坐标 Y。在这种情况下,不但要研究多个随机变量各自的统计规律,而且还要研究它们之间的统计相依关系,因而还需考察它们的联合取值的统计规律,即**多维随机变量**的分布。由于从二维推广到多维一般无实质性的困难,故重点讨论二维随机变量。

3.1　二维随机变量

3.1.1　二维随机变量及分布函数

　　定义 3.1　称由随机变量 X,Y 构成的有序数组 (X,Y) 为二维(元)随机变量或二维(元)随机向量。

　　注　在几何上,二维随机变量 (X,Y) 可看做是平面上随机点的坐标。

　　定义 3.2　设 (X,Y) 是二维随机变量,对任意实数 x,y,二元函数

$$F(x,y) = P\{(X \leqslant x)\} \bigcap P\{Y \leqslant y\} \xlongequal{\text{记为}} P\{X \leqslant x, Y \leqslant y\}$$

称为二维随机变量 (X,Y) 的分布函数或称为随机变量 X 和 Y 的联合分布函数。

　　二元分布函数的几何意义

　　若将二维随机变量 (X,Y) 看成平面上随机点 (X,Y) 的坐标,则分布函数 $F(x,y)$ 就表示随机点落在以点 (x,y) 为顶点的左下方的无限矩形域内的概率,如图 3.1 所示。

又,随机点 (X,Y) 落在矩形区域:

$$x_1 < X \leqslant x_2, \quad y_1 < Y \leqslant y_2$$

内的概率为

$$P\{x_1 < X \leqslant x_2, y_1 < Y \leqslant y_2\}$$
$$= F(x_2,y_2) - F(x_1,y_2) -$$
$$F(x_2,y_1) + F(x_1,y_1)$$

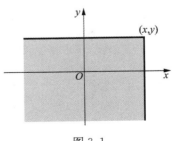

图 3.1

分布函数 $F(x,y)$ 的性质

性质1 $0 \leqslant F(x,y) \leqslant 1$，且对任意固定的 y，有 $F(-\infty,y)=0$；对任意固定的 x，有 $F(x,-\infty)=0$，$F(-\infty,-\infty)=0$，$F(+\infty,+\infty)=1$。

性质2 $F(x,y)$ 关于 x 或 y 均为单调不减函数，即

对任意固定的 y，当 $x_2 > x_1$ 时，有 $F(x_2,y) \geqslant F(x_1,y)$

对任意固定的 x，当 $y_2 > y_1$ 时，有 $F(x,y_2) \geqslant F(x,y_1)$

性质3 $F(x,y)$ 关于 x 和 y 均为右连续，即 $F(x,y)=F(x^+,y)$，$F(x,y)=F(x,y^+)$。

性质4 对任意的 (x_1,y_1)，(x_2,y_2)，$x_1 < x_2$，$y_1 < y_2$，有

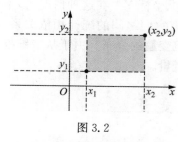

图 3.2

$$F(x_2,y_2) - F(x_1,y_2) - F(x_2,y_1) + F(x_1,y_1) \geqslant 0$$

注 上述4条性质是二维随机变量分布函数的最基本的性质，即任何二维随机变量的分布函数都具有这四条性质；更进一步地，还可以证明：如果某个二元函数具有这四条性质，那么，它一定是某个二维随机变量的分布函数。破坏任何一个性质，则不是。

3.1.2 二维离散型随机变量及其概率分布

定义3.3 若二维随机变量 (X,Y) 只取有限对或可数对值，则称 (X,Y) 为二维离散型随机变量。

定义3.4 若二维离散型随机变量 (X,Y) 所有可能的取值为 (x_i,y_j)，$i,j=1,2,\cdots$，则称

$$P\{X=x_i, Y=y_j\} = p_{ij} \quad (i,j=1,2,\cdots)$$

为二维离散型随机变量 (X,Y) 的概率分布（分布律），或 X 与 Y 的联合概率分布（分布律）。

有时也将联合概率分布用表格形式来表示，并称为联合概率分布表：

X \ Y	y_1	y_2	$\cdots$	y_j	$\cdots$	$p_{i\cdot}$
x_1	p_{11}	p_{12}	$\cdots$	p_{1j}	$\cdots$	$p_{1\cdot}$
x_2	p_{21}	p_{22}	$\cdots$	p_{2j}	$\cdots$	$p_{2\cdot}$
$\vdots$	$\vdots$	$\vdots$		$\vdots$		$\vdots$
x_i	p_{i1}	p_{i2}	$\cdots$	p_{ij}	$\cdots$	$p_{i\cdot}$
$\vdots$	$\vdots$	$\vdots$		$\vdots$		$\vdots$
$p_{\cdot j}$	$p_{\cdot 1}$	$p_{\cdot 2}$	$\cdots$	$p_{\cdot j}$	$\cdots$	

二维离散型随机变量联合分布律的性质：

性质 1　对任意的 (i,j)，$(i,j=1,2,\cdots)$，$p_{ij}=P\{X=x_i,y=y_j\}\geqslant 0$。

性质 2　$\sum\limits_{i,j}p_{ij}=1$。

二维离散型随机变量的联合分布函数

设二维离散型随机变量 (X,Y) 的联合概率分布为 $p_{ij}(i,j=1,2,\cdots)$，于是，(X,Y) 的联合分布函数为

$$F(x,y)=P\{X\leqslant x,Y\leqslant y\}=P\left(\bigcup_{x_i\leqslant x,y_j\leqslant y}\{X=x_i,Y=y_j\}\right)$$

$$=\sum_{x_i\leqslant x}\sum_{y_j\leqslant y}P\{X=x_i,Y=y_j\}=\sum_{x_i\leqslant x}\sum_{y_j\leqslant y}p_{ij}$$

注　对离散型随机变量而言，联合概率分布不仅比联合分布函数更加直观，而且能够更加方便地确定 (X,Y) 取值于任何区域 D 上的概率，即

$$P\{(X,Y)\in D\}=\sum_{(x_i,y_j)\in D}p_{ij}$$

特别地，由联合概率分布可以确定联合分布函数：

$$F(x,y)=P\{X\leqslant x,Y\leqslant y\}=\sum_{x_i\leqslant x,y_j\leqslant y}p_{ij}$$

例 3.1　从一只装有 3 只黑球和 2 只白球的口袋中取球两次，每次任取一只，不放回，令 $X=\begin{cases}0,&\text{第一次取出白球}\\1,&\text{第一次取出黑球}\end{cases}$，$Y=\begin{cases}0,&\text{第二次取出白球}\\1,&\text{第二次取出黑球}\end{cases}$，求 (X,Y) 的概率分布。

解　(X,Y) 的所有可能取值为 $(0,0),(0,1),(1,0),(1,1)$，

$$P_{00}=P\{X=0,Y=0\}=P(X=0)P\{Y=0\mid X=0\}=\frac{2}{5}\times\frac{1}{4}=\frac{1}{10}$$

$$P_{01}=P\{X=0,Y=1\}=P(X=0)P\{Y=1\mid X=0\}=\frac{2}{5}\times\frac{3}{4}=\frac{3}{10}$$

$$P_{10}=P\{X=1,Y=0\}=P(X=1)P\{Y=0\mid X=1\}=\frac{3}{5}\times\frac{2}{4}=\frac{3}{10}$$

$$P_{11}=P\{X=1,Y=1\}=P(X=1)P\{Y=1\mid X=1\}=\frac{3}{5}\times\frac{2}{4}=\frac{3}{10}$$

Y＼X	0	1
0	0.1	0.3
1	0.3	0.3

例 3.2　设随机变量 Y 服从参数为 $\lambda=1$ 的指数分布，随机变量 X_k 定义如下：

$$X_k=\begin{cases}0,&Y\leqslant k\\1,&Y>k\end{cases}\quad(k=1,2)$$

求 X_1 和 X_2 的联合概率分布。

解 Y 的分布函数为 $F(y) = \begin{cases} 1 - e^{-y}, & y > 0 \\ 0, & y \leqslant 0 \end{cases}$, (X_1, X_2) 可能取的值只有 4 对：

$(0, 0), (0, 1), (1, 0)$ 及 $(1, 1)$,

$$P\{X_1 = 0, X_2 = 0\} = P\{Y \leqslant 1, Y \leqslant 2\} = P\{Y \leqslant 1\}$$
$$= F(1) = 1 - e^{-1}$$
$$P\{X_1 = 0, X_2 = 1\} = P\{Y \leqslant 1, Y > 2\} = 0$$
$$P\{X_1 = 1, X_2 = 0\} = P\{Y > 1, Y \leqslant 2\} = P\{1 < Y \leqslant 2\}$$
$$= F(2) - F(1) = e^{-1} - e^{-2}$$
$$P\{X_1 = 1, X_2 = 2\} = P\{Y > 1, Y > 2\} = P\{Y > 2\}$$
$$= 1 - F(2) = e^{-2}$$

所以 X_1, X_2 的联合概率分布为

X_1 \ X_2	0	1
0	$1 - e^{-1}$	0
1	$e^{-1} - e^{-2}$	e^{-2}

3.1.3　二维连续型随机变量及其概率密度

定义 3.5　设 (X, Y) 为二维随机变量，$F(x, y)$ 为其分布函数，若存在一个非负的二元函数 $f(x, y)$，使对任意实数 (x, y)，有

$$F(x, y) = \int_{-\infty}^{y} \int_{-\infty}^{x} f(u, v) \, du \, dv$$

则称 (X, Y) 为二维连续型随机变量，并称 $f(x, y)$ 为 (X, Y) 的概率密度（或密度函数），或称为 (X, Y) 的联合概率密度（或联合密度函数）。

概率密度函数 $f(x, y)$ 的性质：

性质 1　$f(x, y) \geqslant 0$

性质 2　$\int_{-\infty}^{\infty} \int_{-\infty}^{\infty} f(x, y) \, dx \, dy = F(+\infty, +\infty) = 1$

性质 3　设 G 是 xOy 平面上的区域，点 (X, Y) 落入 G 内的概率为

$$P\{(x, y) \in G\} = \iint\limits_{G} f(x, y) \, dx \, dy$$

性质 4　若 $f(x, y)$ 在点 (x, y) 连续，则有 $\dfrac{\partial^2 F(x, y)}{\partial x \partial y} = f(x, y)$

3.1.4　二维均匀分布

设 G 是平面上的有界区域，其面积为 A。若二维随机变量 (X, Y) 具有概率密度

函数 $f(x,y)=\begin{cases}\dfrac{1}{A}, & (x,y)\in G \\ 0, & 其他\end{cases}$，则称 (X,Y) 在 G 上服从**均匀分布**。

例 3.3　设二维随机变量 (X,Y) 的密度函数为 $f(x,y)=\begin{cases}ke^{-x-2y}, & x>0,y>0 \\ 0, & 其他\end{cases}$

(1) 求常数 k；　　　　　　　　　(2) 分布函数 $F(x,y)$；

(3) $P\{X>1,Y<1\}$；　　　　　　(4) 求 $P\{0<X<1,0<Y<2\}$；

(5) $P\{X<Y\}$。

解　（1）$1=\displaystyle\int_{-\infty}^{+\infty}\int_{-\infty}^{+\infty}f(x,y)\mathrm{d}x\mathrm{d}y=k\int_{-\infty}^{+\infty}\int_{-\infty}^{+\infty}e^{-x-2y}\mathrm{d}x\mathrm{d}y=k\int_{0}^{+\infty}e^{-x}\mathrm{d}x\cdot$

$\displaystyle\int_{0}^{+\infty}e^{-2}\mathrm{d}y=\dfrac{k}{2}$

所以，$k=2$

（2）$F(x,y)=P\{x\leqslant x,Y\leqslant y\}$，当 $x\leqslant0$ 或 $y\leqslant0$ 时，$F(x,y)=0$

当 $x>0$ 且 $y>0$ 时，

$$F(x,y)=P\{X\leqslant x,Y\leqslant y\}=\int_{-\infty}^{x}\int_{-\infty}^{y}f(u,v)\mathrm{d}u\mathrm{d}v=(1-e^{-x})(1-e^{2y})$$

所以，$F(x,y)=\begin{cases}(1-e^{-x})(1-e^{-2y}), & x>0,y>0 \\ 0, & 其他\end{cases}$

（3）$P\{X>1,Y<1\}=\displaystyle\int_{0}^{1}\mathrm{d}y\int_{1}^{+\infty}2e^{-x}e^{-2y}\mathrm{d}x=\dfrac{1}{e}\left(1-\dfrac{1}{e^{2}}\right)$

（4）$P\{0<X<1,0<Y<2\}=\displaystyle\iint_{0<x<1,0<y<2}f(x,y)\mathrm{d}x\mathrm{d}y$

$$=2\int_{0}^{1}\int_{0}^{2}e^{-x+2y}\mathrm{d}x\mathrm{d}y$$

$$=2\int_{0}^{1}e^{-x}\mathrm{d}x\cdot\int_{0}^{2}e^{-2y}\mathrm{d}y$$

$$=(1-e^{-1})(1-e^{-4})$$

（5）把位于 XOY 平面的直线 $x=y$ 上方的区域记为 G（见图 3.3）

$$P\{X<Y\}=P\{(x,y)\in G\}$$

$$=\iint_{G}f(x,y)\mathrm{d}x\mathrm{d}y$$

$$=\int_{0}^{+\infty}\int_{x}^{+\infty}2e^{-x-2y}\mathrm{d}x\mathrm{d}y$$

$$=\int_{0}^{+\infty}\mathrm{d}x\int_{x}^{+\infty}2e^{-x-2y}\mathrm{d}y=\dfrac{1}{3}$$

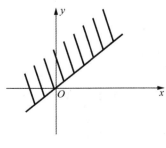

图 3.3

3.2 边缘分布

3.2.1 边缘分布函数

定义3.6 二维随机向量(X,Y)作为一个整体,有分布函数$F(x,y)$,其分量X与Y都是随机变量,也有各自的分布函数,记为$F_X(x)$,$F_Y(y)$,分别称为X的边缘分布函数和Y的边缘分布函数。

边缘分布函数求法

已知二维随机变量(X,Y)的分布函数$F(x,y)$,则

$$F_X(x) = P\{X \leqslant x\} = P\{X \leqslant x, Y < +\infty\}$$
$$= \lim_{y \to +\infty} F(x,y) = F(x, +\infty)$$

同理
$$F_Y(y) = P\{Y \leqslant y\} = P\{X < +\infty, Y \leqslant y\}$$
$$= \lim_{x \to +\infty} F(x,y) = F(+\infty, y)$$

即边缘分布函数$F_X(x)$,$F_Y(y)$可由(X,Y)的分布函数确定。

注 X与Y的边缘分布函数实质上就是一维随机变量X或Y的分布函数。称其为边缘分布函数,是相对于(X,Y)的联合分布而言的;同样地,(X,Y)的联合分布函数$F(x,y)$是相对于(X,Y)的分量X与Y的分布而言的。

例3.4 设二维随机变量(X,Y)的联合分布函数为

$$F(x,y) = A\left(B + \arctan \frac{x}{2}\right)\left(C + \arctan \frac{y}{3}\right)$$
$$(-\infty < x < +\infty, -\infty < y < +\infty)$$

试求:(1)常数A,B,C;(2)X及Y的边缘分布函数。

解 (1)由分布函数的性质,得

$$1 = F(+\infty, +\infty) = A\left(B + \frac{\pi}{2}\right)\left(C + \frac{\pi}{2}\right)$$

$$0 = F(x, -\infty) = A\left(B + \arctan \frac{x}{2}\right)\left(C - \frac{\pi}{2}\right)$$

$$0 = F(-\infty, y) = A\left(B - \frac{\pi}{2}\right)\left(C + \arctan \frac{y}{3}\right)$$

由以上三式可得,$A = \dfrac{1}{\pi^2}$,$B = \dfrac{\pi}{2}$,$C = \dfrac{\pi}{2}$.

(2)X的边缘分布函数为

$$F_X(x) = \lim_{y \to +\infty} F(x,y) = \lim_{y \to +\infty} \frac{1}{\pi^2}\left(\frac{\pi}{2} + \arctan \frac{x}{2}\right)\left(\frac{\pi}{2} + \arctan \frac{y}{3}\right)$$

$$= \frac{1}{\pi}\left(\frac{\pi}{2} + \arctan \frac{x}{2}\right) \quad (x \in (-\infty, +\infty))$$

同理,Y 的边缘分布函数为

$$F_Y(y) = \lim_{x \to +\infty} F(x,y) = \lim_{x \to +\infty} \frac{1}{\pi^2}\left(\frac{\pi}{2} + \arctan\frac{x}{2}\right)\left(\frac{\pi}{2} + \arctan\frac{y}{3}\right)$$

$$= \frac{1}{\pi}\left(\frac{\pi}{2} + \arctan\frac{y}{2}\right) \quad (y \in (-\infty, +\infty))$$

3.2.2　离散型随机变量的边缘概率分布

1) 边缘分布函数

对于二维离散型随机变量 (X,Y),已知其联合概率分布为

$$P\{X = x_i, Y = y_j\} = P_{ij} \quad (i,j = 1,2,\cdots)$$

其分布函数为 $F(x,y) = \sum\limits_{x_i \leqslant x}\sum\limits_{y_j \leqslant y} p_{ij}$,则它关于 X 的边缘分布函数为

$$F_X(x) = F(x, +\infty) = \sum_{x_i \leqslant x}\sum_{j=1}^{\infty} p_{ij}$$

它关于 Y 的边缘分布函数为 $F_Y(y) = F(+\infty, y) = \sum\limits_{i=1}^{\infty}\sum\limits_{y_j \leqslant y} p_{ij}$

2) 边缘概率分布

随机变量 X 的概率分布

$$P_{i\cdot} = P\{X = x_i\} = \sum_j P\{X = x_i, Y = y_j\}$$

$$= p_{i1} + p_{i2} + \cdots + p_{ij} + \cdots = \sum_j p_{ij}$$

同理,随机变量 Y 的分布律为

$$P_{\cdot j} = P\{Y = y_j\} = \sum_i P\{X = x_i, Y = y_j\} = \sum_i p_{ij}$$

3) 已知联合概率分布求边缘概率分布

X 以及 Y 的边缘概率分布可由下表表示:

X ＼ Y	y_1	y_2	$\cdots$	y_j	$\cdots$	$p_{i\cdot}$
x_1	p_{11}	p_{12}	$\cdots$	p_{1j}	$\cdots$	$p_{1\cdot}$
x_2	p_{21}	p_{22}	$\cdots$	p_{2j}	$\cdots$	$p_{2\cdot}$
$\vdots$	$\vdots$	$\vdots$		$\vdots$		$\vdots$
x_i	p_{i1}	p_{i2}	$\cdots$	p_{ij}	$\cdots$	$p_{i\cdot}$
$\vdots$	$\vdots$	$\vdots$		$\vdots$		$\vdots$
$p_{\cdot j}$	$p_{\cdot 1}$	$p_{\cdot 2}$	$\cdots$	$p_{\cdot j}$		

例3.5　设二维随机变量的联合概率分布如下表所示

X \ Y	−2	0	1
−1	0.3	0.1	0.1
1	0.05	0.2	0
2	0.2	0	0.05

求 X,Y 的边缘分布律。

解

X \ Y	−2	0	1	$P\{X=x_i\}=p_i$
−1	0.3	0.1	0.1	0.5
1	0.05	0.2	0	0.25
2	0.2	0	0.05	0.25
$P\{Y=y_j\}=p_j$	0.55	0.3	0.15	

例 3.6 设随机变量 X_1 和 X_2 的分布律分别如下表所示。

X_1	0	1
P	$\frac{1}{2}$	$\frac{1}{2}$

X_2	−1	0	1
P	$\frac{1}{4}$	$\frac{1}{2}$	$\frac{1}{4}$

且 $P\{X_1X_2=0\}=1$，求 X_1 和 X_2 的联合分布律。

解 因 $P\{X_1X_2=0\}=1$，故 $P\{X_1X_2\neq0\}=0$。
因事件 $\{X_1X_2\neq0\}$ 是互不相容的事件 $\{X_1=1,X_2=-1\}$ 与 $\{X_1=1,X_2=1\}$ 的和，所以 $P\{X_1=1,X_2=-1\}=P\{X_1=1,X_2=1\}=0$，即

$$p_{21}=0, \quad p_{23}=0$$

由 X_1,X_2 的联合概率分布及边缘概率分布如下表所示。

X_1 \ X_2	−1	0	1	$p_{i\cdot}$
0	p_{11}	p_{12}	p_{13}	$\frac{1}{2}$
1	$p_{21}=0$	p_{22}	$p_{23}=0$	$\frac{1}{2}$
$p_{\cdot j}$	$\frac{1}{4}$	$\frac{1}{2}$	$\frac{1}{4}$	

知 $p_{11}=\frac{1}{4}, p_{22}=\frac{1}{2}, p_{12}=0, p_{13}=\frac{1}{4}$

故

X_1　X_2	-1	0	1
0	$\dfrac{1}{4}$	0	$\dfrac{1}{4}$
1	0	$\dfrac{1}{2}$	0

3.2.3　连续型随机变量的边缘概率密度

对于二维连续型随机变量(X,Y),已知其联合密度函数为$f(x,y)$,现求随机变量X的边缘密度函数$f_X(x)$,即

$$F_X(x)=P\{X\leqslant x\}=F(x,+\infty)=\int_{-\infty}^{x}\left[\int_{-\infty}^{+\infty}f(x,y)\mathrm{d}y\right]\mathrm{d}x$$

上式表明X是连续型随机变量,且其密度函数为$f_X(x)=\int_{-\infty}^{+\infty}f(x,y)\mathrm{d}y$,称$f_X(x)$为$(X,Y)$关于$X$的边缘概率分布。

同理,由$F_Y(y)=P\{Y\leqslant y\}=F(+\infty,y)=\int_{-\infty}^{y}\left[\int_{-\infty}^{+\infty}f(x,y)\mathrm{d}x\right]\mathrm{d}y$知$Y$是连续型随机变量,且其密度函数为$f_Y(y)=\int_{-\infty}^{+\infty}f(x,y)\mathrm{d}x$,称$f_Y(y)$为$(X,Y)$关于$Y$的边缘概率密度。

例 3.7　设(X,Y)服从有界区域G上的均匀分布,其中G是由x轴,y轴及直线$\dfrac{x}{2}+y=1$所围成的三角形区域,求(X,Y)关于X和Y的边缘概率密度。

解　区域G的面积为1,所以(X,Y)的概率密度为

$$f(x,y)=\begin{cases}1,& (x,y)\in G\\0,& 其他\end{cases}$$

则(X,Y)关于X的边缘概率密度为

$$f_X(x)=\int_{-\infty}^{+\infty}f(x,y)\mathrm{d}y=\begin{cases}\int_{0}^{1-\frac{x}{2}}\mathrm{d}y=1-\dfrac{x}{2},& 0\leqslant x\leqslant 2\\0,& 其他\end{cases}$$

(X,Y)关于Y的边缘概率密度为

$$f_Y(y)=\int_{-\infty}^{+\infty}f(x,y)\mathrm{d}x=\begin{cases}\int_{0}^{2(1-y)}\mathrm{d}x=2(1-y),& 0\leqslant y\leqslant 1\\0,& 其他\end{cases}$$

例 3.8　设二维随机变量(X,Y)在区域$G=\{(x,y)\,|\,0\leqslant x\leqslant 1,x^2\leqslant y\leqslant x\}$(见图 3.4)上服从均匀分布,求边缘概率密度$f_X(x)$,$f_Y(y)$。

解　(X,Y)的概率密度为

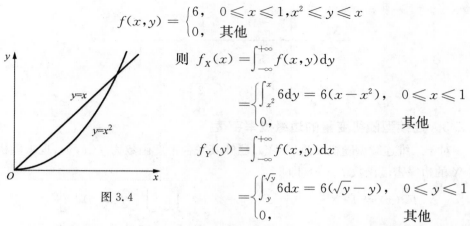

$$f(x,y) = \begin{cases} 6, & 0 \leqslant x \leqslant 1, x^2 \leqslant y \leqslant x \\ 0, & \text{其他} \end{cases}$$

则 $f_X(x) = \int_{-\infty}^{+\infty} f(x,y)\mathrm{d}y$

$$= \begin{cases} \int_{x^2}^{x} 6\mathrm{d}y = 6(x-x^2), & 0 \leqslant x \leqslant 1 \\ 0, & \text{其他} \end{cases}$$

$$f_Y(y) = \int_{-\infty}^{+\infty} f(x,y)\mathrm{d}x$$

$$= \begin{cases} \int_{y}^{\sqrt{y}} 6\mathrm{d}x = 6(\sqrt{y}-y), & 0 \leqslant y \leqslant 1 \\ 0, & \text{其他} \end{cases}$$

图 3.4

这个例题说明虽然 (X,Y) 的联合分布是在区域 G 上服从均匀分布的,但是它们的边缘分布却不是均匀分布。

3.2.4 二维正态分布

定义 3.7 若二维随机变量 (X,Y) 具有概率密度

$$f(x,y) = \frac{1}{2\pi\sigma_1\sigma_2\sqrt{1-\rho^2}} \mathrm{e}^{-\frac{1}{2(1-\rho^2)}\left[\left(\frac{x-\mu_1}{\sigma_1}\right)^2 - 2\rho\left(\frac{x-\mu_1}{\sigma_1}\right)\left(\frac{y-\mu_2}{\sigma_2}\right) + \left(\frac{y-\mu_2}{\sigma_2}\right)^2\right]}$$

其中 $\mu_1, \mu_2, \sigma_1, \sigma_2, \rho$ 均为常数,且 $\sigma_1 > 0, \sigma_2 > 0, |\rho| < 1$,则称 (X,Y) 服从参数为 μ_1, $\mu_2, \sigma_1, \sigma_2, \rho$ 的二维正态分布。记成 $(X,Y) \sim N(\mu_1, \mu_2, \sigma_1, \sigma_2; \rho)$

例 3.9 设 $(X,Y) \sim N(\mu_1, \mu_2, \sigma_1, \sigma_2; \rho)$ 求 X 和 Y 的边缘概率密度。

解 由 $f_X(x) = \int_{-\infty}^{\infty} f(x,y)\mathrm{d}y$,得 $f_X(x) = \frac{1}{\sqrt{2\pi}\sigma_1}\mathrm{e}^{-\frac{(x-\mu_1)^2}{2\sigma_1^2}}$ 这说明:$X \sim N(\mu_1,$ $\sigma_1^2)$;同理,$Y \sim N(\mu_2, \sigma_2^2)$。

注 二维正态随机变量的两个边缘分布都是一维正态分布,且都不依赖于参数 ρ,亦即对给定的 $\mu_1, \mu_2, \sigma_1, \sigma_2$,不同的 ρ 对应不同的二维正态分布,但它们的边缘分布都是相同的,因此仅由关于 X 和 Y 的边缘分布,一般来说是不能确定二维随机变量 (X,Y) 的联合分布的。

3.3 随机变量的独立性

前文讲过,事件 A 与 B 独立的定义,即:若 $P(AB) = P(A)P(B)$,则称事件 A 与 B 相互独立。借助于两个随机事件的相互独立的概念,引入随机变量的相互独立。

3.3.1 随机变量相互独立的概念

定义 3.8 设 (X,Y) 是二维随机变量,其联合分布函数 $F(x,y)$,又随机变量 X

的分布函数为 $F_X(x)$，随机变量 Y 的分布函数为 $F_Y(y)$。如果对于任意的 x,y，有

$$P\{X \leqslant x, Y \leqslant y\} = P\{X \leqslant x\} \cdot P\{Y \leqslant y\}$$

则称随机变量 X,Y 相互独立。

注　（1）如果随机变量 X,Y 相互独立，则由 $F(x,y) = F_X(x)F_Y(y)$ 可知二维随机变量 (X,Y) 的联合分布函数 $F(x,y)$ 可由其边缘分布函数 $F_X(x)$，$F_Y(y)$ 唯一确定；

（2）随机变量 X,Y 相互独立，实际上是指：对任意的 x,y，随机事件 $\{X \leqslant x\}$ 与 $\{Y \leqslant y\}$ 相互独立。

3.3.2　离散型随机变量的相互独立的充要条件

定理 3.1　如果 (X,Y) 是二维离散型随机变量，其概率分布及边缘概率分布分别为

$$p_{ij} = P\{X = x_i, Y = y_j\}$$
$$p_{i\cdot} = P\{X = x_i\} \quad (i = 1, 2, \cdots)$$
$$p_{\cdot j} = P\{Y = y_j\} \quad (j = 1, 2, \cdots)$$

则随机变量 X 和 Y 相互独立的充分必要条件是：对 (X,Y) 的所有可能取值 (x_i, y_j) 均有

$$P\{X = x_i, Y = y_j\} = P\{X = x_i\} \cdot P\{Y = y_j\}, \quad i, j = 1, 2, \cdots$$

即 $p_{ij} = p_{i\cdot} \cdot p_{\cdot j}, i, j = 1, 2, \cdots$

例 3.10　设二维随机变量 (X,Y) 的联合概率分布为

X \ Y	1	2	3
1	$\dfrac{1}{6}$	$\dfrac{1}{9}$	$\dfrac{1}{18}$
2	$\dfrac{1}{3}$	α	β

试确定常数 α, β 使得随机变量 X 与 Y 相互独立。

解　由表，可得随机变量 X 与 Y 的边缘概率分布

X \ Y	1	2	3	$p_{i\cdot}$
1	$\dfrac{1}{6}$	$\dfrac{1}{9}$	$\dfrac{1}{18}$	$\dfrac{1}{3}$
2	$\dfrac{1}{3}$	α	β	$\dfrac{1}{3} + \alpha + \beta$
$p_{\cdot j}$	$\dfrac{1}{2}$	$\dfrac{1}{9} + \alpha$	$\dfrac{1}{18} + \beta$	

如果随机变量 X 与 Y 相互独立，则有

$$p_{ij} = p_{i\cdot} \cdot p_{\cdot j} \quad (i = 1, 2; j = 1, 2, 3)$$

由 $\quad \dfrac{1}{9} = P\{X=1, Y=2\} = P\{X=1\}P\{Y=2\} = \dfrac{1}{3} \cdot \left(\dfrac{1}{9} + \alpha \right)$

得 $\quad\quad\quad\quad\quad\quad\quad\quad \alpha = \dfrac{2}{9}$

又由 $\quad \dfrac{1}{18} = P\{X=1, Y=3\} = P\{X=1\}P\{Y=3\} = \dfrac{1}{3} \cdot \left(\dfrac{1}{18} + \beta \right)$

得 $\quad\quad\quad\quad\quad\quad\quad\quad \beta = \dfrac{1}{9}$

而当 $\alpha = \dfrac{2}{9}, \beta = \dfrac{1}{9}$ 时联合概率分布, 边缘概率分布为

X \ Y	1	2	3	$p_{i.}$
1	$\dfrac{1}{6}$	$\dfrac{1}{9}$	$\dfrac{1}{18}$	$\dfrac{1}{3}$
2	$\dfrac{1}{3}$	$\dfrac{2}{9}$	$\dfrac{1}{9}$	$\dfrac{2}{3}$
$p_{.j}$	$\dfrac{1}{2}$	$\dfrac{1}{3}$	$\dfrac{1}{6}$	

可以验证, 此时有 $p_{ij} = p_{i.} \cdot p_{.j}$ $\quad (i=1,2; j=1,2,3)$

因此当 $\alpha = \dfrac{2}{9}, \beta = \dfrac{1}{9}$ 时, X 与 Y 相互独立。

例 3.11 甲、乙两人独立地各进行两次射击, 假设甲的命中率为 0.2, 乙的命中率为 0.5, 以 X 和 Y 分别表示甲和乙的命中次数, 试求 X 和 Y 的联合概率分布。

解 因为 X 和 Y 相互独立, 所以 X 和 Y 的联合概率分布可由边缘概率分布求得。

因为 $X \sim b(2, 0.2), Y \sim b(2, 0.5)$, 所以 X 和 Y 的边缘概率分布为

$$P\{X=k\} = C_2^k (0.2)^k (0.8)^{2-k}, \quad k = 0,1,2$$
$$P\{Y=k\} = C_2^k (0.5)^k (0.5)^{2-k}, \quad k = 0,1,2$$

列表为

X	0	1	2
$p_{i.}$	0.64	0.32	0.04

Y	0	1	2
$p_{.j}$	0.25	0.5	0.25

由 X 和 Y 的独立性, X 和 Y 的联合概率分布 $p_{ij} = p_{i.} \cdot p_{.j}$, 故 X 和 Y 的联合概率分布为

X \ Y	0	1	2
0	0.16	0.32	0.16
1	0.08	0.16	0.08
2	0.01	0.02	0.01

3.3.3　连续型随机变量相互独立的充要条件

定理 3.2　如果 (X,Y) 是二维连续型随机变量,其概率密度函数 $f(x,y)$ 及边缘概率密度函数 $f_X(x)$ 和 $f_Y(y)$ 在 xOy 面上除个别点及个别曲线外均连续时,随机变量 X 和 Y 相互独立的充分必要条件是:在 $f(x,y)$, $f_X(x)$, $f_Y(y)$ 的连续点处都有

$$f(x,y) = f_X(x) \cdot f_Y(y)$$

例 3.12　设 $(X,Y) \sim N(\mu_1, \mu_2; \sigma_2^2, \sigma_1^2; \rho)$ 证明 X 与 Y 相互独立的充要条件是 $\rho = 0$。

证明　因 $f(x,y) = \dfrac{1}{2\pi\sigma_1\sigma_2\sqrt{1-\rho^2}} e^{-\frac{1}{2(1-\rho^2)}\left[\frac{(x-u_1)^2}{\sigma_1^2} - 2\rho\frac{(x-u_1)(y-u_2)}{\sigma_1\sigma_2} + \frac{(y-u_2)^2}{\sigma_2^2}\right]}$

$$f_X(x) = \frac{1}{\sqrt{2\pi}\sigma_1} e^{-\frac{(x-\mu_1)^2}{2\sigma_1^2}}$$

$$f_Y(y) = \frac{1}{\sqrt{2\pi}\sigma_2} e^{-\frac{(y-\mu_2)^2}{2\sigma_2^2}}$$

"⇒"若 X 和 Y 相互独立,则 $\forall (x,y)$,有

$$f(x,y) = f_X(x)f_Y(y)$$

特别地,将 $x=\mu_1$, $y=\mu_2$ 代入上式,有

$$\frac{1}{2\pi\sigma_1\sigma_2\sqrt{1-\rho^2}} = \frac{1}{\sqrt{2\pi}\sigma_1} \cdot \frac{1}{\sqrt{2\pi}\sigma_2}$$

从而 $\rho = 0$。

"⇐"将 $\rho = 0$ 代入联合概率密度函数,得

$$f(x,y) = \frac{1}{2\pi\sigma_1\sigma_2} e^{-\frac{1}{2}\left[\frac{(x-u_1)^2}{\sigma_1^2} + \frac{(y-u_2)^2}{\sigma_2^2}\right]}$$

$$= \frac{1}{\sqrt{2\pi}\sigma_1} e^{-\frac{(x-u_1)^2}{2\sigma_1^2}} \cdot \frac{1}{\sqrt{2\pi}\sigma_2} e^{-\frac{(y-u_2)^2}{2\sigma_2^2}} = f_X(x)f_Y(y)$$

所以,X 与 Y 相互独立。

例 3.13　设随机变量 (X,Y) 的概率密度为

$$f(x,y) = \begin{cases} e^{-y}, & 0 < x < y \\ 0, & \text{其他} \end{cases}$$

求(1)X 与 Y 的边缘概率密度;(2)判断 X 与 Y 是否相互独立。

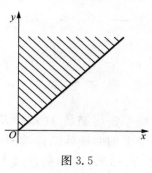

图 3.5

解 （1）画出区域 $0<x<y$ 如图 3.5 所示,因为

$$f_X(x) = \int_{-\infty}^{+\infty} f(x,y)\mathrm{d}y, \quad -\infty < x < +\infty$$

当 $x \leqslant 0$ 时,$f_X(x)=0$

当 $x>0$ 时,$f_X(x) = \int_X^{+\infty} \mathrm{e}^{-y}\mathrm{d}y = \mathrm{e}^{-x}$

所以

$$f_X(x) = \begin{cases} \mathrm{e}^{-x}, & x > 0 \\ 0, & x \leqslant 0 \end{cases}$$

类似可得 $f_Y(y) = \begin{cases} y\mathrm{e}^{-y}, & y > 0 \\ 0, & y \leqslant 0 \end{cases}$

由于当 $0<x<y$ 时,$f_X(x) \cdot f_Y(y) \neq f(x,y)$,故 X 与 Y 不相互独立。

例 3.14 某旅客到达火车站的时间 X 均匀分布在早上 7:55—8:00,,而火车这段时间开出的时间 Y 的概率密度为

$$f_Y(y) = \begin{cases} \dfrac{2(5-y)}{25}, & 0 \leqslant y \leqslant 5 \\ 0, & \text{其他} \end{cases}$$

求此人能及时赶上火车的概率。

解 由题意知 X 的概率密度为

$$f_X(x) = \begin{cases} \dfrac{1}{5}, & 0 \leqslant x \leqslant 5 \\ 0, & \text{其他} \end{cases}$$

因 X 和 Y 相互独立,所以 X 和 Y 的联合概率密度为

$$f(x,y) = \begin{cases} \dfrac{2(5-y)}{125}, & 0 \leqslant x \leqslant 5, 0 \leqslant y \leqslant 5 \\ 0, & \text{其他} \end{cases}$$

此人能及时赶上火车的概率为

$$P\{Y > X\} = \iint_G f(x,y)\mathrm{d}y\mathrm{d}y$$

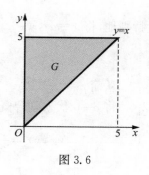

图 3.6

$$= \int_0^5 \mathrm{d}y \int_0^y \frac{2(5-y)}{125}\mathrm{d}x = \frac{1}{3} \quad \text{（见图 3.6）}$$

3.4 条件分布

第 1 章中,我们介绍了条件概率的概念,在事件 B 发生的条件下事件 A 发生的

条件概率 $P(A|B) = \dfrac{P(AB)}{P(B)}$，将其推广到随机变量：设有两个随机变量 X 与 Y，在给定 Y 取某个或某些值的条件下，求 X 的概率分布。这个分布就是条件分布。

3.4.1 离散型随机变量的条件概率分布

定义 3.9 设 (X,Y) 是二维离散型随机变量，其概率分布为

$$P\{X = x_i, Y = y_j\} = p_{ij}, \quad i, j = 1, 2, \cdots$$

关于 X 和 Y 的边缘概率分布为

$$P\{X = x_i\} = p_{i.} = \sum_{j=1}^{\infty} p_{ij}, \quad i = 1, 2, \cdots$$

$$P\{Y = y_j\} = p_{.j} = \sum_{i=1}^{\infty} p_{ij}, \quad j = 1, 2, \cdots$$

设 $p_{.j} > 0$，由条件概率公式可得

$$P\{X = x_i \mid Y = y_j\} = \frac{P\{X = x_i, Y = y_j\}}{P\{Y = y_j\}} = \frac{p_{ij}}{p_{.j}}, \quad i = 1, 2, \cdots$$

上式称为在 $Y = y_j$ 条件下随机变量 X 的**条件概率分布**。

同样地，若 $p > 0$，称

$$P\{Y = y_i \mid X = x_i\} = \frac{P\{X = x_i, Y = y_j\}}{P\{X = x_i\}} = \frac{p_{ij}}{p_{i.}}, \quad j = 1, 2, \cdots$$

为在 $X = x_i$ 条件下随机变量 Y 的条件概率分布。

条件概率分布具有概率分布的以下特性：

性质 1 $P\{X = x_i \mid y = y_j\} \geqslant 0$

性质 2 $\displaystyle\sum_{i=1}^{\infty} P\{X = x_i \mid Y = y_j\} = \sum_{i=1}^{\infty} \frac{p_{ij}}{p_{.j}} = \frac{1}{p_{.j}} \sum_{i=1}^{\infty} p_{ij} = \frac{p_{.j}}{p_{.j}} = 1$

定义 3.10 若对于固定的 j，有 $P\{Y = y_j\} = p_{.j} > 0$，称

$$F_{X|Y}(x \mid y_j) = P\{X \leqslant x \mid Y = y_j\} = \sum_{x_i \leqslant x} P\{X = x_i \mid Y = y_j\}$$

为在 $Y = y_j$ 的条件下 X 的条件分布函数。

对固定的 i，有 $P\{X = x_i\} = p_{i.} > 0$，称

$$F_{Y|X}(y \mid x_i) = P\{Y \leqslant y \mid X = x_i\} = \sum_{y_j \leqslant y} P\{Y = y_j \mid X = x_i\}$$

为在 $X = x_i$ 的条件下 Y 的条件分布函数。

性质 3 X 和 Y 相互独立 $\Leftrightarrow p_{ij} = p_{i.} \cdot p_{.j} \Leftrightarrow P\{X = x_i \mid Y = y_j\} = \dfrac{p_{ij}}{p_{.j}} = p_{i.} \Leftrightarrow P\{Y = y_j \mid X = x_i\} = \dfrac{p_{ij}}{p_{i.}} = p_{.j} \Leftrightarrow$ 条件分布律 = 边缘分布律

例 3.15 设 X 与 Y 的联合概率分布为

Y X	−1	0	2
0	0.1	0.2	0
1	0.3	0.05	0.1
2	0.15	0	0.1

(1) 求关于 X 的边缘概率分布。

(2) 求 $Y=0$ 时，X 的条件概率分布以及 $X=0$ 时，Y 的条件概率分布。

(3) 判断 X 与 Y 是否相互独立？

解 (1) 由 X 与 Y 的联合概率分布得 (X,Y) 关于 X 的边缘概率分布

X	0	1	2
p_k	0.3	0.45	0.25

(2) $P\{Y=0\}=0.2+0.05+0=0.25$

在 $Y=0$ 时，X 的条件概率分布为

$$P\{X=0 \mid Y=0\} = \frac{P\{X=0, Y=0\}}{P\{Y=0\}} = \frac{0.2}{0.25} = 0.8$$

$$P\{X=1 \mid Y=0\} = \frac{P\{X=1, Y=0\}}{P\{Y=0\}} = \frac{0.05}{0.25} = 0.2$$

$$P\{X=2 \mid Y=0\} = \frac{P\{X=2, Y=0\}}{P\{Y=0\}} = \frac{0}{0.25} = 0$$

又 $P\{X=0\}=0.1+0.2+0=0.3$

故在 $X=0$ 时，Y 的条件概率分布可类似求得

$$P\{Y=-1 \mid X=0\} = \frac{0.1}{0.3} = \frac{1}{3}$$

$$P\{Y=0 \mid X=0\} = \frac{0.2}{0.3} = \frac{2}{3}$$

$$P\{Y=2 \mid X=0\} = 0$$

(3) 因 $P\{X=0\}=0.3$，$P\{Y=-1\}=0.1+0.3+0.15=0.55$

而 $P\{X=0, Y=-1\}=0.1$，即 $P\{X=0, Y=-1\} \neq P\{X=0\}P\{Y=-1\}$

所以，X 与 Y 不独立。

3.4.2 连续型随机变量的条件分布

定义 3.11 设二维连续型随机向量 (X,Y) 的联合概率密度函数为 $f(x,y)$，$f_X(x)$ 和 $f_Y(y)$ 分别是关于 X 和 Y 的边缘密度函数，对于固定的 y，若 $f_Y(y)>0$，则称

$$f_{X|Y}(x \mid y) = \frac{f(x,y)}{f_Y(y)}$$

为随机变量 X 在 $Y=y$ 条件下的条件密度函数。

$$F_{X|Y}(x \mid y) = P\{X \leqslant x \mid Y = y\} = \int_{-\infty}^{x} \frac{f(x,y)}{f_Y(y)} \mathrm{d}x = \int_{-\infty}^{x} f_{X|Y}(x \mid y)\mathrm{d}x$$

称为随机变量 X 在 $Y = y$ 条件下的条件分布函数。

同理,有

若 $f_X(x) > 0$,则称 $f_{Y|X}(y|x) = \dfrac{f(x,y)}{f_X(x)}$ 为随机变量 Y 在 $X = x$ 条件下的条件

密度函数。

$$F_{Y|X}(y \mid x) = P\{Y \leqslant y \mid X = x\} = \int_{-\infty}^{y} \frac{f(x,y)}{f_X(x)} \mathrm{d}y = \int_{-\infty}^{y} f_{Y|X}(y \mid x)\mathrm{d}y$$

称为随机变量 Y 在 $X = x$ 条件下的条件分布函数。

条件密度函数的性质

性质 1　对任意的 x,有 $f_{X|Y}(x|y) \geqslant 0$

性质 2　$\displaystyle\int_{-\infty}^{+\infty} f_{X|Y}(x \mid y)\mathrm{d}x = 1$

简而言之,$f_{X|Y}(x|y)$ 是密度函数,同样的,对于条件密度函数 $f_{Y|X}(y|x)$ 也有类似的
性质。

性质 3　X 和 Y 相互独立 $\Leftrightarrow f(x,y) = f_X(x) \cdot f_Y(y)$

例 3.16　设二维随机变量 (X,Y) 的概率密度是

$$f(x,y) = \begin{cases} 3x, & 0 < x < 1, 0 < y < x \\ 0, & \text{其他} \end{cases}$$

求条件概率密度 $f_{X|Y}(x|y), f_{Y|X}(y|x)$ 及 $P\left\{Y \leqslant \dfrac{1}{3} \,\middle|\, X = \dfrac{1}{2}\right\}$

解　$f_X(x) = \displaystyle\int_{-\infty}^{+\infty} f(x,y)\mathrm{d}y = \begin{cases} \displaystyle\int_0^3 3x\mathrm{d}y = 3x^2, & 0 < x < 1 \\ 0, & \text{其他} \end{cases}$

$f_Y(y) = \displaystyle\int_{-\infty}^{+\infty} f(x,y)\mathrm{d}x = \begin{cases} \displaystyle\int_y^1 3x\mathrm{d}x = \dfrac{3}{2}(1-y^2), & 0 < y < 1 \\ 0, & \text{其他} \end{cases}$

故当 $0 < x < 1$ 时,在 $X = x$ 的条件下,Y 的条件概率密度为

$$f_{Y|X}(y \mid x) = \frac{f(x,y)}{f_X(x)} = \begin{cases} \dfrac{3x}{3x^2} = \dfrac{1}{x}, & 0 < y < x \\ 0, & \text{其他} \end{cases}$$

故当 $0 < y < 1$ 时,在 $Y = y$ 的条件下,X 的条件概率密度为

$$f_{X|Y}(x \mid y) = \frac{f(x,y)}{f_Y(y)} = \begin{cases} \dfrac{3x}{\dfrac{3}{2}(1-y)^2} = \dfrac{2x}{1-y^2}, & y < x < 1 \\ 0, & \text{其他} \end{cases}$$

当 $x=\dfrac{1}{2}$ 时 $f_{Y|X}\left(y\,\middle|\,x=\dfrac{1}{2}\right)=\begin{cases}2,&0<y<\dfrac{1}{2}\\[2mm]0,&\text{其他}\end{cases}$

$$P\left\{Y<\dfrac{1}{3}\,\middle|\,X=\dfrac{1}{2}\right\}=\int_{-\infty}^{\frac{1}{3}}f_{Y|X}\left(y\,\middle|\,x=\dfrac{1}{2}\right)\mathrm{d}y=\int_{0}^{\frac{1}{3}}2\mathrm{d}y=\dfrac{2}{3}$$

例 3.17 设数 X 在区间 $(0,1)$ 随机取值,当观察到 $X=x(0<x<1)$ 时,数 Y 在区间 $(x,1)$ 上随机地取值。求 Y 的概率密度。

解 随机变量 X 的密度函数为 $f_X(x)=\begin{cases}1,&0<x<1\\0,&\text{其他}\end{cases}$

又由题设,知当 $0<x<1$ 时,随机变量 Y 在条件 $X=x$ 下的条件密度函数为

$$f_{Y|X}(y\mid x)=\begin{cases}\dfrac{1}{1-x},&x<y<1\\[2mm]0,&\text{其他}\end{cases}$$

所以,由公式 $f_{Y|X}(y\mid x)=\dfrac{f(x,y)}{f_X(x)}$

$$f(x,y)=f_X(x)f_{Y|X}(y\mid x)=\begin{cases}\dfrac{1}{1-x},&0<x<y<1\\[2mm]0,&\text{其他}\end{cases}$$

所以,当 $0<y<1$ 时,$f_Y(y)=\displaystyle\int_{-\infty}^{+\infty}f(x,y)\mathrm{d}x=\int_{0}^{y}\dfrac{1}{x-1}\mathrm{d}x$

所以,随机变量 Y 的密度函数为 $f_Y(y)=\begin{cases}-\ln(1-y),&0<y<1\\0,&\text{其他}\end{cases}$

3.5　两个随机变量函数的分布

在实际问题中,有些随机变量往往是两个或两个以上随机变量的函数。如医学上考察某地区 40 岁以上的人群,用 X 和 Y 分别表示一个人的年龄和体重,Z 表示这个人的血压,并且已知 Z 与 X,Y 的函数关系式

$$Z=g(X,Y)$$

希望通过 (X,Y) 的分布来确定 Z 的分布。

在本节中,重点讨论两种特殊的函数关系:

(1) $Z=X+Y$

(2) $Z=\max\{X,Y\}$ 和 $Z=\min(X,Y)$,其中 X 与 Y 相互独立。

3.5.1　离散型随机变量的函数的分布

设 (X,Y) 是二维离散型随机变量,其概率分布为 $P\{X=x_i,Y=y_j\}=p_{ij}(i,j=1,2,\cdots)$,又是 $g(x,y)$ 一个二元函数,则 $Z=g(X,Y)$ 也是一个一维离散型随机变

量,设 $Z=g(X,Y)$ 的所有可能取值为 $z_k,k=1,2,\cdots$,则 Z 的概率分布为

$$P\{Z=z_k\}=P\{g(X,Y)=z_k\}=\sum_{g(x_i,y_j)=z_k}P_{ij}\quad(k=1,2,\cdots)$$

其中 $\sum\limits_{g(x_i,y_j)=z_k}P_{ij}$ 是指若有一些 (x_i,y_j) 都使 $g(x_i,y_j)=z_k$,则将这些 (x_i,y_j) 对应的概率相加。

例 3.18　设随机变量 (X,Y) 的概率分布如下表所示:

X＼Y	−1	0	1	2
−1	0.2	0.15	0.1	0.3
2	0.1	0	0.1	0.5

求 (1)$Z=X+Y$ 的概率分布;(2)$Z=XY$ 的概率分布。

解　由 (X,Y) 的概率分布可得

(X,Y)	$(-1,-1)$	$(-1,0)$	$(-1,1)$	$(-1,2)$	$(2,-1)$	$(2,0)$	$(2,1)$	$(2,2)$
$Z=X+Y$	−2	−1	0	1	1	2	3	4
$Z=XY$	1	0	−1	−2	−2	0	2	4
P_{ij}	0.2	0.15	0.1	0.3	0.1	0	0.1	0.05

把 Z 值相同项对应的概率值合并得

(1) $Z=X+Y$ 的概率分布为

Z	−2	−1	0	1	2	3	4
P_k	0.2	0.15	0.1	0.4	0	0.1	0.05

(2) $Z=XY$ 的概率分布

Z	−2	−1	0	1	2	4
P_k	0.4	0.1	0.15	0.2	0.1	0.05

例 3.19　若 X 和 Y 相互独立,且分别服从参数为 λ_1,λ_2 的泊松分布,求 $Z=X+Y$ 的分布律。

解　因 X,Y 所有可能取值为 $0,1,2,\cdots$,故 $Z=X+Y$ 事件 $\{Z=n\}=\{X+Y=n\}$ 可以写成互不相容的事件 $\{X=k,Y=n-k\}(k=0,1,2,\cdots,n)$ 之和,由 X,Y 相互独立,所以有

$$P\{Z=n\}=P\{X+Y=n\}=\sum_{k=0}^{n}P\{X=k,Y=n-k\}$$

$$= \sum_{k=0}^{n} P\{X=k\}P\{Y=n-k\} = \sum_{k=0}^{n} \frac{\lambda_1^k}{k!}e^{-\lambda_1} \cdot \frac{\lambda_2^{n-k}}{(n-k)!}e^{-\lambda_2}$$

$$= e^{-(\lambda_1+\lambda_2)} \sum_{k=0}^{n} \frac{1}{k!(n-k)!}\lambda_1^k \cdot \lambda_2^{n-k} = \frac{e^{-(\lambda_1+\lambda_2)}}{n!} \sum_{k=0}^{n} \frac{n!}{k!(n-k)!}\lambda_1^1 \cdot \lambda_2^{n-k}$$

$$= \frac{e^{-(\lambda_1+\lambda_2)}}{n!} \sum_{k=0}^{n} C_n^k \cdot \lambda_1^k \cdot \lambda_2^{n-k} = \frac{e^{-(\lambda_1+\lambda_2)}}{n!}(\lambda_1+\lambda_2)^n \quad (n=0,1,2,\cdots)$$

这表明 $Z=X+Y$ 服从参数为 $\lambda_1+\lambda_2$ 的泊松分布。

3.5.2 连续型随机变量的函数的分布

设 (X,Y) 是二维连续型随机向量,其概率密度函数为 $f(x,y)$,令 $g(x,y)$ 为一个二元连续函数,则 $Z=g(X,Y)$ 是一维连续随机变量,可用类似于求一维随机变量函数分布的分布函数法来求 $Z=g(X,Y)$ 的分布。

(1) 求分布函数 $F_Z(z)$

$$F_Z(z) = P\{Z \leqslant z\} = P\{g(X,Y) \leqslant z\}$$

$$= P\{(X,Y) \in D_z\} = \iint_{D_z} f(x,y)\mathrm{d}x\mathrm{d}y$$

其中,积分区域 D_z 是在 xOy 平面内由不等式 $g(x,y) \leqslant z$ 所确定,即

$$D_z = \{(x,y) \mid g(x,y) \leqslant z\}$$

(2) 求概率密度 $f_z(z)$,对几乎所有的 z,有 $f_z(z) = \dfrac{\mathrm{d}F_Z(z)}{\mathrm{d}z}$

讨论 X 和 Y 的函数 $Z=X+Y$ 及 $M=\max\{X,Y\}$,$N=\min\{X,Y\}$ 的概率分布。

1) $Z=X+Y$ 的分布

设 (X,Y) 是二维连续型随机向量,其概率密度函数为 $f(x,y)$,则 $Z=X+Y$ 的分布函数为

$$F_Z(z) = P\{Z \leqslant z\} = P\{X+Y \leqslant z\} = \iint_D f(x,y)\mathrm{d}x\mathrm{d}y$$

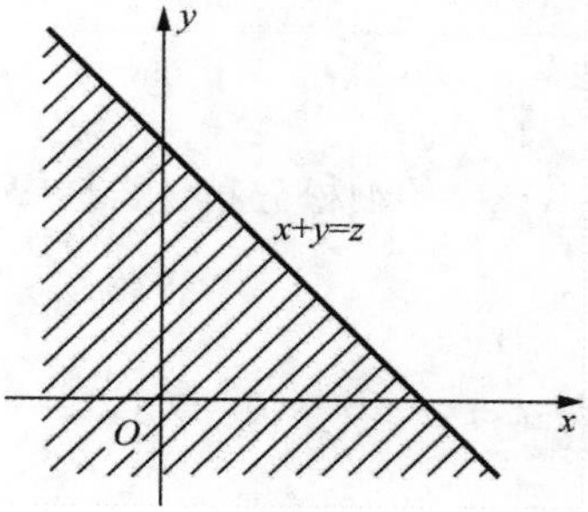

这里积分区域 $D=\{(x,y)\mid x+y \leqslant z\}$ 是直线 $x+y=z$ 左下方的半平面(见图 3.7)

即
$$F_Z(z) = \iint_{x+y \leqslant z} f(x,y)\mathrm{d}x\mathrm{d}y$$

利用广义二重积分有

$$F_Z(z) = \int_{-\infty}^{+\infty} \mathrm{d}y \left[\int_{-\infty}^{z-y} f(x,y)\mathrm{d}x \right] \quad (3.1)$$

或
$$F_Z(z) = \int_{-\infty}^{+\infty} \mathrm{d}y \left[\int_{-\infty}^{z} f(u-y,y)\mathrm{d}u \right] \quad (3.2)$$

图 3.7

固定 z 和 y,对式(3.1)中方括号内的积分作变

量替换，令 $x=u-y$，

得　　$F_Z(z) = \int_{-\infty}^{+\infty} \mathrm{d}y \int_{-\infty}^{z} f(u-y,y)\mathrm{d}u = \int_{-\infty}^{z} \mathrm{d}u \int_{-\infty}^{+\infty} f(u-y,y)\mathrm{d}y$

由概率密度与分布函数的关系，可得 $Z=X+Y$ 的概率密度为

$$f_Z(z) = F_Z'(z) = \int_{-\infty}^{+\infty} f(z-y,y)\mathrm{d}y \tag{3.3}$$

同理对式(3.2)作变量替换，$f_Z(z)$ 又可写成

$$f_Z(z) = F_Z'(z) = \int_{-\infty}^{+\infty} f(x,z-x)\mathrm{d}x \tag{3.4}$$

式(3.3)和式(3.4)可作为两个随机变量和的概率密度的一般公式。

特别地，当 X 和 Y 相互独立时，因为对于所有 x 和 y 有

$$f(x,y) = f_X(x)f_Y(y)$$

其中 $f_X(x)$，$f_Y(y)$ 分别是 (X,Y) 关于 X 和 Y 的边缘概率密度，

所以　　$f_Z(z) = \int_{-\infty}^{+\infty} f(z-y,y)\mathrm{d}y = \int_{-\infty}^{+\infty} f_X(z-y)f_Y(y)\mathrm{d}y \tag{3.5}$

$$f_Z(z) = \int_{-\infty}^{+\infty} f(x,z-x)\mathrm{d}x = \int_{-\infty}^{+\infty} f_X(x)f_Y(z-x)\mathrm{d}x \tag{3.6}$$

式(3.5)和式(3.6)称为卷积公式，记作 $f_X * f_Y$，即

$$f_Z(z) = f_X * f_Y = \int_{-\infty}^{+\infty} f_X(x)f_Y(z-x)\mathrm{d}x = \int_{-\infty}^{+\infty} f_X(z-y)f_Y(y)\mathrm{d}y$$

例 3.20　设 X 和 Y 是两个相互独立的随机变量，且均服从标准正态分布 $N(0,1)$，求 $Z=X+Y$ 的概率密度。

解　因　　$f_X(x) = \dfrac{1}{2\pi}\mathrm{e}^{-\frac{x^2}{2}}$　$(-\infty < x < \infty)$

$$f_Y(y) = \frac{1}{2\pi}\mathrm{e}^{-\frac{y^2}{2}}\quad (-\infty < y < \infty)$$

且 X 和 Y 相互独立，故由卷积公式得 $Z=X+Y$ 的概率密度为

$$f_Z(z) = \int_{-\infty}^{+\infty} f_X(x)f_Y(z-x)\mathrm{d}x$$

$$= \frac{1}{2\pi}\int_{-\infty}^{+\infty} \mathrm{e}^{-\frac{x^2}{2}}\mathrm{e}^{-\frac{(z-x)^2}{2}}\mathrm{d}x = \frac{1}{2\pi}\mathrm{e}^{-\frac{z^2}{4}}\int_{-\infty}^{+\infty} \mathrm{e}^{-\left(x-\frac{z}{2}\right)^2}\mathrm{d}x$$

令 $t = x - \dfrac{z}{2}$ 得

$$f_Z(z) = \frac{1}{2\pi}\mathrm{e}^{-\frac{z^2}{4}}\int_{-\infty}^{+\infty} \mathrm{e}^{-t^2}\mathrm{d}t = \frac{1}{2\pi}\mathrm{e}^{-\frac{z^2}{4}} \cdot \sqrt{\pi}$$

$$= \frac{1}{\sqrt{2\pi} \cdot \sqrt{2}}\mathrm{e}^{-\frac{z^2}{4}}\quad (-\infty < z < \infty)$$

即 $Z \sim N(0,2)$

一般地，若 X,Y 相互独立，且 $X \sim N(\mu_1, \sigma_1^2)$，$Y \sim N(\mu_2, \sigma_2^2)$。由卷积公式可知 $Z = X + Y$ 仍然服从正态分布且 $Z \sim N(\mu_1 + \mu_2, \sigma_1^2 + \sigma_2^2)$。

这一结论还能推广到 n 个相互独立的正态随机变量之和的情况，即 $X_i \sim N(\mu_i, \sigma_i^2)$ $(i = 1, 2, \cdots, n)$，且它们相互独立，则它们的和 $Z = X_1 + X_2 + \cdots + X_n$ 仍然服从正态分布，且有 $Z \sim N(\mu_1 + \mu_2 + \cdots + \mu_n, \sigma_1^2 + \sigma_2^2 + \cdots + \sigma_n^2)$。

例3.21 设随机变量 X 与 Y 相互独立，其概率密度分别为

$$f_X(x) = \begin{cases} 1, & 0 \leqslant x \leqslant 1 \\ 0, & \text{其他} \end{cases}, \quad f_Y(y) = \begin{cases} e^{-y}, & y > 0 \\ 0, & \text{其他} \end{cases}$$

求随机变量 $Z = X + Y$ 的密度。

解 用两种方法求解

方法1 利用卷积公式

$$f_Z(z) = \int_{-\infty}^{+\infty} f_X(x) f_Y(z - x) \mathrm{d}x$$

由 $f_X(x), f_Y(y)$ 定义知，仅当 $\begin{cases} 0 \leqslant x \leqslant 1 \\ z - x > 0 \end{cases}$ 即 $\begin{cases} 0 \leqslant x \leqslant 1 \\ z > x \end{cases}$ 时

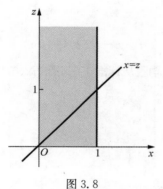

图3.8

上述积分的被积函数 $f_X(x) f_Y(z - x)$ 才不等于零，由图3.8知

当 $z < 0$ 时，$f_Z(z) = 0$

当 $0 \leqslant z < 1$ 时，$f_Z(z) = \int_0^z 1 \cdot e^{-(z-x)} \mathrm{d}x = 1 - e^{-z}$

当 $z \geqslant 1$ 时，$f_Z(z) = \int_0^1 e^{-(z-x)} \mathrm{d}x = (e-1) e^{-z}$

故 $f_Z(z) = \begin{cases} 1 - e^{-z}, & 0 \leqslant z < 1 \\ (e-1) e^{-z}, & z \geqslant 1 \\ 0, & z < 0 \end{cases}$

方法2 先求 $Z = X + Y$ 的分布函数。由已知 (X, Y) 的概率密度为

$$f(x, y) = f_X(x) f_Y(y) = \begin{cases} e^{-y}, & 0 \leqslant x \leqslant 1, y > 0 \\ 0, & \text{其他} \end{cases}$$

则 Z 的分布函数为

$$F_Z(z) = P\{Z \leqslant z\} = P\{X + Y \leqslant z\} = \iint\limits_{x+y \leqslant z} f(x, y) \mathrm{d}x \mathrm{d}y$$

当 $z < 0$ 时，$F_Z(z) = 0$ [见图3.9(a)]

当 $0 \leqslant z < 1$ 时，$F_Z(z) = \int_0^z \left[\int_0^{z-x} e^{-y} \mathrm{d}y \right] \mathrm{d}x = e^{-z} + z - 1$ [见图3.9(b)]

当 $z \geqslant 1$ 时，$F_Z(z) = \int_0^1 \left[\int_0^{z-x} e^{-y} \mathrm{d}y \right] \mathrm{d}x = 1 + (1 - e) e^{-z}$ [见图3.9(c)]

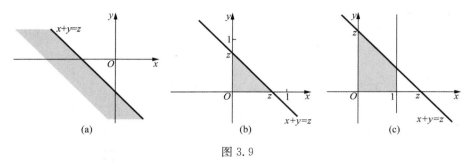

图 3.9

综上得 Z 的分布函数

$$F_Z(z) = \begin{cases} 0, & z < 0 \\ \mathrm{e}^{-z} + z - 1, & 0 \leqslant z < 1 \\ 1 + (1-\mathrm{e})\mathrm{e}^{-z}, & z \geqslant 1 \end{cases}$$

故 $Z = X + Y$ 的概率密度为 $f_Z(z) = F'_Z(z) = \begin{cases} 0, & z < 0 \\ 1 - \mathrm{e}^{-z}, & 0 \leqslant z < 1 \\ (\mathrm{e}-1)\mathrm{e}^{-z}, & z \geqslant 1 \end{cases}$

2) $M = \max\{X, Y\}, N = \min\{X, Y\}$ 的分布

设随机变量 X, Y 相互独立,其分布函数分别为 $F_X(x)$ 和 $F_Y(y)$,$M = \max\{X, Y\}$ 和 $N = \min\{X, Y\}$ 的分布函数分别记为 $F_M(z), F_N(z)$

由于事件 $\{M \leqslant z\} = \{X \leqslant z, Y \leqslant z\}$,而 X, Y 相互独立,所以事件 $\{X \leqslant z\}$ 与事件 $\{Y \leqslant z\}$ 相互独立,由此可得

$$F_M(z) = P\{M \leqslant z\} = P\{X \leqslant z, Y \leqslant z\} = P\{X \leqslant z\}P\{Y \leqslant z\} = F_X(x)F_Y(y)$$

由于事件 $\{N > z\} = \{X > z, Y > z\}$,而 X, Y 相互独立,所以事件 $\{X > z\}$ 与事件 $\{Y > z\}$ 相互独立,由此可得

$$\begin{aligned} F_N(z) &= P\{N \leqslant z\} = 1 - P\{N > z\} = 1 - P\{X > z, Y > z\} \\ &= 1 - P\{X > z\}P\{Y > z\} = 1 - [1 - P\{X \leqslant z\}][1 - P\{Y \leqslant z\}] \\ &= 1 - [1 - F_X(z)][1 - F_Y(z)] \end{aligned}$$

上述结果容易推广到 n 个相互独立的随机变量的情况。

设 $X_1, X_2, \cdots, X_n$ 是 n 个相互独立的随机变量,其分布函数分别为 $F_{X_1}(x)$, $F_{X_2}(x), \cdots, F_{X_n}(x)$,则 $M = \max\{X_1, X_2, \cdots, X_n\}$ 的分布函数为

$$F_M(z) = F_{X_1}(z)F_{X_2}(z)\cdots F_{X_n}(z)$$

$N = \min\{X_1, X_2, \cdots, X_n\}$ 的分布函数为

$$F_N(z) = 1 - [1 - F_{X_1}(z)][1 - F_{X_2}(z)]\cdots[1 - F_{X_n}(z)]$$

特别地,当 $X_1, X_2, \cdots, X_n$ 相互独立且具有相同分布函数 $F(x)$ 时有

$$F_M(z) = [F(z)]^n, \quad F_N(z) = 1 - [1 - F(z)]^n$$

例 3.22 设系统 L 由两个相互独立的子系统 L_1, L_2 联接而成,联接的方式分别为(1)串联,(2)并联,(3)备用(当系统 L_1 损坏时,系统 L_2 开始工作),如图 3.10 所示。设 L_1, L_2 的寿命分别为 X, Y,已知它们的概率密度分别为

$$f_X(x) = \begin{cases} \alpha e^{-\alpha x}, & x > 0 \\ 0, & x \leqslant 0 \end{cases} \qquad f_Y(y) = \begin{cases} \beta e^{-\beta y}, & y > 0 \\ 0, & y \leqslant 0 \end{cases}$$

其中 $\alpha > 0, \beta > 0$ 且 $\alpha \neq \beta$,试分别就以上 3 种联接方式写出 L 的寿命 Z 的概率密度。

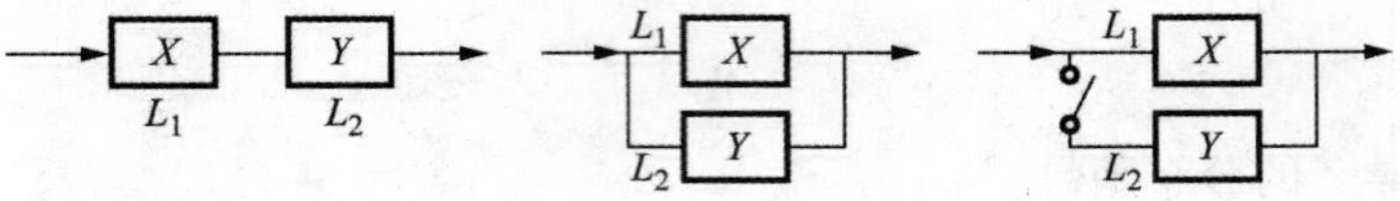

图 3.10

解 (1)串联的情况

由于当 L_1, L_2 中有一个损坏时,系统 L 就停止工作,所以这时 L 的寿命为 $Z = \min\{X, Y\}$,由题设知,X, Y 的分布函数分布为

$$F_X(x) = \begin{cases} 1 - e^{-\alpha x}, & x > 0 \\ 0, & x \leqslant 0 \end{cases} \qquad F_Y(y) = \begin{cases} 1 - e^{-\beta y}, & y > 0 \\ 0, & y \leqslant 0 \end{cases}$$

于是,$Z = \min\{X, Y\}$ 的分布函数为

$$F_Z(z) = 1 - [1 - F_X(z)][1 - F_Y(z)] = \begin{cases} 1 - e^{-(\alpha+\beta)z}, & z > 0 \\ 0, & z \leqslant 0 \end{cases}$$

所以 $Z = \min\{X, Y\}$ 的概率密度为 $F_Z(z) = \begin{cases} (\alpha+\beta) e^{-(\alpha+\beta)z}, & z > 0 \\ 0, & z \leqslant 0 \end{cases}$

(2)并联的情况

由于当且仅当 L_1, L_2 都损坏时,系统 L 才停止工作,所以这时 L 的寿命为 $Z = \max\{X, Y\}$。于是,Z 的分布函数为

$$F_Z(z) = F_X(z) F_Y(z) = \begin{cases} (1 - e^{-\alpha x})(1 - e^{-\beta z}), & z > 0 \\ 0, & z \leqslant 0 \end{cases}$$

从而 $Z = \max\{X, Y\}$ 的概率密度为

$$f_Z(z) = F_Z'(z) = \begin{cases} \alpha e^{-\alpha x} + \beta e^{-\beta z} - (\alpha+\beta) e^{-(\alpha+\beta)z}, & z > 0 \\ 0, & z \leqslant 0 \end{cases}$$

(3)备用时

由于当系统 L_1 损坏时系统 L_2 才开始工作,这时整个系统 L 的寿命 Z 是 L_1 和 L_2 两者寿命之和,即 $Z = X + Y$。由 X 和 Y 相互独立,Z 的概率密度

$$f_Z(z) = \int_{-\infty}^{\infty} f_X(x) f_Y(z-x) \mathrm{d}x$$

当 $z \leqslant 0$ 时,$f_Z(z) = 0$;

当 $z > 0$ 时,有

$$f_Z(z) = \int_0^z f_X(x) f_Y(z-x)\mathrm{d}x$$

例 3.23 设随机变量 $X_1, X_2, \cdots, X_n$ 相互独立且都服从具有同一参数 $p(0<p<1)$ 的 $(0,1)$ 分布,试求 $Y=X_1+X_2+\cdots+X_n$ 的概率分布。

解 由于每个 X_i 可能取的值为 $0,1$,则 Y 所有可能取值为 $0,1,\cdots,n$,由 X_1, $X_2, \cdots, X_n$ 相互独立知,Y 以某一特定方式取 $k(0 \leqslant k \leqslant n)$(如前 k 个取 1,后 $n-k$ 个取 0)的概率为 $p^k(1-p)^{n-k}$。

而 Y 取 k 的两两互不相容的方式共有 C_n^k 种,由概率的有限可加性有

$$P\{Y=k\} = C_n^k p^k (1-p)^{n-k}, \quad k=0,1,\cdots,n$$

即 $Y=X_1+X_2+\cdots+X_n$ 服从 $B(n,p)$。

反过来,可以证明,一个服从以 n,p 为参数的二项分布的随机变量 Y 可以看作 n 个相互独立且都服从参数为 p 的 $(0,1)$ 分布的随机变量 $X_1, X_2, \cdots, X_n$ 之和,即

$$Y=X_1+X_2+\cdots+X_n$$

注 把一个随机变量分解成有限个随机变量之和,这是在处理概率论的有关问题时常用的方法。

习 题 三

1. 设随机变量 X 在 $1,2,3,4$ 四个数中等可能地取值,另一个随机变量 Y 在 $1 \sim X$ 中等可能地取一整数值。试求 (X,Y) 的分布律。

2. 设二维随机变量的联合概率分布为

X \ Y	-2	0	1
-1	0.3	0.1	0.1
1	0.05	0.2	0
2	0.2	0	0.05

求 $P\{X \leqslant 1, Y \geqslant 0\}$ 及 $F(0,0)$。

3. 设 (X,Y) 的概率分布由下表给出,求 $P\{X \neq 0, Y=0\}$,$P\{X \leqslant 0, Y \leqslant 0\}$,$P\{XY=0\}$,$P\{X=Y\}$, $P\{|X|=|y|\}$。

X \ Y	-1	0	2
0	0.1	0.2	0
1	0.2	0.05	0.1
2	0.15	0	0.1

4. 设 (X,Y) 的概率密度是 $f(x,y) = \begin{cases} cy(2-x), & 0 \leqslant x \leqslant 1, 0 \leqslant y \leqslant x \\ 0, & \text{其他} \end{cases}$

求 $(1)c$ 的值；(2) 两个边缘密度。

5. 设随机变量 X 和 Y 具有联合概率密度 $f(x,y) = \begin{cases} 6, & x^2 \leqslant y \leqslant x \\ 0, & \text{其他} \end{cases}$

求边缘概率密度 $f_X(x), f_Y(y)$。

6. 设 (X,Y) 服从单位圆域 $x^2 + y^2 \leqslant 1$ 上的均匀分布，求 X 和 Y 的边缘概率密度。

7. 设 (X,Y) 的概率密度为

(1) $f(x,y) = \begin{cases} xe^{-(x+y)}, & x>0, y>0 \\ 0, & \text{其他} \end{cases}$ ； (2) $f(x,y) = \begin{cases} 2, & 0<x<y, 0<y<1 \\ 0, & \text{其他} \end{cases}$

问 X 和 Y 是否独立？

8. 设 (X,Y) 服从单位圆上的均匀分布，概率密度为

$$f(x,y) = \begin{cases} 1/\pi, & x^2 + y^2 \leqslant 1 \\ 0, & \text{其他} \end{cases}$$

求 X 的边缘分布及 $f_{X|Y}(x|y)$。

9. 设 (X,Y) 的概率密度是 $f(x,y) = \begin{cases} \dfrac{e^{-x/y}e^{-y}}{y}, & 0<x<\infty, 0<y<\infty \\ 0, & \text{其他} \end{cases}$

求 $P\{X>1|Y=y\}$。

10. 设随机变量 (X,Y) 的概率密度为 $f(x,y) = \begin{cases} 1, & |y|<x, 0<x<1 \\ 0, & \text{其他} \end{cases}$

试求：$(1)f_X(x), f_Y(y)$；$(2)f_{X|Y}(x|y), f_{Y|X}(y|x)$；$(3)P\left\{X>\dfrac{1}{2} \Big| Y>0\right\}$。

11. 一射手进行射击，击中目标的概率为 $p(0<p<1)$，射击进行到击中目标两次为止。以 X 表示首次击中目标所进行射击次数，以 Y 表示总共进行的射击次数。试求 X 和 Y 的联合分布及条件分布。

12. 设 X 与 Y 相互独立，且均在区间 $[0,1]$ 上服从均匀分布，求 $Z = X + Y$ 的密度函数。

13. 设某种商品一周的需要量是一个随机变量，其概率密度函数为

$$f(x) = \begin{cases} xe^{-x}, & \text{当 } x>0 \text{ 时} \\ 0, & \text{其他} \end{cases}$$

如果各周的需要量相互独立，求两周需要量的概率密度函数。

随机变量的数字特征

前面讨论了随机变量的分布函数,从中知道了随机变量的分布函数全面描述了随机变量的统计规律。但是,在许多实际问题中,分布函数的确定并不是一件容易的事,而且有时候人们并不需要知道分布函数,只需知道随机变量取值的平均值以及描述取值分散程度等一些特征数即可。如评价粮食产量,只关注平均产量;研究水稻品种优劣,只关注每株平均粒数;评价某班成绩,只关注平均分数、偏离程度等。实际上,描述随机变量的平均值和偏离程度的某些特征数,不仅在一定程度上可以简单地刻画出随机变量的基本性态,而且也可以用数理统计的方法估计它们。

本章讨论随机变量的常用数字特征,包括:数学期望、方差、协方差与相关系数、矩。

4.1 数学期望

平均值是日常生活中最常用的一个数字特征,它对评判事物、作出决策等具有重要作用。对随机变量,我们如何考虑它的平均值呢?通过一个例子来看。

引例 一批钢筋共有 10 根,抗拉强度指标为 120 和 130 的各有两根,125 的 3 根,110,135,140 的各有 1 根,则它们的平均抗拉强度指标为

$$(110 + 120 \times 2 + 125 \times 3 + 130 \times 2 + 135 + 140) \times \frac{1}{10}$$

$$= 110 \times \frac{1}{10} + 120 \times \frac{2}{10} + 125 \times \frac{3}{10} + 130 \times \frac{2}{10} + 135 \times \frac{1}{10} + 140 \times \frac{1}{10}$$

$$= 126$$

由计算过程可知,平均抗拉强度指标不是这 10 根钢筋所取的 6 个值的简单平均,而是以取这些值的次数与试验总次数的比值(频率)为权重的**加权平均**,即若在 n 次独立试验中,X 的取值为 $x_1, x_2, \cdots, x_n$,频率分别为 $\omega(x_1), \omega(x_2), \cdots, \omega(x_n)$,则 X 的观测值的算术平均值为

$$\bar{x} = \sum_{i=1}^{n} x_i \omega(x_i)$$

由概率的统计定义知,概率是频率的近似,因而当 n 足够大时,

$$\bar{x} = \sum_{i=1}^{n} x_i \omega(x_i) \rightarrow \sum_{i=1}^{n} x_i p_i$$

显然，数值 $\sum_{i=1}^{n} x_i p_i$ 完全由随机变量 X 的概率分布确定，而与试验无关，它反映了平均数 $\bar{x}$ 的大小。下面给出数学期望的定义。

4.1.1 离散型随机变量的数学期望

定义 4.1 设离散型随机变量 X 的概率分布为 $p_i = P\{X = x_i\}$，$i = 1, 2, 3, \cdots$，如果 $\sum_{i=1}^{\infty} x_i p_i$ 绝对收敛，则称 $\sum_{i=1}^{\infty} x_i p_i$ 为随机变量 X 的**数学期望**，简称**期望**（又称均值），记为 $E(X) = \sum_{i=1}^{\infty} x_i p_i$。

例 4.1 假设甲、乙两个工人生产同一种产品，日产量相同。在一天中出现的不合格品件数分别为 X（件）和 Y（件），它们的概率分布为

X	0	1	2	3	4
p_i	0.4	0.3	0.2	0.1	0

Y	0	1	2	3	4
p_i	0.5	0.1	0.2	0.1	0.1

试比较两工人技术情况。

解 利用数学期望定义，有
$$E(X) = 0 \times 0.4 + 1 \times 0.3 + 2 \times 0.2 + 3 \times 0.1 + 4 \times 0 = 1(件)$$
于是，随着产品数的增加，甲所出的废品数的算术平均接近 1 件，而乙的数学期望为
$$E(Y) = 0 \times 0.5 + 1 \times 0.1 + 2 \times 0.2 + 3 \times 0.1 + 4 \times 0.1 = 1.2(件)$$
平均而言，工人甲比工人乙的技术好些。

例 4.2 甲乙两队比赛，若有一队先胜四场，则比赛结束。假定甲队在每场比赛中获胜的概率为 0.6，乙队为 0.4，求比赛场数 X 的数学期望。

解 X 的可能取值为 $4, 5, 6, 7$，先计算 X 取各值的概率，得
$$P\{X = 4\} = 0.6^4 + 0.4^4 = 0.155\,2$$
$$P\{X = 5\} = C_4^1 \times 0.6^4 \times 0.4 + C_4^1 \times 0.6 \times 0.4^4 = 0.268\,8$$
$$P\{X = 6\} = C_5^2 \times 0.6^4 \times 0.4^2 + C_5^2 \times 0.6^2 \times 0.4^4 = 0.299\,5$$
$$P\{X = 7\} = C_6^3 \times 0.6^4 \times 0.4^3 + C_6^3 \times 0.6^3 \times 0.4^4 = 0.276\,5$$
于是，所求的数学期望为
$$E(X) = 4 \times 0.155\,2 + 5 \times 0.268\,8 + 6 \times 0.299\,5 + 7 \times 0.276\,5 = 5.7$$

4.1.2 连续型随机变量的数学期望

定义 4.2 设 X 是连续型随机变量，其密度函数为 $f(x)$，如果

$$\int_{-\infty}^{\infty} x f(x) \mathrm{d}x$$

绝对收敛,则称 $\int_{-\infty}^{\infty} x f(x)\mathrm{d}x$ 为随机变量 X 的**数学期望**,记为 $E(X)=\int_{-\infty}^{\infty} x f(x)\mathrm{d}x$。

例 4.3　设连续型随机变量 X 的密度为 $f(x)=\begin{cases} \dfrac{3}{2}x^2-x, & -1\leqslant x\leqslant 1 \\ 0, & \text{其他} \end{cases}$,求 $E(X)$。

解
$$E(X)=\int_{-\infty}^{+\infty} x f(x)\mathrm{d}x=\int_{-1}^{1} x\cdot\left(\frac{3}{2}x^2-x\right)\mathrm{d}x$$
$$=-2\int_{0}^{1} x^2\mathrm{d}x=-\frac{2}{3}x^3\Big|_{0}^{1}=-\frac{2}{3}$$

例 4.4　已知随机变量 X 的概率密度为 $f(x)=\begin{cases} ax, & 0<x<1 \\ 0, & \text{其他} \end{cases}$,求常数 a 及 $E(X)$。

解　由 $\int_{-\infty}^{+\infty} f(x)\mathrm{d}x=1$,知

$$\int_{0}^{1} ax\,\mathrm{d}x=\frac{1}{2}ax^2\Big|_{0}^{1}=\frac{1}{2}a=1$$

解得　$a=2$

即
$$f(x)=\begin{cases} 2x, & 0<x<1 \\ 0, & \text{其他} \end{cases}$$

于是
$$E(X)=\int_{-\infty}^{+\infty} x f(x)\mathrm{d}x=\int_{0}^{1} x\cdot 2x\,\mathrm{d}x=\frac{2}{3}x^3\Big|_{0}^{1}=\frac{2}{3}$$

4.1.3　随机变量函数的数学期望

在实际问题中,我们常需要讨论随机变量函数的数学期望。设 X 是一随机变量,$g(x)$ 为一实函数,则 $Y=g(X)$ 也是一随机变量。如何求随机变量 $Y=g(X)$ 的数学期望?理论上,可通过 X 的分布求出 $g(X)$ 的分布,再按定义求出 $g(X)$ 的数学期望 $E[g(x)]$。但这样计算比较繁琐复杂。下面不加证明地引入有关计算随机变量函数的数学期望的定理。

定理 4.1　设 X 是一个随机变量,$Y=g(X)$,且 $E(Y)$ 存在,则

(1) 若 X 为离散型随机变量,其概率分布为
$$P\{X=x_i\}=p_i, \quad i=1,2,\cdots$$
则 Y 的数学期望为

$$E(Y)=E[g(X)]=\sum_{i=1}^{\infty} g(x_i)p_i$$

(2) 若 X 为连续型随机变量,其概率密度为 $f(x)$,则 Y 的数学期望为

$$E(Y)=E[g(X)]=\int_{-\infty}^{+\infty} g(x)f(x)\mathrm{d}x$$

此定理的重要性在于:求 $E[g(X)]$ 时,不必知道 $g(X)$ 的分布,只需知道 X 的分布即可。这给求随机变量函数的数学期望带来很大方便。

例 4.5 已知随机变量 X 的概率分布为

X	-2	0	1
p_i	0.3	0.4	0.3

求 $Y = 4X^2 + 6$ 的数学期望。

解
$$E(Y) = E(4X^2 + 6) = \sum_{i=1}^{3} (4x_i^2 + 6) p_i$$
$$= 22 \times 0.3 + 6 \times 0.4 + 10 \times 0.3 = 12$$

例 4.6 设随机变量 X 的概率密度为 $f(x) = \begin{cases} e^{-x}, & x > 0 \\ 0, & x \leqslant 0 \end{cases}$,试求

(1) $Y_1 = 2X$ 的数学期望;   (2) $Y_2 = e^{-2X}$ 的数学期望。

解 (1) $E(Y_1) = \int_{-\infty}^{+\infty} 2x f(x) \mathrm{d}x = \int_0^{+\infty} 2x e^{-x} \mathrm{d}x = -2 \left(x e^{-x} \Big|_0^{+\infty} - \int_0^{+\infty} e^{-x} \mathrm{d}x \right)$

$$= -2 \left(0 + e^{-x} \Big|_0^{+\infty} \right) = 2$$

(2) $E(Y_2) = \int_{-\infty}^{+\infty} e^{-2x} f(x) \mathrm{d}x = \int_0^{+\infty} e^{-2x} e^{-x} \mathrm{d}x = -\frac{1}{3} e^{-3x} \Big|_0^{+\infty} = \frac{1}{3}$

例 4.7 设某工厂生产的某种设备的寿命 X(以年计)服从指数分布,其概率密度为

$$f(x) = \begin{cases} \dfrac{1}{4} e^{-\frac{1}{4}x}, & x > 0 \\ 0, & x \leqslant 0 \end{cases}$$

工厂规定出售的设备若在一年内损坏,可予以调换。若工厂出售一台设备可赢利 100 元,调换一台设备厂方需花费 300 元。试求厂方出售一台设备净赢利的数学期望。

解 一台设备在一年内损坏的概率为

$$P\{X < 1\} = \frac{1}{4} \int_0^1 e^{-\frac{1}{4}x} \mathrm{d}x = -e^{-\frac{x}{4}} \Big|_0^1 = 1 - e^{-\frac{1}{4}}$$

故 $\quad P\{X \geqslant 1\} = 1 - P\{X < 1\} = 1 - (1 - e^{-\frac{1}{4}}) = e^{-\frac{1}{4}}$

设 Y 表示出售一台设备的净赢利,则

$$Y = g(X) = \begin{cases} (-300 + 100) = -200, & X < 1 \\ 100, & X \geqslant 1 \end{cases}$$

于是

$$E(Y) = (-200) \cdot P\{X < 1\} + 100 \cdot P\{X \geqslant 1\}$$
$$= -200 + 200 e^{-\frac{1}{4}} + 100 e^{-\frac{1}{4}} = 300 e^{-\frac{1}{4}} - 200 \approx 33.64$$

上述定理 4.1 可推广到二维以上的情形,即

定理 4.2　设 (X,Y) 是二维随机变量,$Z=g(X,Y)$,且 $E(Z)$ 存在,则

(1) 若 (X,Y) 为二维离散型随机变量,其概率分布为

$$P\{X=x_i, Y=y_j\}=p_{ij}, \quad (i,j=1,2,\cdots)$$

则 Z 的数学期望为

$$E(Z)=E[g(X,Y)]=\sum_{j=1}^{\infty}\sum_{i=1}^{\infty}g(x_i,y_j)p_{ij}$$

(2) 若 (X,Y) 为二维连续型随机变量,其概率密度为 $f(x,y)$,则 Z 的数学期望为

$$E(Z)=E[g(X,Y)]=\int_{-\infty}^{+\infty}\int_{-\infty}^{+\infty}g(x,y)f(x,y)\mathrm{d}x\mathrm{d}y$$

例 4.8　设 (X,Y) 的联合概率分布为

X＼Y	0	1	2	3
1	0	3/8	3/8	0
3	1/8	0	0	1/8

求 $E(X), E(Y), E(XY)$。

解　先求 X 和 Y 的边缘分布。关于 X 和 Y 的边缘分布分别为

X	1	3
p_i	3/4	1/4

Y	0	1	2	3
p_j	1/8	3/8	3/8	1/8

于是

$$E(X)=1\times\frac{3}{4}+3\times\frac{1}{4}=\frac{3}{2}$$

$$E(Y)=0\times\frac{1}{8}+1\times\frac{3}{8}+2\times\frac{3}{8}+3\times\frac{1}{8}=\frac{3}{2}$$

$$E(XY)=(1\times0)\times0+(1\times1)\times\frac{3}{8}+(1\times2)\times\frac{3}{8}+$$

$$(1\times3)\times0+(3\times0)\times\frac{1}{8}+(3\times1)\times0+$$

$$(3\times2)\times0+(3\times3)\times\frac{1}{8}$$

$$=\frac{9}{4}$$

例 4.9　设 (X,Y) 的概率密度为 $f(x,y)=\begin{cases}12y^2, & 0\leqslant y\leqslant x\leqslant1\\ 0, & \text{其他}\end{cases}$,求 $E(XY)$,$E(X^2+Y^2)$。

解
$$E(XY) = \int_{-\infty}^{+\infty} \int_{-\infty}^{+\infty} xy f(x,y) \mathrm{d}x \mathrm{d}y$$
$$= \int_0^1 \mathrm{d}x \int_0^x xy \cdot 12y^2 \mathrm{d}y = \frac{1}{2}$$

$$E(X^2 + Y^2) = \int_{-\infty}^{+\infty} \int_{-\infty}^{+\infty} (x^2 + y^2) f(x,y) \mathrm{d}x \mathrm{d}y$$
$$= \int_0^1 \mathrm{d}x \int_0^x (x^2 + y^2) \cdot 12y^2 \mathrm{d}y = \frac{16}{15}$$

4.1.4 数学期望的性质

利用数学期望的定义可以证明下述性质成立。

性质1 设 C 是常数,则 $E(C) = C$;

性质2 若 k 是常数,则 $E(kX) = kE(X)$;

性质3 $E(X_1 + X_2) = E(X_1) + E(X_2)$;

性质3可推广到有限个随机变量之和的情形,即 $E\left(\sum_{i=1}^{n} X_i\right) = \sum_{i=1}^{n} E(X_i)$;

性质4 设随机变量 X,Y 相互独立,则 $E(XY) = E(X)E(Y)$;反之,不一定成立。

例如,在例4.8中,已计算得

$$E(XY) = E(X)E(Y) = \frac{9}{4}$$

但 $P\{X=1, Y=0\} = 0, P\{X=1\} = \frac{3}{4}, P\{Y=0\} = \frac{1}{8}$,显然

$$P\{X=1, Y=0\} \neq P\{X=1\} \cdot P\{Y=0\}$$

故 X 与 Y 不独立。

例4.10 一台设备有三大部件构成,在设备运转中各部件需要调整的概率相应为 $0.1, 0.2, 0.3$,假设各部件相互独立,以 X 表示同时需要调整的部件数,求数学期望 $E(X)$。

解 设

$$X_i = \begin{cases} 1, & \text{第 } i \text{ 个部件需要调整} \\ 0, & \text{第 } i \text{ 个部件无需调整} \end{cases} \quad (i=1,2,3)$$

则
$$X = \sum_{i=1}^{3} X_i$$

而 $E(X_i) = p_i, i = 1,2,3$,得

$$E(X_1) = 0.1, \quad E(X_2) = 0.2, \quad E(X_3) = 0.3$$

又 X_i 相互独立,$i = 1,2,3$,于是

$$E(X) = \sum_{i=1}^{3} E(X_i) = 0.1 + 0.2 + 0.3 = 0.6$$

在上例中,把一个比较复杂的随机变量 X 分解成几个比较简单的随机变量 X_i 之和,然后计算这些较简单的随机变量的数学期望,最后根据数学期望的性质求得 X 的数学期望。这种方法是概率统计中常用的方法。

4.2 方 差

随机变量的数学期望是对随机变量取值水平的综合评价,而随机变量取值的稳定性是判断随机现象性质的另一个十分重要的指标。例如,检验某厂生产的两类手表,甲类手表日走时误差均匀分布在 $-10 \sim 10$ 秒之间,而乙类手表日走时误差均匀分布在 $-20 \sim 20$ 秒之间,可知两类手表的日走时误差平均值都是 0。虽然它们的均值达到规定标准,但手表的走时误差参差不齐,所以由误差均值并不能比较出哪类手表走得好,但可以判断得出甲类手表比乙类手表走得较准,这是由于甲的日走时误差与其平均值偏离度较小,质量稳定。为此,将引入另一个重要的数字特征—方差,用它来度量随机变量取值在其均值附近的平均偏离程度。

4.2.1 方差的定义

定义 4.3 设 X 是一个随机变量,若 $E[X-E(X)]^2$ 存在,则称它为 X 的**方差**,记为

$$D(X) = E[X - E(X)]^2$$

方差的算术平方根 $\sqrt{D(X)}$ 称为**标准差**或**均方差**,它与 X 具有相同的度量单位,在实际应用中经常使用。

方差刻画了随机变量 X 的取值与数学期望的偏离程度,它的大小可以衡量随机变量取值的稳定性。

4.2.2 方差的计算

由于方差 $D(X)$ 实际上就是随机变量 X 的函数 $[X-E(X)]^2$ 的数学期望,所以可由求随机变量的函数的数学期望计算 $D(X)$。

(1) 若 X 是**离散型**随机变量,且其概率分布为

$$P\{X = x_i\} = p_i, \quad i = 1, 2, \cdots$$

则

$$D(X) = \sum_{i=1}^{\infty} [x_i - E(X)]^2 p_i$$

(2) 若 X 是**连续型**随机变量,且其概率密度为 $f(x)$,则

$$D(X) = \int_{-\infty}^{\infty} [x - E(X)]^2 f(x) \mathrm{d}x$$

利用数学期望的性质和方差的定义,易得出计算方差的一个基本计算公式:

$$D(X) = E(X^2) - [E(X)]^2$$

事实上，
$$D(X) = E[X-E(X)]^2 = E[X^2 - 2XE(X) + E^2(X)]$$
$$= E(X^2) - 2E(X)E(X) + [E(X)]^2$$
$$= E(X^2) - [E(X)]^2$$

例 4.11 设离散型随机变量 X 的概率分布为

X	-1	0	$\dfrac{1}{2}$	1	2
p_i	$\dfrac{1}{3}$	$\dfrac{1}{6}$	$\dfrac{1}{6}$	$\dfrac{1}{12}$	$\dfrac{1}{4}$

求随机变量 X 的方差 $D(X)$。

解 由于

$$E(X) = -1 \times \frac{1}{3} + 0 \times \frac{1}{6} + \frac{1}{2} \times \frac{1}{6} + 1 \times \frac{1}{12} + 2 \times \frac{1}{4} = \frac{1}{3}$$

$$E(X^2) = (-1)^2 \times \frac{1}{3} + 0^2 \times \frac{1}{6} + \left(\frac{1}{2}\right)^2 \times \frac{1}{6} + 1^2 \times \frac{1}{12} + 2^2 \times \frac{1}{4} = \frac{35}{24}$$

所以

$$D(X) = E(X^2) - [E(X)]^2 = \frac{35}{24} - \left(\frac{1}{3}\right)^2 = \frac{97}{72}$$

例 4.12 设连续型随机变量 X 的概率密度函数为 $f(x) = \begin{cases} 2x, & 0 < x < 1 \\ 0, & \text{其他} \end{cases}$，求 $D(X)$。

解 由于

$$E(X) = \int_{-\infty}^{+\infty} x f(x) \mathrm{d}x = \int_0^1 x \cdot 2x \mathrm{d}x = \frac{2}{3} x^3 \Big|_0^1 = \frac{2}{3}$$

$$E(X^2) = \int_{-\infty}^{+\infty} x^2 f(x) \mathrm{d}x = \int_0^1 x^2 \cdot 2x \mathrm{d}x = \frac{1}{2} x^4 \Big|_0^1 = \frac{1}{2}$$

所以

$$D(X) = E(X^2) - [E(X)]^2 = \frac{1}{2} - \left(\frac{2}{3}\right)^2 = \frac{1}{18}$$

例 4.13 设随机变量 (X, Y) 的联合点在以点 $(0,1)$，$(1,0)$，$(1,1)$ 为顶点的三角形区域 G 上服从均匀分布，试求随机变量 $Z = X + Y$ 的期望与方差。

解 随机变量 (X, Y) 的联合概率密度为

$$f(x, y) = \begin{cases} 2, & (x, y) \in G \\ 0, & (x, y) \notin G \end{cases}$$

于是

$$E(X+Y) = \int_{-\infty}^{+\infty} \int_{-\infty}^{+\infty} (x+y) f(x, y) \mathrm{d}x \mathrm{d}y$$

$$=\int_0^1 \mathrm{d}x \int_{1-x}^1 2(x+y)\mathrm{d}y = \int_0^1 (x^2+2x)\mathrm{d}x$$

$$=\left(\frac{1}{3}x^3+x^2\right)\Big|_0^1 = \frac{4}{3}$$

$$E[(X+Y)^2] = \int_{-\infty}^{+\infty}\int_{-\infty}^{+\infty}(x+y)^2 f(x,y)\mathrm{d}x\mathrm{d}y$$

$$=\int_0^1 \mathrm{d}x \int_{1-x}^1 2(x+y)^2\mathrm{d}y$$

$$=\frac{2}{3}\int_0^1 (x^3+3x^2+3x)\mathrm{d}x = \frac{11}{6}$$

所以

$$D(X+Y) = E[(X+Y)^2] - [E(X+Y)]^2 = \frac{11}{6} - \left(\frac{4}{3}\right)^2 = \frac{1}{18}$$

4.2.3　方差的性质

利用方差的定义可以证明下述性质对一切方差存在的随机变量都成立。

性质 1　设 C 为常数,则 $D(C)=0$;

性质 2　若 X 是随机变量,C 是常数,则

$$D(CX) = C^2 D(X);$$

性质 3　设 X,Y 是两个随机向量,则

$$D(X \pm Y) = D(X) + D(Y) \pm 2E[(X-E(X))(Y-E(Y))];$$

特别地,若 X,Y 相互独立,则

$$D(X \pm Y) = D(X) + D(Y)$$

对 n 维情形,若 $X_1,X_2,\cdots,X_n$ 相互独立,则

$$D\Big[\sum_{i=1}^n X_i\Big] = \sum_{i=1}^n D(X_i), \quad D\Big[\sum_{i=1}^n C_i X_i\Big] = \sum_{i=1}^n C_i^2 D(X_i)。$$

例 4.14　设 X 与 Y 相互独立且方差分别为 3 和 2,求 $D(3X-2Y)$。

解　已知 $D(X)=3,D(Y)=2$,又 X,Y 相互独立,所以

$$D(3X-2Y) = D(3X) + D(2Y) = 3^2 D(X) + 2^2 D(Y)$$
$$= 3^2 \times 3 + 2^2 \times 2 = 35$$

在概率统计中,常需要对随机变量"标准化"。通过前面的学习我们已经知道,若 $X \sim N(\mu,\sigma^2)$,则把 X 标准化后的随机变量 $Y = \dfrac{X-\mu}{\sigma} \sim N(0,1)$。对任何随机变量 X,若它的数学期望 $E(X)$ 和方差 $D(X)$ 均存在,且 $D(X)>0$,则称

$$X^* = \frac{X-E(X)}{\sqrt{D(X)}}$$

为 X 的**标准化随机变量**。易知 $E(X^*)=0,D(X^*)=1$,这正是标准化随机变量所具

有的特征。

4.3 几种常见分布的数学期望与方差

4.3.1 0-1分布

设随机变量 X 服从 0-1 分布，其概率分布为

$$P\{X=0\}=1-p, \quad P\{X=1\}=p \quad (0<p<1)$$

则

$$E(X)=0\times(1-p)+1\times p=p$$

$$E(X^2)=0^2\times(1-p)+1^2\times p=p$$

$$D(X)=E(X^2)-[E(X)]^2=p-p^2=p(1-p)$$

4.3.2 几何分布

设随机变量 X 服从几何分布,其概率分布为

$$P\{X=k\}=p_k=p(1-p)^{k-1}, \quad k=1,2,\cdots, \quad 0<p<1$$

$$E(X)=\sum_{k=1}^{\infty}kp(1-p)^{k-1}=\frac{1}{p}$$

$$E(X^2)=\sum_{k=1}^{\infty}k^2 p_k=\sum_{k=1}^{\infty}k^2 q^{k-1}p=\frac{1+q}{p^2}$$

$$D(X)=E(X^2)-[E(X)]^2=\frac{1+q}{p^2}-\frac{1}{p^2}=\frac{q}{p^2}$$

4.3.3 超几何分布

设随机变量 X 服从超几何分布,其概率分布为

$$P\{X=k\}=\frac{C_M^k C_{N-M}^{n-k}}{C_N^n}, \quad k=0,1,2,\cdots,m, \quad M\leqslant N, \quad n\leqslant M$$

$$E(X)=\sum_{k=0}^{m}\frac{kC_M^k\cdot C_{N-M}^{n-k}}{C_N^n}$$

$$=\frac{1}{C_N^n}(0\cdot C_M^0\cdot C_{N-M}^n+1\cdot C_M^1\cdot C_{M-M}^{n-1}+\cdots+$$

$$k\cdot C_M^k\cdot C_{N-M}^{n-k}+\cdots+m\cdot C_M^m\cdot C_{N-M}^{n-m})$$

$$(由\ kC_M^k=M\cdot C_{M-1}^{k-1}\ 得)$$

$$=\frac{1}{C_N^n}(M\cdot C_{M-1}^0\cdot C_{N-M}^{n-1}+M\cdot C_{M-1}^1\cdot C_{N-M}^{n-2}+\cdots+$$

$$M\cdot C_{M-1}^{k-1}\cdot C_{N-M}^{n-k}+\cdots+M\cdot C_{M-1}^{m-1}\cdot C_{N-M}^{n-m})$$

$$= \frac{M}{C_N^n}(C_{M-1}^0 \cdot C_{N-M}^{n-1} + C_{M-1}^1 \cdot C_{N-M}^{n-2} + \cdots +$$

$$C_{M-1}^{k-1} \cdot C_{N-M}^{n-k} + \cdots + C_{M-1}^{m-1} \cdot C_{N-M}^{n-m})$$

$$= \frac{M}{C_N^n} C_{N-1}^{n-1}$$

$$(\text{由 } C_M^0 C_{N-M}^n + C_M^1 C_{N-M}^{n-1} + \cdots + C_M^m C_{N-M}^{n-m} = C_N^n \text{ 得})$$

$$= n\frac{M}{N}$$

$$E(X^2) = \frac{1}{C_N^n}(0^2 \cdot C_M^0 \cdot C_{N-M}^n + 1^2 \cdot C_M^1 \cdot C_{N-M}^{n-1} + \cdots +$$

$$k^2 \cdot C_M^k \cdot C_{N-M}^{n-k} + \cdots + m^2 \cdot C_M^m \cdot C_{N-M}^{n-m})$$

$$= \frac{1}{C_N^n}(1 \cdot MC_{M-1}^0 \cdot C_{N-M}^{n-1} + 2 \cdot MC_{M-1}^1 \cdot C_{N-M}^{n-2} + \cdots +$$

$$k \cdot MC_{M-1}^{k-1} \cdot C_{N-M}^{n-k} + \cdots + m \cdot MC_{M-1}^{m-1} \cdot C_{N-M}^{n-m})$$

$$= \frac{M}{C_N^n}\big[(C_{M-1}^0 \cdot C_{N-M}^{n-1} + C_{M-1}^1 \cdot C_{N-M}^{n-2} + \cdots +$$

$$C_{M-1}^{k-1} \cdot C_{N-M}^{n-k} + \cdots + C_{M-1}^{m-1} \cdot C_{N-M}^{n-m}) + (0 \cdot C_{M-1}^0 \cdot C_{N-M}^{n-1} +$$

$$1 \cdot C_{M-1}^1 \cdot C_{N-M}^{n-2} + \cdots + (k-1) \cdot C_{M-1}^{k-1} \cdot C_{N-M}^{n-k} + \cdots +$$

$$(m-1) \cdot C_{M-1}^{m-1} \cdot C_{N-M}^{n-m})\big]$$

$$(\text{由 } C_M^0 C_{N-M}^n + C_M^1 C_{N-M}^{n-1} + \cdots + C_M^m C_{N-M}^{n-m} = C_N^n \text{ 和 } kC_M^k = MC_{M-1}^{k-1})$$

$$= \frac{M}{C_N^n}\big[C_{N-1}^{n-1} + (M-1)C_{N-2}^{n-2}\big] = \frac{nM}{N} + \frac{n(n-1)M(M-1)}{N(N-1)}$$

所以
$$D(X) = E(X^2) - [E(X)]^2$$

$$= \frac{nM}{N} + \frac{n(n-1)M(M-1)}{N(N-1)} - \left(n\frac{M}{N}\right)^2$$

$$= n\frac{M}{N}\left(1 - \frac{M}{N}\right)\frac{N-n}{N-1}$$

4.3.4　二项分布

设随机变量 $X \sim B(n, p)$，其概率分布为

$$P\{X = k\} = C_n^k p^k (1-p)^{n-k}, \quad k = 0, 1, \cdots, n; \quad 0 < p < 1$$

令 $X_1, X_2, \cdots, X_n$ 相互独立，且同服从于 0-1 分布，则 $X = \sum_{i=1}^{n} x_i \sim B(n, p)$。

由于
$$E(X_i) = p, \quad D(X_i) = p(1-p), \quad i = 1, 2, \cdots, n$$

所以

$$E(X) = \sum_{i=1}^{n} E(X_i) = np$$

$$D(X) = \sum_{i=1}^{n} D(X_i) = np(1-p)$$

4.3.5 泊松分布

设随机变量 $X \sim P(\lambda)$，其概率分布为

$$P\{X = k\} = \frac{\lambda^k}{k!} e^{-\lambda} \quad (k = 0, 1, 2, \cdots)$$

则

$$E(X) = \sum_{k=0}^{\infty} k \cdot \frac{\lambda^k}{k!} e^{-\lambda} = \lambda e^{-\lambda} \sum_{k=1}^{\infty} \frac{\lambda^{k-1}}{(k-1)!}$$

$$= \lambda e^{-\lambda} \sum_{k=0}^{\infty} \frac{\lambda^k}{k!} = \lambda e^{-\lambda} \cdot e^{\lambda} = \lambda$$

$$E(X^2) = E(X^2 - X + X) = E[X(X-1) + X]$$

$$= E[X(X-1)] + E(X) = E[X(X-1)] + \lambda$$

$$= \sum_{k=0}^{\infty} k(k+1) \frac{\lambda^k}{k!} e^{-\lambda} + \lambda = \lambda^2 e^{-\lambda} \sum_{k=2}^{\infty} \frac{\lambda^{k-2}}{(k-2)!} + \lambda$$

$$= \lambda^2 e^{-\lambda} \sum_{k=0}^{\infty} \frac{\lambda^k}{k!} + \lambda = \lambda^2 e^{-\lambda} \cdot e^{\lambda} + \lambda = \lambda^2 + \lambda$$

$$D(X) = E(X^2) - [E(X)]^2 = \lambda^2 + \lambda - \lambda^2 = \lambda$$

4.3.6 均匀分布

设随机变量 $X \sim U(a, b)$，其概率密度为

$$f(x) = \begin{cases} \dfrac{1}{b-a}, & a \leqslant x < b \\ 0, & \text{其他} \end{cases}$$

则

$$E(X) = \int_a^b x \cdot \frac{1}{b-a} dx = \frac{1}{2}(a+b)$$

$$E(X^2) = \int_a^b x^2 \cdot \frac{1}{b-a} dx = \frac{1}{3}(a^2 + ab + b^2)$$

$$D(X) = E(X^2) - [E(X)]^2 = \frac{1}{12}(b-a)^2$$

4.3.7 指数分布

设随机变量 X 服从指数分布，其概率密度为

$$f(x) = \begin{cases} \lambda e^{-\lambda x}, & x > 0 \\ 0, & x \leqslant 0 \end{cases} \quad (\lambda > 0)$$

则

$$E(X) = \int_0^{+\infty} x \lambda e^{-\lambda x} dx = \int_0^{+\infty} x d(-e^{-\lambda x})$$

$$= -x e^{-\lambda x} \Big|_0^{+\infty} + \int_0^{+\infty} e^{-\lambda x} dx$$

$$= 0 + \left(-\frac{1}{\lambda} e^{-\lambda x}\right) \Big|_0^{+\infty} = \frac{1}{\lambda}$$

$$E(X^2) = \int_0^{+\infty} x^2 \lambda e^{-\lambda x} dx = \int_0^{+\infty} x^2 d(-e^{-\lambda x})$$

$$= -x^2 e^{-\lambda x} \Big|_0^{+\infty} + \int_0^{+\infty} 2x e^{-\lambda x} dx$$

$$= -\frac{2}{\lambda} \left(x e^{-\lambda x} \Big|_0^{+\infty} - \int_0^{+\infty} e^{-\lambda x} dx\right)$$

$$= -\frac{2}{\lambda^2} e^{-\lambda x} \Big|_0^{+\infty} = \frac{2}{\lambda^2}$$

$$D(X) = E(X^2) - [E(X)]^2 = \frac{2}{\lambda^2} - \left(\frac{1}{\lambda}\right)^2 = \frac{1}{\lambda^2}$$

4.3.8　正态分布

设随机变量 $X \sim N(\mu, \sigma^2)$，其概率密度为

$$f(x) = \frac{1}{\sqrt{2\pi}\sigma} e^{-\frac{(x-\mu)^2}{2\sigma^2}}, \quad -\infty < x < +\infty$$

则

$$E(X) = \int_{-\infty}^{+\infty} (x - \mu + \mu) \cdot \frac{1}{\sqrt{2\pi}\sigma} e^{-\frac{(x-\mu)^2}{2\sigma^2}} dx$$

$$= \int_{-\infty}^{+\infty} (x - \mu) \cdot \frac{1}{\sqrt{2\pi}\sigma} e^{-\frac{(x-\mu)^2}{2\sigma^2}} dx + \mu \overset{t = x - \mu}{=\!=\!=} \int_{-\infty}^{+\infty} t \cdot \frac{1}{\sqrt{2\pi}\sigma} e^{-\frac{t^2}{2\sigma^2}} dt + \mu$$

$$= \mu \quad \left(\text{因} \int_{-\infty}^{+\infty} \frac{1}{\sqrt{2\pi}\sigma} e^{-\frac{(x-\mu)^2}{2\sigma^2}} dx = 1\right)$$

$$D(X) = \int_{-\infty}^{+\infty} (x - \mu)^2 \frac{1}{\sqrt{2\pi}\sigma} e^{-\frac{(x-\mu)^2}{2\sigma^2}} dx \overset{\text{令} \frac{x-\mu}{\sigma} = t}{=\!=\!=} \int_{-\infty}^{+\infty} \sigma^2 t^2 \frac{1}{\sqrt{2\pi}} e^{-\frac{t^2}{2}} dt$$

$$= -\sigma^2 \int_{-\infty}^{+\infty} t d\left(\frac{1}{\sqrt{2\pi}} e^{-\frac{t^2}{2}}\right) = \sigma^2 \int_{-\infty}^{+\infty} \frac{1}{\sqrt{2\pi}} e^{-\frac{t^2}{2}} dt = \sigma^2$$

4.4　协方差与相关系数

对二维随机变量(X,Y),随机变量X与Y的数学期望和方差只反映了各自的平均值与偏离程度,并没能反映随机变量X和Y之间的关系。本节将要讨论的协方差与相关系数是反映随机变量X和Y之间依赖关系的一个数字特征。

4.4.1　协方差

若随机变量X与Y相互独立,易知
$$E\{[X-E(X)][Y-E(Y)]\}=0$$
反之,对于两个任意的随机变量X与Y,若
$$E\{[X-E(X)][Y-E(Y)]\}\neq 0$$
则X与Y一定不相互独立,这说明$E\{[X-E(X)][Y-E(Y)]\}$在一定程度上反映了随机变量X与Y之间的关系。

定义4.4　设(X,Y)为二维随机向量,若
$$E\{[X-E(X)][Y-E(Y)]\}$$
存在,则称其为随机变量X与Y的**协方差**,记为$\mathrm{cov}(X,Y)$,即$\mathrm{cov}(X,Y)=E\{[X-E(X)][Y-E(Y)]\}$。利用数学期望的性质,可得协方差的一个基本计算公式:
$$\mathrm{cov}(X,Y)=E(XY)-E(X)E(Y)$$
事实上,　$\begin{aligned}\mathrm{cov}(X,Y)&=E\{[X-E(X)][Y-E(Y)]\}\\&=E[XY-XE(Y)-YE(X)+E(X)E(Y)]\\&=E(XY)-E(X)E(Y)-E(Y)E(X)+E(X)E(Y)\\&=E(XY)-E(X)E(Y)\end{aligned}$

特别地,当X与Y相互独立时,有$\mathrm{cov}(X,Y)=0$。

由协方差的定义,可得下面关于协方差的性质:

性质1　$\mathrm{cov}(X,Y)=\mathrm{cov}(Y,X)$;

性质2　$\mathrm{cov}(X,X)=D(X)$;

性质3　$\mathrm{cov}(aX,bY)=ab\,\mathrm{cov}(X,Y)$,其中$a,b$是常数;

性质4　$\mathrm{cov}(C,X)=0$,C为任意常数;

性质5　$\mathrm{cov}(X_1+X_2,Y)=\mathrm{cov}(X_1,Y)+\mathrm{cov}(X_2,Y)$;

性质6　若X与Y相互独立时,则$\mathrm{cov}(X,Y)=0$。

由方差的计算公式可以得到一个重要关系式:
$$D(X+Y)=D(X)+D(Y)+2\mathrm{cov}(X,Y)$$
特别地,当X与Y相互独立时,则
$$D(X+Y)=D(X)+D(Y)$$

例4.15　已知离散型随机变量(X,Y)的概率分布为

X \ Y	−1	0	2
0	0.1	0.2	0
1	0.3	0.05	0.1
2	0.15	0	0.1

求 $\text{cov}(X,Y)$。

解 X 和 Y 的概率分布分别为

X	0	1	2
p_i	0.3	0.45	0.25

Y	−1	0	2
p_i	0.55	0.25	0.2

于是

$$E(X) = 0 \times 0.3 + 1 \times 0.45 + 2 \times 0.25 = 0.95$$
$$E(Y) = (-1) \times 0.55 + 0 \times 0.25 + 2 \times 0.2 = -0.15$$

又
$$E(XY) = 0 \times (-1) \times 0.1 + 0 \times 0 \times 0.2 + 0 \times 2 \times 0 +$$
$$1 \times (-1) \times 0.3 + 1 \times 0 \times 0.05 + 1 \times 2 \times 0.1 +$$
$$2 \times (-1) \times 0.15 + 2 \times 0 \times 0 + 2 \times 2 \times 0.1$$
$$= 0$$

于是 $\quad \text{cov}(X,Y) = E(XY) - E(X)E(Y) = 0.95 \times 0.15 = 0.1425$

例 4.16 设随机变量 (X,Y) 的概率密度为

$$f(x,y) = \begin{cases} 12y^2, & 0 \leqslant y \leqslant x \leqslant 1 \\ 0, & \text{其他} \end{cases}$$

求 $\text{cov}(X,Y)$。

解 X 和 Y 的边缘概率密度分别为

$$f_X(x) = \int_{-\infty}^{+\infty} f(x,y)\,\mathrm{d}y = \begin{cases} \int_0^x 12y^2\,\mathrm{d}y, & 0 \leqslant x \leqslant 1 \\ 0, & \text{其他} \end{cases}$$

$$= \begin{cases} 4x^3, & 0 \leqslant x \leqslant 1 \\ 0, & \text{其他} \end{cases}$$

$$f_Y(y) = \int_{-\infty}^{+\infty} f(x,y)\,\mathrm{d}x = \begin{cases} \int_y^1 12y^2\,\mathrm{d}x, & 0 \leqslant y \leqslant 1 \\ 0, & \text{其他} \end{cases}$$

$$= \begin{cases} 12y^2(1-y), & 0 \leqslant y \leqslant 1 \\ 0, & \text{其他} \end{cases}$$

于是

$$E(X) = \int_{-\infty}^{+\infty} x f_X(x)\,\mathrm{d}x = \int_0^1 x \cdot 4x^3\,\mathrm{d}x = \frac{4}{5}$$

$$E(Y) = \int_{-\infty}^{+\infty} y f_Y(y)\,\mathrm{d}y = \int_0^1 y \cdot 12y^2(1-y)\,\mathrm{d}y = \frac{3}{5}$$

$$E(XY) = \int_{-\infty}^{+\infty}\int_{-\infty}^{+\infty} xy f(x,y)\,\mathrm{d}x\mathrm{d}y = \int_0^1 \mathrm{d}x \int_0^x xy \cdot 12y^2\,\mathrm{d}y = \frac{1}{2}$$

故

$$\mathrm{cov}(X,Y) = E(XY) - E(X)E(Y) = \frac{1}{2} - \frac{4}{5} \times \frac{3}{5} = \frac{1}{50}$$

4.4.2 相关系数

协方差在一定程度上反映了随机变量 X 与 Y 相互间的关系,但它还受 X 与 Y 本身数值大小的影响。如 kX 与 kY 之间的关系和 X 与 Y 之间的关系应该是一样的,但其协方差却增大了 k^2 倍,即

$$\mathrm{cov}(kX,kY) = k^2\mathrm{cov}(X,Y)$$

为克服随机变量因本身数值大小而影响它们间的相互关系,可将每个随机变量标准化,即

$$X^* = \frac{X - E(X)}{\sqrt{D(X)}}, \quad Y^* = \frac{Y - E(Y)}{\sqrt{D(Y)}}$$

并将 $\mathrm{cov}(X^*, Y^*)$ 作为 X 与 Y 之间相互关系的一种度量,而

$$\mathrm{cov}(X^*, Y^*) = \frac{\mathrm{cov}(X,Y)}{\sqrt{D(X)D(Y)}}$$

于是,得到下述定义。

定义 4.5 设 (X,Y) 为二维随机变量,$D(X) > (0)$,$D(Y) > 0$,称

$$\rho_{XY} = \frac{\mathrm{cov}(X,Y)}{\sqrt{D(X)D(Y)}}$$

为随机变量 X 和 Y 的**相关系数**。特别地,当 $\rho_{XY} = 0$ 时,称 X 与 Y **不相关**。

相关系数的性质:

性质 1 $|\rho_{XY}| \leqslant 1$。

证明 由于

$$\rho_{XY} = \mathrm{cov}(X^*, Y^*) = \frac{\mathrm{cov}(X,Y)}{\sqrt{D(X)D(Y)}}$$

又

$$0 \leqslant D(X^* \pm Y^*) = D(X^*) + D(Y^*) \pm 2\mathrm{cov}(X^*, Y^*)$$

且

$$D(X^*) = D(Y^*) = 1$$

故

$$1 \pm \rho_{XY} \geqslant 0, \quad 即 \mid \rho_{XY} \mid \leqslant 1。$$

性质 2　若 X 和 Y 相互独立,则 $\rho_{XY}=0$。

性质 3　若 $D(X)>0,D(Y)>0$,则 $|\rho_{XY}|=1$ 当且仅当存在常数 $a,b(a\neq0)$,使 $P\{Y=aX+b\}=1$,而且当 $a>0$ 时,$\rho_{XY}=1$;当 $a<0$ 时,$\rho_{XY}=-1$。

证明　略。

例 4.17　设随机变量 (X,Y) 的概率分布为

Y \\ X	-2	-1	1	2	$P\{Y=y_j\}$
1	0	1/4	1/4	0	1/2
4	1/4	0	0	1/4	1/2
$P\{X=x_i\}$	1/4	1/4	1/4	1/4	1

易知 $E(X)=0,E(Y)=5/2,E(XY)=0$,于是 $\rho_{XY}=0$,即 X 与 Y 不相关。这表明 X 和 Y 不存在线性关系。但 $P\{X=-2,Y=1\}=0\neq P\{X=-2\}P\{Y=1\}$,从而 X,Y 不是相互独立的。事实上,X 和 Y 具有关系:$Y=X^2$,Y 的值完全可由 X 的值所确定。

例 4.18　设二维随机变量 (X,Y) 的概率密度

$$f(x,y)=\begin{cases}x+y, & 0\leqslant x\leqslant 1,0\leqslant y\leqslant 1\\0, & \text{其他}\end{cases}$$

求 $\text{cov}(X,Y)$ 及 ρ_{XY}。

解　由于

$$E(X)=\int_{-\infty}^{+\infty}\int_{-\infty}^{+\infty}xf(x,y)\mathrm{d}x\mathrm{d}y=\int_0^1 x\mathrm{d}x\int_0^1(x+y)\mathrm{d}y$$

$$=\int_0^1 x\left(x+\frac{1}{2}\right)\mathrm{d}x=\frac{7}{12}$$

又

$$E(X^2)=\int_{-\infty}^{+\infty}\int_{-\infty}^{+\infty}x^2 f(x,y)\mathrm{d}x\mathrm{d}y=\int_0^1 x^2\mathrm{d}x\int_0^1(x+y)\mathrm{d}y$$

$$=\int_0^1 x^2\left(x+\frac{1}{2}\right)\mathrm{d}x=\frac{5}{12}$$

所以

$$D(X)=E(X^2)-[E(X)]^2=\frac{5}{12}-\left(\frac{7}{12}\right)^2=\frac{11}{144}$$

由对称性知

$$E(Y)=\frac{7}{12},\quad D(Y)=\frac{11}{144}$$

而

$$E(XY)=\int_{-\infty}^{+\infty}\int_{-\infty}^{+\infty}xyf(x,y)\mathrm{d}x\mathrm{d}y=\int_0^1 x\mathrm{d}x\int_0^1 y(x+y)\mathrm{d}y$$

$$= \int_0^1 x\left(\frac{x}{2} + \frac{1}{3}\right) \mathrm{d}x = \frac{1}{3}$$

故

$$\mathrm{cov}(X,Y) = E(XY) - E(X)E(Y) = \frac{1}{3} - \frac{7}{12} \times \frac{7}{12} = -\frac{1}{144}$$

$$\rho_{XY} = \frac{\mathrm{cov}(X,Y)}{\sqrt{D(X)D(Y)}} = -\frac{1}{144} \bigg/ \left(\frac{\sqrt{11}}{12} \cdot \frac{\sqrt{11}}{12}\right) = -\frac{1}{11}$$

4.4.3　矩的概念

定义 4.6　设 X 和 Y 为随机变量，k,l 为正整数，称

$E(X^k)$　　　　　　　　　　　　　　为 k 阶**原点矩**（简称 k 阶矩）；

$E([X - E(X)]^k)$　　　　　　　　　　为 k 阶**中心矩**；

$E(X^k Y^l)$　　　　　　　　　　　　为 X 和 Y 的 $k+l$ 阶**混合矩**；

$E\{[X - E(X)]^k [Y - E(Y)]^l\}$　　　为 X 和 Y 的 $k+l$ 阶**混合中心矩**。

由定义可见，X 的数学期望 $E(X)$ 是 X 的一阶原点矩，X 的方差 $D(X)$ 是 X 的二阶中心矩，协方差 $\mathrm{cov}(X,Y)$ 是 X 和 Y 的二阶混合中心矩。

习　题　四

1. 设随机变量 X 的概率分布为

X	-1	0	1	2
p_k	0.1	0.2	0.3	0.4

求 (1)$E(X)$；(2)$E(X+1)$；(3)$E(2X^2+1)$；(4)$D(X)$。

2. 一管理员拿 10 把钥匙去试开一房门，只有 1 把钥匙能打开此房门。他随机拿出 1 把钥匙试开，若打不开，就把这钥匙放在一旁，再随机取出 1 把试开，直至把房门打开为止。问平均试开几次能把房门打开。

3. 设随机变量 X 的概率密度函数为

$$f(x) = \begin{cases} 1+x, & -1 \leqslant x \leqslant 0 \\ A-x, & 0 < x \leqslant 1 \\ 0, & \text{其他} \end{cases}$$

求：(1)常数 A；(2)$E(X)$；(3)$D(X)$。

4. 设随机变量 X 的概率密度函数为

$$f(x) = \begin{cases} \mathrm{e}^{-x}, & x > 0 \\ 0, & x \leqslant 0 \end{cases}$$

求：(1)$E(X)$；(2)$E(X+\mathrm{e}^{-2x})$；(3)$D(X)$。

5. 设随机变量 X 服从参数为 2 的指数分布，$Y = \mathrm{e}^{-3X}$，求：

(1) $E(3X)$ 与 $D(3X)$； (2) $E(Y)$ 与 $D(Y)$。

6. 设随机变量 $X \sim N(1, 2^2)$，$Y \sim N(0, 1)$，且 X 与 Y 相互独立，求：

(1) $E(2X+Y)$ 与 $D(2X+Y)$； (2) $E(2X-Y)$ 与 $D(2X-Y)$。

7. 设随机变量 (X, Y) 的概率密度函数为

$$f(x, y) = \begin{cases} \dfrac{3}{2x^3 y^2}, & \dfrac{1}{x} < y < x, x > 1 \\ 0, & \text{其他} \end{cases}$$

求数学期望 $E(Y)$，$E\left(\dfrac{1}{XY}\right)$。

8. 设随机变量 X 和 Y 相互独立，试证：

$$D(XY) = D(X)D(Y) + [E(X)]^2 D(Y) + [E(Y)]^2 D(X)$$

9. 设 X 服从参数为 2 的泊松分布，$Y = 3X - 2$，试求 $E(Y)$，$D(Y)$，$\mathrm{cov}(X, Y)$ 及 ρ_{XY}。

10. 设连续型随机变量 (X, Y) 的密度函数为

$$f(x, y) = \begin{cases} 8xy, & 0 \leqslant x \leqslant y \leqslant 1 \\ 0, & \text{其他} \end{cases}$$

求 $\mathrm{cov}(X, Y)$ 和 $D(X+Y)$。

11. 设随机变量 (X, Y) 的分布律为

Y \ X	0	1	2
0	0.1	0.2	0.2
1	0.3	0.1	0.1

求 ρ_{XY}。

12. 设随机变量 (X, Y) 具有概率密度 $f(x, y) = \begin{cases} \dfrac{1}{8}(x+y), & 0 \leqslant x \leqslant 2, 0 \leqslant y \leqslant 2 \\ 0, & \text{其他} \end{cases}$

求 $E(X)$，$E(Y)$，$\mathrm{cov}(X, Y)$，ρ_{XY}，$D(X+Y)$。

13. 已知 $X \sim N(1, 3^2)$，$Y \sim N(0, 4^2)$，且 X 与 Y 的相关系数 $\rho_{XY} = -\dfrac{1}{2}$。设 $Z = \dfrac{X}{3} - \dfrac{Y}{2}$，求 $D(Z)$ 及 ρ_{XZ}。

14. 设随机变量 (X, Y) 的分布律为

Y \ X	−1	0	1
−1	$\dfrac{1}{8}$	$\dfrac{1}{8}$	$\dfrac{1}{8}$
0	$\dfrac{1}{8}$	0	$\dfrac{1}{8}$
1	$\dfrac{1}{8}$	$\dfrac{1}{8}$	$\dfrac{1}{8}$

试证 X 和 Y 不相关，且 X 和 Y 不相互独立。

15. 设二维随机变量 (X,Y) 的概率密度为

$$f(x,y) = \begin{cases} 1/\pi, & x^2 + y^2 \leqslant 1 \\ 0, & \text{其他} \end{cases}$$

试问: X 与 Y 是否相互独立? 是否相关?

第5章

大数定律与
中心极限定理

概率论与数理统计是研究随机现象统计规律性的学科,而随机现象的规律性在相同的条件下进行大量重复试验时会呈现某种稳定性。一般地,要从随机现象中去寻求事件内在的必然规律,就要研究大量随机现象的问题。在生产实践中,人们还认识到大量试验数据、测量数据的算术平均值也具有稳定性。大数定律与中心极限定理是有关随机变量序列的极限理论,是概率论中最基本的理论之一,在实践中有非常重要的应用。

5.1 大 数 定 律

5.1.1 依概率收敛

前面已经指出,频率是概率的反映,随着观察次数 n 不断增大,频率将会逐渐靠近概率。这里讲的逐渐靠近与数学分析中的极限概念有关系吗?怎样用数学语言来描述它?

设事件 A 在一次试验中发生的概率为 p,如果观察了 n 次这样的试验,事件 A 发生了 u_n 次,则事件 A 在 n 次试验中发生的频率为 $\dfrac{u_n}{n}$。当 n 增大时,频率 $\dfrac{u_n}{n}$ 逐渐靠近概率 p,这个"逐渐靠近"是否可以说 $\dfrac{u_n}{n}$ 的极限是 p,即 $\lim\limits_{n\to\infty}\dfrac{u_n}{n}=p$? 遗憾的是,这种说法是不成立的,因为这个极限意味着,对任意给定的 $\varepsilon>0$,必然存在充分大的正整数 N,使得对一切 $n>N$,都有 $\left|\dfrac{u_n}{n}-p\right|<\varepsilon$ 成立。而我们知道,频率 $\dfrac{u_n}{n}$ 是随着试验结果而变的,比如在 n 重伯努利试验中,试验结果:$\underbrace{A,A,A,\cdots,A}_{n个A出现}$还是有可能发生的,这时 $u_n=n$,而 $\dfrac{u_n}{n}=1$。从而当 ε 很小时($0<\varepsilon<1-p$),无论 N 多么大,也不能得到当 $n>N$ 时,都有 $\left|\dfrac{u_n}{n}-p\right|<\varepsilon$ 成立,从而极限关系 $\lim\limits_{n\to\infty}\dfrac{u_n}{n}=p$ 不成立。

但注意到,当 n 很大时,事件 $\left|\dfrac{u_n}{n}-p\right|\geqslant\varepsilon$ 发生的概率是很小的。例如上述的 $u_n=$

n,即 $\dfrac{u_n}{n}=1$ 发生的概率为 $p\left\{\dfrac{u_n}{n}=1\right\}=p^n$,显然,当 $n\to\infty$ 时,这个概率趋近于零。因此,频率靠近概率不是意味着 $\lim\limits_{n\to\infty}\dfrac{u_n}{n}=p$,而是意味着

$$\lim_{n\to\infty}p\left\{\left|\dfrac{u_n}{n}-p\right|\geqslant\varepsilon\right\}=0$$

或者

$$\lim_{n\to\infty}P\left\{\left|\dfrac{u_n}{n}-p\right|<\varepsilon\right\}=1$$

通过对这一问题的研究,下面我们给出依概率收敛的定义。

定义 5.1　设 $X_1,X_2,\cdots,X_n,\cdots$ 是一个随机变量序列,a 为一个常数,若对于任意给定的正数 ε,有

$$\lim_{n\to\infty}P\{\,|\,x_n-a\,|<\varepsilon\}=1$$

则称序列 $X_1,X_2,\cdots,X_n,\cdots$ 依概率收敛于 a,记为

$$X_n\xrightarrow{P}a\quad(n\to\infty)$$

定理 5.1　设 $X_n\xrightarrow{P}a,Y_n\xrightarrow{P}b$,又设函数 $g(x,y)$ 在点 (a,b) 连续,则

$$g(X_n,Y_n)\xrightarrow{P}g(a,b)$$

5.1.2　切比雪夫不等式

在上一章的讨论中,我们知道一个随机变量离差平方的数学期望就是它的方差,而方差是用来描述随机变量取值的分散程度的。下面我们将要讨论随机变量的离差与方差之间的关系,即切比雪夫不等式。

定理 5.2　设随机变量 X 有期望 $E(X)=\mu$ 和方差 $D(X)=\sigma^2$,则对于任给 $\varepsilon>0$,有

$$P\{\,|\,X-\mu\,|\geqslant\varepsilon\}\leqslant\dfrac{\sigma^2}{\varepsilon^2}$$

或

$$P\{\,|\,X-\mu\,|\leqslant\varepsilon\}\geqslant1-\dfrac{\sigma^2}{\varepsilon^2}$$

上述不等式称为**切比雪夫不等式**。

证明　仅证明连续型随机变量的情形。设 X 的分布函数为 $F(x)$,则

$$P\{\,|\,X-\mu\,|\geqslant\varepsilon\}=\int_{|x-\mu|\geqslant\varepsilon}\mathrm{d}F(x)\leqslant\int_{|x-\mu|\geqslant\varepsilon}\dfrac{(x-\mu)^2}{\varepsilon^2}\mathrm{d}F(x)$$

$$\leqslant\dfrac{1}{\varepsilon^2}\int_{-\infty}^{+\infty}(x-\mu)^2\mathrm{d}F(x)=\dfrac{\sigma^2}{\varepsilon^2}$$

即

$$P\{\,|\,X-\mu\,|\leqslant\varepsilon\} \geqslant 1-\frac{\sigma^2}{\varepsilon^2}$$

该不等式表明,当方差很小时,$P\{\,|\,X-\mu\,|\geqslant\varepsilon\}$ 也很小,即 X 的取值偏离期望的可能性很小。这再次说明方差是描述随机变量取值分散程度的一个量。在理论上,切比雪夫不等式常作为其他定理证明的工具。

例 5.1　设随机变量 X 和 Y 的数学期望分别为 -2 和 2,方差分别为 1 和 4,而相关系数为 -0.5,利用切比雪夫不等式估计概率 $P\{\,|\,X+Y\,|\geqslant 6\}$。

解　已知

$$E(X)=-2,\quad E(Y)=2,\quad D(X)=1,\quad D(Y)=4,\quad \rho_{xy}=-0.5$$

于是

$$E(X+Y)=E(X)+E(Y)=-2+2=0$$
$$\begin{aligned}D(X+Y)&=D(X)+2\mathrm{cov}(X,Y)+D(Y)\\&=D(X)+2\rho_{XY}\sqrt{D(X)}\sqrt{D(Y)}+D(Y)\\&=1+2\times(-0.5)\times\sqrt{1}\times\sqrt{4}+4=3\end{aligned}$$

则

$$\begin{aligned}P\{\,|\,X+Y\,|\geqslant 6\}&=P\{\,|\,(X+Y)-E(X+Y)\,|\geqslant 6\}\\&\leqslant\frac{D(X+Y)}{6^2}=\frac{3}{6^2}=\frac{1}{12}\end{aligned}$$

5.1.3　大数定理

定理 5.3(切比雪夫大数定律)　设 $X_1,X_2,\cdots,X_n,\cdots$ 是相互独立的随机变量序列,它们的数学期望和方差均存在,且方差有共同的上界,即 $D(X_i)\leqslant K,i=1,2,\cdots$,则对任意 $\varepsilon>0$,有

$$\lim_{n\to\infty}P\left\{\left|\frac{1}{n}\sum_{i=1}^{n}X_i-\frac{1}{n}\sum_{i=1}^{n}E(X_i)\right|<\varepsilon\right\}=1$$

证明　由于 $X_1,X_2,\cdots,X_n,\cdots$ 相互独立,那么对于任意的 $n>1$,$X_1,X_2,\cdots,X_n$ 相互独立。于是

$$D\left(\frac{1}{n}\sum_{i=1}^{n}X_i\right)=\frac{1}{n^2}\sum_{i=1}^{n}D(X_i)\leqslant\frac{K}{n}$$

令 $Y_n=\dfrac{1}{n}\sum\limits_{i=1}^{n}X_i$,则由切比雪夫不等式,有

$$1\geqslant P\{\,|\,Y_n-E(Y_n)\,|<\varepsilon\}\geqslant 1-\frac{D(Y_n)}{\varepsilon^2}\geqslant 1-\frac{K}{n\varepsilon^2}$$

令 $n\to\infty$,则有

$$\lim_{n\to\infty}P\{\,|\,Y_n-E(Y_n)\,|<\varepsilon\}=1$$

即
$$\lim_{n \to \infty} P\left\{ \left| \frac{1}{n}\sum_{i=1}^{n} X_i - \frac{1}{n}\sum_{i=1}^{n} E(X_i) \right| < \varepsilon \right\} = 1$$

推论(辛钦大数定律) 设相互独立的随机变量 $X_1, X_2, \cdots, X_n, \cdots$ 是独立同分布的随机变量序列,且 $E(X_i) = \mu, D(X_i) \leqslant \sigma^2, (i = 1, 2, \cdots)$ 存在,则对于任意正整数 ε,都有

$$\lim_{n \to \infty} P\left\{ \left| \frac{1}{n}\sum_{i=1}^{n} X_i - \mu \right| < \varepsilon \right\} = 1$$

该推论表明,当 N 很大时,事件 $\left\{ \left| \frac{1}{N}\sum_{i=1}^{n} X_i - \mu \right| < \varepsilon \right\}$ 的概率接近于 1。一般地,我们称概率接近于 1 的事件为**大概率事件**,而称概率接近于 0 的事件为**小概率事件**。在一次试验中大概率事件几乎肯定要发生,而小概率事件几乎不可能发生,这一规律我们称之为**实际推断原理**。

定理 5.4(伯努利大数定律) 设 n_A 是 n 重伯努利试验中事件 A 发生的次数,p 是事件 A 在每次试验中发生的概率,则对任意的 $\varepsilon > 0$,有

$$\lim_{n \to \infty} P\left\{ \left| \frac{n_A}{n} - p \right| < \varepsilon \right\} = 1 \quad \text{或} \quad \lim_{n \to \infty} P\left\{ \left| \frac{n_A}{n} - p \right| \geqslant \varepsilon \right\} = 0$$

证明 令

$$X_i = \begin{cases} 1, & \text{第 } i \text{ 次试验 } A \text{ 发生} \\ 0, & \text{第 } i \text{ 次试验 } A \text{ 不发生} \end{cases} \quad (i = 1, 2, \cdots)$$

显然 $X_1, X_2, \cdots, X_n$ 是 n 个相互独立的随机变量,且 $E(X_i) = p, D(X_i) = pq \leqslant 1$。又 $n_A = X_1 + X_2 + \cdots + X_n$,因而,由有辛钦大数定律知

$$\lim_{n \to \infty} P\left\{ \left| \frac{n_A}{n} - p \right| < \varepsilon \right\} = 1$$

伯努利大数定律表明:当重复试验次数 n 充分大时,事件 A 发生的频率 $\frac{n_A}{n}$ 依概率收敛于事件 A 发生的概率 p。定理以严格的数学形式表达了频率的稳定性。在实际应用中,当试验次数很大时,便可以用事件发生的频率来近似代替事件的概率。

5.2 中心极限定理

在实际问题中,许多随机现象是由大量相互独立的随机因素综合影响所形成,其中每一个因素在总的影响中所起的作用是微小的。这类随机变量一般都服从或近似服从正态分布。中心极限定理解决了大量独立随机变量和的近似分布问题,其结论表明:当一个量受许多随机因素(主导因素除外)的共同影响而随机取值,则它的分布就近似服从正态分布。

5.2.1 独立同分布中心极限定理

定理 5.5(林德伯格-勒维中心极限定理) 设 $X_1, X_2, \cdots, X_n, \cdots$ 是独立同分布的随机变量序列,且

$$E(X_i) = \mu, \quad D(X_i) = \sigma^2, \quad i = 1, 2, \cdots, n, \cdots$$

则对于任意 x,随机变量 $Y_n = \dfrac{\sum\limits_{i=1}^{n} X_i - n\mu}{\sqrt{n}\sigma}$ 的分布函数 $F_n(x)$ 趋于标准正态分布函数,即有

$$\lim_{n\to\infty} F_n(x) = \lim_{n\to\infty} P\left\{ \frac{\sum\limits_{i=1}^{n} X_i - n\mu}{\sqrt{n}\sigma} \leqslant x \right\} = \int_{-\infty}^{x} \frac{1}{\sqrt{2\pi}} e^{-\frac{t^2}{2}} \,\mathrm{d}t$$

林德伯格-勒维中心极限定理表明,当 n 充分大时,n 个具有期望和方差的独立同分布的随机变量之和近似服从正态分布。虽然在一般情况下,我们很难求出 $X_1 + X_2 + \cdots + X_n$ 的分布的确切形式,但当 n 很大时,可求出其近似分布。由定理的结论知

$$\frac{\sum\limits_{i=1}^{n} X_i - n\mu}{\sigma\sqrt{n}} \overset{近似}{\sim} N(0,1), \quad 即 \frac{\frac{1}{n}\sum\limits_{i=1}^{n} X_i - \mu}{\sigma/\sqrt{n}} \overset{近似}{\sim} N(0,1)$$

于是

$$\overline{X} = \frac{1}{n}\sum_{i=1}^{n} X_i \sim N(\mu, \sigma^2/n)$$

故定理又可表述为:均值为 μ,方差为 $\sigma^2 > 0$ 的独立同分布的随机变量 $X_1, X_2, \cdots, X_n, \cdots$ 的算术平均值 $\overline{X}$,当 n 充分大时近似地服从均值为 μ,方差为 σ^2/n 的正态分布。这一结果是数理统计中大样本统计推断的理论基础。

例 5.2 某单位内部有 260 部电话分机,每个分机有 4% 的时间要与外线通话,可以认为每个电话分机用不同的外线是相互独立的,问总机需备多少条外线才能以 95% 的概率满足每个分机在用外线时不用等候?

解 令

$$X_i = \begin{cases} 1, & 第 i 个分机要用外线 \\ 0, & 第 i 个分机不要用外线 \end{cases} \quad (i = 1, 2, \cdots, 260)$$

而 $X_1, X_2, \cdots, X_{260}$ 是 260 个相互独立的随机变量,且 $E(X_i) = 0.04$,令 $m = X_1 + X_2 + \cdots + X_{260}$ 表示同时使用外线的分机数,根据题意,应确定最小的 x 使

$$P\{m < x\} \geqslant 95\%$$

成立。由林德伯格-勒维定理,有

$$P\{m<x\}=P\left\{\frac{m-260p}{\sqrt{260p(1-p)}}\leqslant\frac{x-260p}{\sqrt{260p(1-p)}}\right\}$$

$$\approx\int_{-\infty}^{b}\frac{1}{\sqrt{2\pi}}\mathrm{e}^{-\frac{t^2}{2}}\mathrm{d}t$$

查得 $\Phi(1.65)=0.9505>0.95$，故取 $b=1.65$，于是

$$x=b\sqrt{260p(1-p)}+260p$$

$$=1.65\times\sqrt{260\times0.04\times0.96}+260\times0.04$$

$$\approx15.61$$

即，至少需要 16 条外线才能以 95% 的概率满足每个分机在用外线时不用等候。

例 5.3　用机器包装味精，每袋净重为随机变量，期望值为 100 克，标准差为 10 克，一箱内装 200 袋味精，求一箱味精净重大于 20 500 克的概率。

解　设一箱味精净重为 X 克，箱中第 i 袋味精的净重为 X_i 克，$i=1,2,\cdots,200$。$X_1,X_2,\cdots,X_{200}$ 是 200 个相互独立的随机变量，且 $E(X_i)=100,D(X_i)=100$。设 $X=X_1+X_2+\cdots+X_{200}$，则

$$E(X)=E(X_1+X_2+\cdots+X_{200})=20\,000$$

$$D(X)=20\,000,\qquad\sqrt{D(X)}=100\sqrt{2}$$

因而有

$$P\{X>20\,500\}=1-P\{X\leqslant20\,500\}$$

$$=1-P\left\{\frac{X-20\,000}{100\sqrt{2}}\leqslant\frac{500}{100\sqrt{2}}\right\}$$

$$\approx1-\Phi(3.54)=0.000\,2$$

5.2.2　二项分布中心极限定理

定理 5.6（棣莫佛-拉普拉斯中心极限定理）　设随机变量 Y_n 服从参数 n，$p(0<p<1)$ 的二项分布，则对于任意 x，随机变量 $\dfrac{Y_n-np}{\sqrt{np(1-p)}}$ 的分布函数 $F_n(x)$ 趋于标准正态分布函数 $\Phi(x)$，即有

$$\lim_{n\to\infty}F_n(x)=\lim_{n\to\infty}P\left\{\frac{Y_n-np}{\sqrt{np(1-p)}}\leqslant x\right\}=\int_{-\infty}^{x}\frac{1}{\sqrt{2\pi}}\mathrm{e}^{-\frac{t^2}{2}}\mathrm{d}t=\Phi(x)$$

易见，棣莫佛-拉普拉斯定理就是林德伯格-勒维定理的一个特殊情况。

定理 5.6 表明二项分布的极限分布是正态分布。一般来说，当 n 较大时，二项分布的概率计算起来非常复杂，这时我们可以用正态分布来近似地计算二项分布，即

$$\sum_{k=n_1}^{n_2}C_n^k p^k(1-p)^{n-k}=P\{n_1\leqslant m_n\leqslant n_2\}$$

$$= P\left\{ \frac{n_1 - np}{\sqrt{np(1-p)}} \leqslant \frac{m_n - np}{\sqrt{np(1-p)}} \leqslant \frac{n_2 - np}{\sqrt{np(1-p)}} \right\}$$

$$\approx \Phi\left(\frac{n_2 - np}{\sqrt{np(1-p)}} \right) - \Phi\left(\frac{n_1 - np}{\sqrt{np(1-p)}} \right)$$

例 5.4　设随机变量 X 服从二项分布 $B(100, 0.8)$，求 $P\{80 \leqslant X \leqslant 100\}$。

解　$P\{80 \leqslant X \leqslant 100\} \approx \Phi\left(\dfrac{100 - 80}{\sqrt{n \times 0.8 \times 0.2}} \right) - \Phi\left(\dfrac{80 - 80}{\sqrt{n \times 0.8 \times 0.2}} \right)$

$$= \Phi(5) - \Phi(0) = 1 - 0.5 = 0.5$$

例 5.5　设电路供电网中有 10 000 盏灯，夜间每一盏灯开着的概率为 0.7，假设各灯的开关彼此独立，计算同时开着的灯数在 6 800 与 7 200 之间的概率。

解　记同时开着的灯数为 X，它服从二项分布 $B(10\,000, 0.7)$，于是

$$P\{6\,800 \leqslant X \leqslant 7\,200\}$$

$$\approx \Phi\left(\frac{7\,200 - 7\,000}{\sqrt{10\,000 \times 0.7 \times 0.3}} \right) - \Phi\left(\frac{6\,800 - 7\,000}{\sqrt{10\,000 \times 0.7 \times 0.3}} \right)$$

$$= 2\Phi\left(\frac{200}{45.83} \right) - 1 = 2\Phi(4.36) - 1 = 0.999\,99 \approx 1$$

习　题　五

1. 设随机变量 X 的方差为 2，利用切比雪夫不等式估计 $P\{|X - EX| \geqslant 2\}$。

2. 已知正常男性成人血液中，每一毫升白细胞数平均是 7 300，均方差是 700。利用切比雪夫不等式估计每毫升白细胞数在 5 200～9 400 之间的概率。

3. 一颗骰子连续掷 4 次，点数总和记为 X，试利用切比雪夫不等式估计 $P\{10 < X < 18\}$。

4. 在每次试验中，事件 A 发生的概率为 0.5，利用切比雪夫不等式估计，在 1 000 次独立试验中，事件 A 发生的次数在 450 至 550 次之间的概率。

5. 设供电站供应某地区 1 000 户居民用电，各户用电情况相互独立。已知每户每日用电量（单位：度）在 $[0, 20]$ 上服从均匀分布，用中心极限定理求：

(1) 这 1 000 户居民每日用电量超过 10 100 度的概率；

(2) 要以 0.99 的概率保证该地区居民用电量的需要，问供电站每天至少需要向该地区供应多少度电？

6. 设某种电器元件的寿命服从均值为 100 小时的指数分布，现随机收取 16 只，假设它们的寿命是相互独立的，用中心极限定理求这 16 只元件寿命总和大于 1 920 小时的概率。

7. 一盒同型号螺丝钉共有 100 个，已知该型号的螺丝钉的重量是一个随机变量，期望值是 100 g，标准差是 10 g，求一盒螺丝钉的重量超过 10.2 kg 的概率。

8. 抽样检查产品质量时，如果发现次品多于 10 个，则拒绝接受这批产品。设某批产品次品率为 10%，问至少应抽取多少个产品检查才能保证拒绝接受该产品的概率达到 0.9？

9. 计算机在进行加法计算时,把每个加数取为最接近它的整数来计算,设所有取整误差是相互独立的随机变量,并且都服从区间 $[-0.5, 0.5]$ 上的均匀分布,求 1200 个数相加时误差总和的绝对值小于 10 的概率。

10. 已知生男婴的概率为 0.515,求在 10000 个婴儿中男孩不多于女孩的概率。

11. 一保险公司有 10000 人投保,每人每年付 12 元保险费,已知一年内投保人死亡率为 0.006,如死亡,公司付给死者家属 1000 元,求:

(1) 保险公司年利润为 0 的概率;

(2) 保险公司年利润不少于 60000 元的概率。

12. 有一批钢材,其中 80% 的长度不小于 3 m,现从钢材中随机取出 100 根,试用中心极限定理求小于 3 m 的钢材不超过 30 根的概率。

数理统计的基本概念

本章将进入数理统计部分的学习,数理统计是以概率论为理论基础,根据抽样信息,对研究对象作出合理估计和判断的学科。

6.1 总体和随机抽样

6.1.1 总体与总体分布

总体是具有一定共性的研究对象的全体,其大小与范围随具体研究与考察的目的而确定。例如,考察某大学一年级新生的体重情况,则该校一年级全体新生就构成了待研究的总体。总体确定后,我们称总体的每一个可观察值为个体。如前述总体(一年级新生)中的每一个个体即为每个新生的体重。总体中所包含的个体的个数称为总体的容量。容量为有限的称为有限总体,容量为无限的称为无限总体。

数理统计中所关心的并非每个个体的所有性质,而仅仅是它的某一项或某几项数量指标。如前述总体(一年级新生)中,我们关心的是个体的体重,进而也可考察该总体中每个个体的身高和数学高考成绩等数量指标。

总体中的每一个个体是随机试验的一个观察值,故它是某一随机变量 X 的值,于是一个总体对应于一个随机变量 X,对总体的研究就相当于对一个随机变量 X 的研究,X 的分布就称为总体的分布函数,今后将不区分总体与相应的随机变量,并引入如下定义:

定义 6.1 统计学中称随机变量(或向量)X 为总体,并把随机变量(或向量)的分布称为总体分布。

注 (1) 有时个体的特性很难用数量指标直接描述,但总可以将其数量化,如检验某学校全体学生的血型,试验的结果有 O 型、A 型、B 型、AB 型 4 种,若分别以 1,2,3,4 依次记这 4 种血型,则试验的结果就可以用数量来表示了;

(2) 总体的分布一般来说是未知的,有时即使知道其分布的类型(如正态分布、二项分布等),但不知这些分布中所含的参数等(如 μ,σ^2,p 等)。数理统计的任务就是根据总体中部分个体的数据资料对总体的未知分布进行统计推断。

6.1.2 样本与样本分布

由于作为统计研究对象的总体分布一般来说是未知的,为推断总体分布及其各种特征,一般方法是按一定规则从总体中抽取若干个体进行观察,通过观察可得到关于总体 X 的一组数值 $(x_1, x_2, \cdots, x_n)$,其中每一 x_i 是从总体中抽取的某一个体的数量指标 X_i 的观察值。

定义 6.2 上述抽取过程称为抽样,所抽取的若干个(有限个)个体组成的集合称为样本。样本中所含个体数目称为样本的容量。为对总体进行合理的统计推断,我们还需在相同的条件下进行多次重复的、独立的抽样观察,故样本是一个随机变量(或向量)。容量为 n 的样本可视为 n 维随机向量 $(X_1, X_2, \cdots, X_n)$,一旦具体取定一组样本,便得到样本的一次具体的观察值 $(x_1, x_2, \cdots, x_n)$,称其为样本值。全体样本值组成的集合称为样本空间。

为了使抽取的样本能很好地反映总体的信息,必须考虑抽样方法,最常用的一种抽样方法称为简单随机抽样,它要求抽取的样本满足下面两个条件:

(1) 代表性:$X_1, X_2, \cdots, X_n$ 与所考察的总体具有相同的分布;

(2) 独立性:$X_1, X_2, \cdots, X_n$ 是相互独立的随机变量。

由简单随机抽样得到的样本称为简单随机样本,它可用与总体独立同分布的 n 个相互独立的随机变量 $X_1, X_2, \cdots, X_n$ 表示。显然,简单随机样本是一种非常理想化的样本,在实际应用中要获得严格意义下的简单随机样本并不容易。

对有限总体,若采用有放回抽样就能得到简单随机样本,但有放回抽样使用起来不方便,故实际操作中通常采用的是无放回抽样,当所考察的总体很大时,无放回抽样与有放回抽样的区别很小,此时可近似把无放回抽样所得到的样本看成是一个简单随机样本。对无限总体,因抽取一个个体不影响它的分布,故采用无放回抽样即可得到的一个简单随机样本。

注 今后假定所考虑的样本均为简单随机样本,简称为样本。

例 6.1 样本的一些例子与观察值的表示方法:

(1) 某食品厂用自动装罐机生产净重为 345 克的午餐肉罐头,由于随机性,每个罐头的净重都有差别。现在从生产线上随机抽取 10 个罐头,称其净重,得如下结果:

$$344 \quad 336 \quad 345 \quad 342 \quad 340 \quad 338 \quad 344 \quad 343 \quad 344 \quad 343$$

这是一个容量为 10 的样本的观察值,它是来自该生产线罐头净重这一总体的一个样本的观察值。

(2) 对某型号的 20 辆汽车记录每加仑汽油各自行驶的里程数(单位:km)如下:

$$29.8 \quad 27.6 \quad 28.3 \quad 28.7 \quad 27.9 \quad 30.1 \quad 29.9 \quad 28.0 \quad 28.7 \quad 27.9$$
$$28.5 \quad 29.5 \quad 27.2 \quad 26.9 \quad 28.4 \quad 27.8 \quad 28.0 \quad 30.0 \quad 29.6 \quad 29.1$$

这是一个容量为 20 的样本的观察值,对应的总体是该型号汽车每加仑汽油行驶的里程。

(3) 对 363 个零售商店调查周零售额(单位:元)的结果如下:

零售额	≤1 000	(1 000,5 000]	(5 000,10 000]	(10 000,20 000]	(20 000,30 000]
商店数	61	135	110	42	15

这是一个容量为 363 的样本的观察值,对应的总体是所有零售店的周零售额。不过这里没有给出每一个样品的具体的观察值,而是给出了样本观察值所在的区间,称为分组样本的观察值。这样一来当然会损失一些信息,但是在样本量较大时,这种经过整理的数据更能使人们对总体有一个大致的印象。

设总体 X 的分布函数为 $F(x)$,则简单随机样本$(X_1,X_2,\cdots,X_n)$的联合分布函数为 $F(x_1,x_2,\cdots,x_n)=\prod\limits_{i=1}^{n}F(x_i)$,并称其为样本分布。特别地,若总体 X 为连续型随机变量,其概率密度为 $f(x)$,则样本的概率密度为 $f(x_1,x_2,\cdots,x_n)=\prod\limits_{i=1}^{n}f(x_i)$,分别称 $f(x)$ 与 $f(x_1,x_2,\cdots,x_n)$ 为总体密度与样本密度。若总体 X 为离散型随机变量,其概率分布为 $p(x_i)=P\{X=x_i\}$,x_i 取遍 X 所有可能取值,则样本的概率分布为 $p(x_{i_1},x_{i_2},\cdots,x_{i_n})=p\{X=x_{i_1},X=x_{i_2},\cdots,X=x_{i_n}\}=\prod\limits_{k=1}^{n}p(x_{i_k})$,分别称 $p(x_i)$ 与 $p(x_{i_1},x_{i_2},\cdots,x_{i_n})$ 为离散总体密度与离散样本密度。

6.1.3　统计推断问题简述

总体和样本是数理统计中的两个基本概念。样本来自总体,自然带有总体的信息,从而可以从这些信息出发去研究总体的某些特征(分布或分布中的参数)。另一方面,由样本研究总体可以省时省力(特别是针对破坏性的抽样试验而言)。我们称通过总体 X 的一个样本 $X_1,X_2,\cdots,X_n$ 对总体 X 的分布进行推断的问题为统计推断问题。

总体、样本、样本值的关系:

在实际应用中,总体的分布一般是未知的,或虽然知道总体分布所属的类型,但其中包含着未知参数。统计推断就是利用样本值对总体的分布类型、未知参数进行估计和推断。

为对总体进行统计推断,还需借助样本构造一些合适的统计量,即样本的函数,下面将对相关统计量进行深入的讨论。

6.1.4　分组数据统计表和频数直方图

通过观察或试验得到的样本值,一般是杂乱无章的,需要进行整理才能从总体上呈现其统计规律性。分组数据统计表或频率直方图是两种常用整理方法。

（1）分组数据表：若样本值较多时，可将其分成若干组，分组的区间长度一般取成相等，称区间的长度为组距。分组的组数应与样本容量相适应。分组太少，则难以反映出分布的特征，若分组太多，则由于样本取值的随机性而使分布显得杂乱。因此，分组时，确定分组数（或组距）应以突出分布的特征并冲淡样本的随机波动性为原则。区间所含的样本值个数称为该区间的组频数。组频数与总的样本容量之比称为组频率。

（2）频数直方图：频率直方图能直观地表示出频数的分布，其步骤如下：

设 $x_1, x_2, \cdots, x_n$ 是样本的 n 个观察值。

① 求出 $x_1, x_2, \cdots, x_n$ 中的最小者 $x_{(1)}$ 和最大者 $x_{(n)}$。

② 选取常数 a（略小于 $x_{(1)}$）和 b（略大于 $x_{(n)}$），并将区间 $[a,b]$ 等分成个 m 小区间 $\left(\text{一般取 } m \text{ 使 } \dfrac{m}{n} \text{ 在 } \dfrac{1}{10} \text{ 左右}\right)$：$[t_i, t_i + \Delta t), i = 1, 2, \cdots, m, \Delta t = \dfrac{b-a}{m}$，一般情况下，小区间不包括右端点。

③ 求出组频数 n_i，组频率 $\dfrac{n_i}{n} \overset{\Delta}{=} f_i$，以及 $h_i = \dfrac{f_i}{\Delta t}, (i = 1, 2, \cdots, n)$。

④ 在 $[t_i, t_i + \Delta t)$ 上以 h_i 为高，Δt 为宽作小矩形，其面积恰为 f_i，所有小矩形合在一起就构成了频率直方图。

例 6.2 一台数控车床连续用刀具加工某种零件，从换上新刀具到损坏为止加工的零件个数称为刀具的寿命。现记录 100 把刀具的寿命如下：

346	349	350	360	346	358	350	345	349	355
352	344	347	363	355	342	366	352	350	347
359	349	355	354	344	353	346	351	354	347
354	344	349	340	345	359	348	356	346	357
346	343	347	343	357	349	353	345	350	358
353	346	352	350	352	345	347	354	351	347
338	355	352	356	350	351	349	357	348	358
353	348	341	346	349	350	351	348	353	362
350	345	352	349	355	341	351	355	352	348
344	352	340	351	353	348	353	359	351	355

写出刀具寿命的频率分布。

解 这些样本观测值中最小值是 338，最大值是 366，故我们把数据的分布区间定为 $[336.5, 366.5]$，并把这个区间分成 10 等分，各组 $[336.5, 339.5)$，$[339.5, 342.5), \cdots, [363.5, 366.5)$。

分别求出各组频数 n_i 及频率 f_i，如表 6.1 所示。

表 6.1　例 6.2 数据分布频数与频率

组　号	寿命区间	频数 n_i	频率 f_i
1	$[336.5, 339.5)$	1	0.01
2	$[339.5, 342.5)$	5	0.05
3	$[342.5, 345.5)$	11	0.11
4	$[345.5, 348.5)$	18	0.18
5	$[348.5, 351.5)$	24	0.24
6	$[351.5, 354.5)$	20	0.20
7	$[354.5, 357.5)$	12	0.12
8	$[357.5, 360.5)$	6	0.06
9	$[360.5, 363.5)$	2	0.02
10	$[363.5, 366.5)$	1	0.01

6.1.5　经验分布函数

样本的直方图可以形象地描述总体概率分布的大致形态,而经验分布函数则可以用来描述总体分布函数的大致形状。

定义 6.3　设总体 X 的一个容量为 n 的样本的样本值 $x_1, x_2, \cdots, x_n$ 可按大小次序排列成

$$x_{(1)} \leqslant x_{(2)} \leqslant \cdots \leqslant x_{(n)}$$

若 $x_{(k)} \leqslant x < x_{(k+1)}$,则不大于 x 的样本值的频率为 $\dfrac{k}{n}$,因而函数

$$F_n(x) = \begin{cases} 0, & 若 x < x_{(1)} \\ \dfrac{k}{n}, & 若 x_{(k)} \leqslant x < x_{(k+1)} \\ 1, & 若 x \geqslant x_{(n)} \end{cases}$$

可以描述事件 $\{X \leqslant x\}$ 在 n 次独立重复试验中的频率,称 $F_n(x)$ 为经验分布函数。

对于经验分布函 $F_n(x)$ 数,格里汶科(Glivenko)在 1933 年证明了以下的结果:对于任一实数 x,当 $n \rightarrow \infty$ 时 $F_n(x)$ 以概率 1 一致收敛于分布函数 $F(x)$,即

$$P\{\lim_{n \to \infty} \sup_{-\infty < x < \infty} |F_n(x) - F(x)| = 0\} = 1$$

因此,对于任一实数 x,当 n 充分大时,经验分布函数的任一个观察值 $F_n(x)$ 与总体分布函数 $F(x)$ 只有微小的差别,从而在实际中可当作 $F(x)$ 来使用。这就是由样本推断总体其可行性的最基本的理论依据。

6.2 样本分布的数字特征

6.2.1 统计量

由样本推断总体,要构造一些合适的统计量,再由这些统计量来推断未知总体。这里,样本的统计量即为样本的函数。广义地讲,统计量可以是样本的任一函数,但由于构造统计量的目的是为推断未知总体的分布,故在构造统计量时,就不应包含总体的未知参数。

定义 6.4 设 $(X_1, X_2, \cdots, X_n)$ 为总体 X 的一个样本,称此样本的任一不含总体分布未知参数的函数为该样本的统计量。

6.2.2 样本的数字特征

以下设 $X_1, X_2, \cdots, X_n$ 为总体 Y 的一个样本。

(1) 样本均值 $\quad \overline{X} = \dfrac{1}{n} \sum\limits_{i=1}^{n} X_i$;

(2) 未修正样本方差 $\quad S_n^2 = \dfrac{1}{n} \sum\limits_{i=1}^{n} (X_i - \overline{X})^2$,

修正后的样本方差 $\quad S^2 = \dfrac{1}{n-1} \sum\limits_{i=1}^{n} (X_i - \overline{X})^2$;

(3) 未修正样本标准差 $\quad S_n = \sqrt{\dfrac{1}{n} \sum\limits_{i=1}^{n} (X_i - \overline{X})^2}$,

修正后的样本标准差 $\quad S = \sqrt{\dfrac{1}{n-1} \sum\limits_{i=1}^{n} (X_i - \overline{X})^2}$;

为了研究方便,本书今后提到样本方差均指修正后的样本方差,提到样本标准差均指修正后的样本标准差。

(4) 样本(k 阶)原点矩 $\quad A_k = \dfrac{1}{n} \sum\limits_{i=1}^{n} X_i^k, \quad k = 1, 2, \cdots$;

(5) 样本(k 阶)中心矩 $\quad B_k = \dfrac{1}{n} \sum\limits_{i=1}^{n} (X_i - \overline{X})^k, \quad k = 2, 3, \cdots$;

(6) 顺序统计量 将样本中的各分量按由小到大的次序排列成 $X_{(1)} \leqslant X_{(2)} \leqslant \cdots \leqslant X_{(n)}$,则称 $X_{(1)}, X_{(2)}, \cdots, X_{(n)}$ 为样本的一组顺序统计量,$X_{(i)}$ 称为样本的第 i 个顺序统计量。特别地,称 $X_{(1)}$ 与 $X_{(n)}$ 分别为样本极小值与样本极大值,并称 $X_{(n)} - X_{(1)}$ 为样本的极差。

例 6.3 某厂实行计件工资制,为及时了解情况,随机抽取 30 名工人,调查各自在一周内加工的零件数,然后按规定算出每名工人的周工资如下:(单位:元)

156	134	160	141	159	141	161	157	171	155
149	144	169	138	168	147	153	156	125	156
135	156	151	155	146	155	157	198	161	151

这便是一个容量为 30 的样本观察值,其样本均值为:

$$\bar{x}=\frac{1}{30}(156+134+\cdots+161+151)=153.5$$

它反映了该厂工人周工资的一般水平。感兴趣的读者可以自己尝试计算其样本方差与样本标准差。

例 6.4 设我们获得了如下 3 个样本:

样本 A:3,4,5,6,7; 样本 B:1,3,5,7,9; 样本 C:1,5,9

如果将它们画在数轴上,明显可见它们的"分散"程度是不同的:样本 A 在这三个样本中比较密集,而样本 C 比较分散。

这一直觉可以用修正后的样本方差来表示,这三个样本的均值都是 5,即 $\bar{x}_A=\bar{x}_B=\bar{x}_C=5$,而样本容量 $n_A=5,n_B=5,n_C=3$,从而它们修正后的样本方差分别为:

$$S_A^2=\frac{1}{5-1}\big[(3-5)^2+(4-5)^2+(5-5)^2+(6-5)^2+(7-5)^2\big]$$
$$=\frac{10}{4}=2.5$$

$$S_B^2=\frac{1}{5-1}\big[(1-5)^2+(3-5)^2+(5-5)^2+(7-5)^2+(9-5)^2\big]$$
$$=\frac{40}{4}=10$$

$$S_C^2=\frac{1}{3-1}\big[(1-5)^2+(5-5)^2+(9-5)^2\big]$$
$$=\frac{32}{2}=16$$

由此可见 $S_C^2>S_B^2>S_A^2$,这与直觉是一致的,它们反映了取值的分散程度。由于样本方差的量纲与样本的量纲不一致,故常用样本标准差表示分散程度,这里有

$$S_A=1.58, \quad S_B=3.16, \quad S_C=4, \quad 同样有 \ S_C^2>S_B^2>S_A^2$$

由于修正后的样本方差(或样本标准差)很好地反映了总体方差(或标准差)的信息,因此若当方差 σ 未知时,常用 S^2 去估计,而总体标准差 σ 常用修正后的样本标准差 S 去估计。

6.2.3 分位数

设随机变量 X 的分布函数为 $F(x)$,对给定的实数 $\alpha(0<\alpha<1)$,若实数 F_α 满足不等式 $P\{X>F_\alpha\}=\alpha$,则称 F_α 为随机变量 X 分布的水平 α 的上侧分位数。

若实数 T_α 满足不等式 $P\{|X|>T_\alpha\}=\alpha$,则称 T_α 为随机变量 X 分布的水平 α

的双侧分位数。

6.3 几个常见统计量的分布

6.3.1 独立正态样本线形函数的分布定理

定理 6.1 设 $X_1, X_2, \cdots, X_n$ 相互独立，X_i 服从正态分布 $N(\mu_i, \sigma_i^2)$，则它们的线性函数 $\eta = \sum\limits_{i=1}^{n} a_i X_i$ 也服从正态分布，且 $E\eta = \sum\limits_{i=1}^{n} a_i \mu_i$，$D\eta = \sum\limits_{i=1}^{n} a_i^2 \sigma_i^2$。

证明 略。

6.3.2 χ^2 分布

定义 6.5 设 $X_1, X_2, \cdots, X_n$ 是取自总体 $N(0,1)$ 的样本，则称统计量

$$\chi^2 = X_1^2 + X_2^2 + \cdots + X_n^2 \tag{6-1}$$

服从自由度为 n 的 χ^2 分布，记为 $\chi^2 \sim \chi^2(n)$。

这里，自由度是指(6-1)式右端所包含的独立变量的个数。

$\chi^2(n)$ 分布的概率密度为 $f(x) = \begin{cases} \dfrac{1}{2^{n/2}\Gamma(n/2)} x^{\frac{n}{2}-1} \mathrm{e}^{-\frac{1}{2}x}, & x > 0 \\ 0, & x \leqslant 0 \end{cases}$

其中 $\Gamma(\cdot)$ 为 Gamma 函数。

图 6.1 是 χ^2 分布的概率密度曲线。

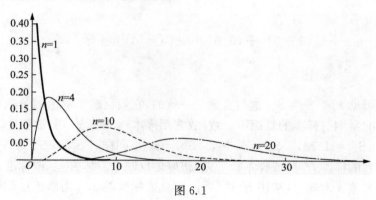

图 6.1

χ^2 分布具有如下性质：

（1）χ^2 分布的数学期望与方差：若 $\chi^2 \sim \chi^2(n)$，则 $E(\chi^2) = n$，$D(\chi^2) = 2n$。

（2）χ^2 分布的可加性：若 $\chi_1^2 \sim \chi^2(m)$，$\chi_2^2 \sim \chi^2(n)$，且 χ_1^2, χ_2^2 相互独立，则 $\chi_1^2 + \chi_2^2 \sim \chi^2(m+n)$。

(3) χ^2 分布的分位数：设 $\chi^2 \sim \chi_\alpha^2(n)$，对给定的实数 $\alpha(0<\alpha<1)$ 称满足条件

$$P\{\chi^2 > \chi_\alpha^2(n)\} = \int_{\chi_\alpha^2(n)}^{+\infty} f(x)\mathrm{d}x = \alpha$$

的点 $\chi_\alpha^2(n)$ 为 $\chi^2(n)$ 分布的水平 α 的上侧分位数。简称为上侧 α 分位数。对不同的 α 与 n，分位数的值已经编制成表供查用（见附录）。

6.3.3　t 分布

定义 6.6　设 $X \sim N(0,1)$，$Y \sim \chi^2(n)$，且 X 与 Y 相互独立，则称 $t = \dfrac{X}{\sqrt{Y/n}}$ 为

服从自由度为 n 的 t 分布，记为 $t \sim t(n)$。$t(n)$ 分布的概率密度为

$$f(x) = \frac{\Gamma[(n+1)/2]}{\sqrt{\pi n}\,\Gamma(n/2)}\left(1 + \frac{x^2}{n}\right)^{-\frac{n+1}{2}}, \quad -\infty < t < +\infty$$

图 6.2 是 t 分布的概率密度曲线。

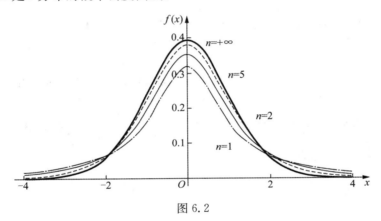

图 6.2

t 分布具有如下性质：

(1) $f(x)$ 的图形关于 y 轴对称，且 $\lim\limits_{x\to\infty} f(x) = 0$；

(2) 当 n 充分大时，t 分布近似于标准正态分布；

(3) t 分布的分位数：

设 $T \sim t_\alpha(n)$，对给定的实数 $\alpha(0<\alpha<1)$，称满足条件 $P\{T > t_\alpha(n)\} = \int_{t_\alpha(n)}^{+\infty} f(x)\mathrm{d}x = \alpha$ 的点 $t_\alpha(n)$ 为 $t(n)$ 分布的水平 α 的上侧分位数。由密度函数 $f(x)$ 的对称性，可得 $t_{1-\alpha}(n) = -t_\alpha(n)$。

类似地，可以给出 t 分布的双侧分位数

$$P\{\,|\,T\,| > t_{\alpha/2}(n)\} = \int_{-\infty}^{-t_{\alpha/2}(n)} f(x)\mathrm{d}x + \int_{t_{\alpha/2}(n)}^{+\infty} f(x)\mathrm{d}x = \alpha$$

显然有　　　　　$P\{T > t_{\alpha/2}(n)\} = \dfrac{\alpha}{2}; \quad P\{T < -t_{\alpha/2}(n)\} = \dfrac{\alpha}{2}$

对不同的 α 与 n，t 分布的上侧分位数可从附录查得。

6.3.4　F 分布

定义 6.7　设 $X\sim\chi^2(m)$，$Y\sim\chi^2(n)$ 且 X 与 Y 相互独立，则称 $F=\dfrac{X/m}{Y/n}=\dfrac{nX}{mY}$ 为服从自由度为 (m,n) 的 F 分布，记为 $F\sim F(m,n)$。$F(m,n)$ 分布的概率密度为

$$f(x)=\begin{cases}\dfrac{\Gamma\left[(m+n)/2\right]}{\Gamma(m/2)\Gamma(n/2)}\left(\dfrac{m}{n}\right)\left(\dfrac{m}{n}x\right)^{\frac{m}{2}-1}\left(1+\dfrac{m}{n}x\right)^{-\frac{1}{2}(m+n)}, & x>0\\[2mm]0, & x\leqslant 0\end{cases}$$

F 分布具有如下性质：

（1）若 $X\sim t(n)$，则 $X^2\sim F(1,n)$；

（2）若 $F\sim F(m,n)$ 则 $\dfrac{1}{F}\sim F(n,m)$；

（3）F 分布的分位数：

设 $F\sim F_\alpha(n,m)$，对给定的实数 $\alpha(0<\alpha<1)$ 称满足条件

$$P\{F>F_\alpha(n,m)\}=\int_{F_\alpha(n,m)}^{+\infty}f(x)\mathrm{d}x=\alpha$$

的点 $F_\alpha(n,m)$ 为 $F(n,m)$ 分布的水平 α 的上侧分位数。F 分布的上侧分位数的值可自附录查得；

（4）F 分布的一个重要性质：$F_\alpha(m,n)=\dfrac{1}{F_{1-\alpha}(n,m)}$ 此式常常用来求 F 分布表中没有列出的某些上侧分位数。

习　题　六

1. 随机观察总体 X，得到一个容量为 10 的样本值：
$$3.2,2.5,-2,2.5,0,3,2,2.5,2,4$$
求 X 经验分布函数。

2. 设 $X_1,\cdots,X_6$ 是来自总体 $N(0,1)$ 的样本，又设 $Y=(X_1+X_2+X_3)^2+(X_4+X_5+X_6)^2$ 试求常数 C，使 CY 服从 χ^2 分布。

3. 设 X_1,X_2,X_3,X_4,X_5 是来自正态总体 $N(0,2^2)$ 的样本。

（1）求 C 使统计量 $Y_1=\dfrac{C(X_1+X_2)}{\sqrt{X_3^2+X_4^2+X_5^2}}$ 服从 $t(m)$ 分布。

（2）求 $Y_2=\dfrac{(X_1+X_2)^2}{(X_4-X_3)^2}$ 所服从的分布。

参数估计

通过前面一章的学习,可以知道数理统计的基本思想是以样本的信息来分析计算出总体的信息。在实际问题中,当所研究的总体分布类型已知,但分布中含有一个或多个未知参数时,如何根据样本来估计未知参数,这就是参数估计问题。

参数估计问题分为点估计问题与区间估计问题两类。所谓点估计就是用某一个函数值作为总体未知参数的估计值;区间估计就是对于未知参数给出一个范围,并且在一定的可靠度下使这个范围包含未知参数。

例如,灯泡的寿命 X 是一个总体,根据实际经验知道,X 服从 $N(\mu,\sigma^2)$,但对每一批灯泡而言,参数 μ,σ^2 是未知的,要写出具体的分布函数,就必须确定出参数。此类问题就属于参数估计问题。

参数估计问题的一般提法:

设有一个统计总体,总体的分布函数为 $F(x,\theta)$,其中 θ 为未知参数(θ 可以是向量)。现从该总体中随机地抽样,得一样本

$$X_1, X_2, \cdots, X_n$$

再依据该样本对参数 θ 作出估计,或估计参数 θ 的某已知函数 $g(\theta)$。

7.1　点　估　计

7.1.1　点估计的概念

设 $X_1, X_2, \cdots, X_n$ 是取自总体 X 的一个样本,$x_1, x_2, \cdots, x_n$ 是相应的一个样本值。θ 是总体分布中的未知参数,为估计未知参数 θ,需构造一个适当的统计量 $\hat{\theta}(X_1, X_2, \cdots, X_n)$,然后用其观察值 $\hat{\theta}(x_1, x_2, \cdots, x_n)$ 来估计 θ 的值。

称 $\hat{\theta}(X_1, X_2, \cdots, X_n)$ 为 θ 的估计量。称 $\hat{\theta}(x_1, x_2, \cdots, x_n)$ 为 θ 的估计值。在不致混淆的情况下,估计量与估计值统称为点估计,简称为估计,并简记为 $\hat{\theta}$。

注　估计量 $\hat{\theta}(X_1, X_2, \cdots, X_n)$ 是一个随机变量,是样本的函数,即是一个统计量,对不同的样本值,θ 的估计值 $\hat{\theta}$ 一般是不同的。

例 7.1　设 X 表示某种型号的电子元件的寿命(以小时计),它服从指数分布:

$$X \sim f(x,\theta) = \begin{cases} \dfrac{1}{\theta}\mathrm{e}^{-x/\theta}, & x > 0 \\ 0, & x \leqslant 0 \end{cases}$$

θ 为未知参数，$\theta > 0$。现得样本值为

$$168 \quad 130 \quad 169 \quad 143 \quad 174 \quad 198 \quad 108 \quad 212 \quad 252$$

试估计未知参数 θ。

解 可以用样本信息估计总体信息，用样本的平均值估计总体的期望。

而

$$\bar{x} = \frac{1}{9}(x_1 + x_2 + \cdots x_9) = \frac{1}{9} \cdot 1\,554 \approx 172.67$$

$$E(X) = \frac{1}{\theta}, \quad \hat{\theta} = \frac{1}{\bar{x}} = \frac{1}{172.67}$$

7.1.2 评价估计量的标准

参数点估计的概念相当宽松，对同一参数，可用不同的方法来估计，因而得到不同的估计量，故有必要建立一些评价估计量好坏的标准。

估计量的评价一般有 3 条标准：①无偏性；②有效性；③相合性（一致性）。

在具体介绍估计量的评价标准之前，需指出：评价一个估计量的好坏，不能仅仅依据一次试验的结果，而必须由多次试验结果来衡量。因为估计量是样本的函数，是随机变量。故由不同的观测结果，就会求得不同的参数估计值。因此一个好的估计，应在多次重复试验中体现出其优良性。

1）无偏性

估计量是随机变量，对于不同的样本值会得到不同的估计值。一个自然的要求是希望估计值在未知参数真值的附近，不要偏高也不要偏低。由此引入无偏性标准。

定义 7.1 设 $\hat{\theta}(X_1, \cdots, X_n)$ 是未知参数 θ 的估计量，若 $E(\hat{\theta}) = \theta$，则称 $\hat{\theta}$ 为 θ 的无偏估计量。

注 无偏性是对估计量的一个常见而重要的要求，其实际意义是指估计量没有系统偏差，只有随机偏差。在科学技术中，称 $E(\hat{\theta}) - \theta$ 为用 $\hat{\theta}$ 估计 θ 而产生的系统误差。

例如，用样本均值作为总体均值的估计时，虽无法说明一次估计所产生的偏差，但这种偏差随机地在 0 的周围波动，对同一统计问题大量重复使用不会产生系统偏差。

例 7.2 设 $X_1, \cdots, X_n$ 为取自总体 X 的样本，总体 X 的均值为 μ，方差为 σ^2。证明：

（1）样本均值 $\overline{X}$ 是 μ 的无偏估计量。

（2）未修正样本方差 S_n^2 是 σ^2 的有偏估计量。

证明 （1）$E\overline{X} = E\left(\frac{1}{n}\sum_{i=1}^{n} X_i\right) = \frac{1}{n}\left(\sum_{i=1}^{n} EX_i\right) = \frac{1}{n}n\mu = \mu$

（2）$S_n^2 = \frac{1}{n}\left(\sum_{i=1}^{n}(X_i - \overline{X})^2\right) = \frac{1}{n}\left(\sum_{i=1}^{n}(X_i - \mu)^2 - n(\overline{X} - \mu)^2\right)$

$$E(S_n^2) = E\left(\frac{1}{n}\sum_{i=1}^{n}(X_i - \overline{X})^2\right) = \frac{1}{n}\left(\sum_{i=1}^{n}E(X_i - \mu)^2 - nE(\overline{X} - \mu)^2\right)$$

$$= \frac{1}{n}\left(n\sigma^2 - n\frac{\sigma^2}{n}\right) = \frac{n-1}{n}\sigma^2$$

2）有效性

一个参数 θ 常有多个无偏估计量，在这些估计量中，自然应选用对 θ 的偏离程度较小的为好，即一个较好估计量的方差应该较小。由此引入评选估计量的另一标准——有效性。

定义 7.2　设 $\hat{\theta}_1 = \hat{\theta}_1(X_1, \cdots, X_n)$ 和 $\hat{\theta}_2 = \hat{\theta}_2(X_1, \cdots, X_n)$ 都是参数 θ 的无偏估计量，若 $D(\hat{\theta}_1) < D(\hat{\theta}_2)$，则称 $\hat{\theta}_1$ 较 $\hat{\theta}_2$ 有效。

注　在数理统计中常用到最小方差无偏估计，其定义如下：

设 $X_1, \cdots, X_n$ 是取自总体 X 的一个样本，$\hat{\theta}(X_1, \cdots, X_n)$ 是未知参数 θ 的一个估计量，若 $\hat{\theta}$ 满足：

（1）$E(\hat{\theta}) = \theta$，即 $\hat{\theta}$ 为 θ 的无偏估计。

（2）$D(\hat{\theta}) \leqslant D(\hat{\theta}^*)$，$\hat{\theta}^*$ 是 θ 的任一无偏估计。

则称 $\hat{\theta}$ 为 θ 的最小方差无偏估计（也称最佳无偏估计）。

3）相合性（一致性）

希望一个估计量是无偏的，并且具有较小的方差，还希望当样本容量无限增大时，估计量能在某种意义下任意接近未知参数的真值，由此引入相合性（一致性）的评价标准。

定义 7.3　设 $\hat{\theta} = \hat{\theta}(X_1, \cdots, X_n)$ 为未知参数 θ 的估计量，若当样本容量 $n \to +\infty$ 时，$\hat{\theta}$ 依概率收敛于 θ，即对任意 $\varepsilon > 0$，有 $\lim\limits_{n \to \infty} P\{|\hat{\theta} - \theta| < \varepsilon\} = 1$，或 $\lim\limits_{n \to \infty} P\{|\hat{\theta} - \theta| \geqslant \varepsilon\} = 0$，则称 $\hat{\theta}$ 为 θ 的（弱）相合估计量。

7.2　点估计几个方法

7.2.1　矩估计法

矩估计法的基本思想是用样本矩估计总体矩。因为当总体的 k 阶矩存在时，样本的 k 阶矩依概率收敛于总体的 k 阶矩。例如，可用样本均值 $\overline{X}$ 作为总体均值 $E(X)$ 的估计量，一般地，记为：

总体 k 阶矩　$\mu_k = E(X^k)$

样本 k 阶矩　$A_k = \frac{1}{n}\sum_{i=1}^{n}X_i^k$

总体 k 阶中心矩　$V_k = E[X - E(X)]^k$

样本 k 阶中心矩 $\qquad B_k = \dfrac{1}{n}\sum_{i=1}^{n}(X_i - \overline{X})^k$

用相应的样本矩去估计总体矩的方法就称为矩估计法。用矩估计法确定的估计量称为矩估计量。相应的估计值称为矩估计值。矩估计量与矩估计值统称为矩估计。

求矩估计的方法：

设总体 X 的分布函数 $F(x;\theta_1,\cdots,\theta_k)$ 中含有 k 个未知参数 $\theta_1,\cdots,\theta_k$，则

（1）求总体 X 的前 k 阶矩 $\mu_1,\cdots,\mu_k$，一般都是这 k 个未知参数的函数，记为：

$$\mu_i = g_i(\theta_1,\cdots,\theta_k), \quad i = 1,2,\cdots,k \qquad\qquad (*)$$

（2）从 $(*)$ 中解得 $\quad \theta_j = h_j(\mu_1,\cdots,\mu_k), j = 1,2,\cdots,k;$

（3）再用 $\mu_i(i=1,2,\cdots,k)$ 的估计量 A_i 分别代替上式中的 μ_i，即可得 $\theta_j(j=1,2,\cdots,k)$ 的矩估计量：

$$\widehat{\theta}_j = h_j(A_1,\cdots,A_k), \quad j = 1,2,\cdots,k$$

注 利用 $V_1,\cdots,V_k$ 类似于上述步骤，最后用 $B_1,\cdots,B_k(V_i,\cdots,V_k$ 的估计量)代替 $V_1,\cdots,V_k$，也可求出矩估计 $\widehat{\theta}_j(j=1,2,\cdots,k)$。

例7.3 设总体 X 的均值 μ 及方差 σ^2 都存在，且有 $\sigma^2 > 0$，但 μ,σ^2 均为未知，又设 $X_1,X_2,\cdots,X_n$ 是来自 X 的样本。试求 μ,σ^2 的矩估计量。

解 容易知道

$$\begin{cases} \mu_1 = EX = \mu \\ \mu_2 = E(X^2) = D(X) + [E(X)]^2 = \sigma^2 + \mu^2 \end{cases}$$

解得

$$\begin{cases} \mu = \mu_1 \\ \sigma^2 = \mu_2 - \mu_1^2 \end{cases}$$

于是 μ,σ^2 的矩估计量

$$\begin{cases} \widehat{\mu} = A_1 = \overline{X} \\ \widehat{\sigma}^2 = A_2 - A_1^2 = \dfrac{1}{n}\sum_{i=1}^{n}X_i^2 - \overline{X}^2 = \dfrac{1}{n}\sum_{i=1}^{n}(X_i - \overline{X})^2 \end{cases}$$

例7.4 设总体 X 有均值 μ 及方差 σ^2，6个随机样本观察：$-1.20,0.82,0.12,0.45,-0.85,-0.30$，求 μ,σ^2 的矩估计量。

解

$$\begin{cases} \widehat{\mu} = \overline{X} = -0.16 \\ \widehat{\sigma}^2 = \dfrac{1}{n}\sum_{i=1}^{n}X_i^2 - \overline{X}^2 = \dfrac{1}{n}\sum_{i=1}^{n}(X_i - \overline{X})^2 = 0.5 \end{cases}$$

例7.5 设总体 X 在 $[a,b]$ 上服从均匀分布，a,b 未知。$X_1,X_2,\cdots,X_n$ 是来自 X 的样本，试求 a,b 的矩估计量。

解　容易知道

$$\begin{cases} \mu_1 = EX = \dfrac{a+b}{2} \\ \mu_2 = E(X^2) = D(X) + [E(X)]^2 = \dfrac{(b-a)^2}{12} + \dfrac{(a+b)^2}{4} \end{cases}$$

即

$$\begin{cases} a+b = 2\mu_1 \\ b-a = \sqrt{12(\mu_2 - \mu_1^2)} \end{cases}$$

解得

$$a = \mu_1 - \sqrt{3(\mu_2 - \mu_1^2)}, \quad b = \mu_1 + \sqrt{3(\mu_2 - \mu_1^2)}$$

所以 a,b 的矩估计量为：

$$\hat{a} = \overline{X} - \sqrt{\frac{3}{n}\sum_{i=1}^{n}(X_i - \overline{X})^2}, \quad \hat{b} = \overline{X} + \sqrt{\frac{3}{n}\sum_{i=1}^{n}(X_i - \overline{X})^2}$$

矩法的优点是简单易行，并不需要事先知道总体是什么分布。缺点是：当总体类型已知时，没有充分利用分布提供的信息。一般场合下，矩估计量不具有唯一性。其主要原因在于建立矩法方程时，选取那些总体矩用相应样本矩代替有一定的随意性。

7.2.2　最大似然估计法

最大似然估计法的思想：在已经得到实验结果的情况下，应该寻找使这个结果出现的可能性最大的那个 θ 值作为 θ 的估计量 $\hat{\theta}$。

注　最大似然估计法首先由德国数学家高斯于 1821 年提出，英国统计学家费歇于 1922 年重新发现并作了进一步的研究。

下面分别就离散型总体和连续型总体情形作具体讨论。

离散型总体的情形：设总体 X 的概率分布为

$$P\{X = x\} = p(x,\theta), \text{其中 } \theta \text{ 为未知参数}。$$

如果 $X_1, X_2, \cdots, X_n$ 是取自总体 X 的样本，样本的观察值为 $x_1, x_2, \cdots, x_n$，则样本的联合分布律

$$P = \{X_1 = x_1, \cdots, X_n = x_n\} = \prod_{i=1}^{n} p(x_i, \theta)$$

对确定的样本观察值 $x_1, x_2, \cdots, x_n$，它是未知参数 θ 的函数，

记为 $L(\theta) = L(x_1, x_2, \cdots, x_n, \theta) = \prod_{i=1}^{n} f(x_i, \theta)$，并称其为似然函数。

连续型总体的情形：设总体 X 的概率密度为 $f(x,\theta)$，其中 θ 为未知参数，此时定义似然函数

$$L(\theta) = L(x_1, x_2, \cdots, x_n, \theta) = \prod_{i=1}^{n} f(x_i, \theta)$$

似然函数 $L(\theta)$ 的值的大小意味着该样本值出现的可能性的大小，在已得到样

本值 $x_1, x_2, \cdots, x_n$ 的情况下,则应该选择使 $L(\theta)$ 达到最大值的那个 θ 作为 θ 的估计 $\hat{\theta}$。这种求点估计的方法称为最大似然估计法。

定义 7.4 若对任意给定的样本值 $x_1, x_2, \cdots, x_n$,存在

$$\hat{\theta} = \hat{\theta}(x_1, x_2, \cdots, x_n)$$

使

$$L(\hat{\theta}) = \max_{\theta} L(\theta)$$

则称 $\hat{\theta} = \hat{\theta}(x_1, x_2, \cdots, x_n)$ 为 θ 的最大似然估计值。称相应的统计量 $\hat{\theta}(X_1, X_2, \cdots, X_n)$ 为 θ 最大似然估计量。它们统称为 θ 的最大似然估计(MLE)。

7.2.3 求最大似然估计的一般方法

求未知参数 θ 的最大似然估计问题,归结为求似然函数 $L(\theta)$ 的最大值点的问题。当似然函数关于未知参数可微时,可利用微分学中求最大值的方法求之。其主要步骤:

(1) 写出似然函数 $L(\theta) = L(x_1, x_2, \cdots, x_n, \theta)$。

(2) 令 $\dfrac{\mathrm{d}L(\theta)}{\mathrm{d}\theta} = 0$ 或 $\dfrac{\mathrm{d}\ln L(\theta)}{\mathrm{d}\theta} = 0$,求出驻点。

注 因函数 $\ln L$ 是 L 的单调增加函数,且函数 $\ln L(\theta)$ 与函数 $L(\theta)$ 有相同的极值点,故常转化为求函数 $\ln L(\theta)$ 的最大值点较方便。

(3) 判断并求出最大值点,在最大值点的表达式中,用样本值代入就得到参数的最大似然估计值。

注 ①当似然函数关于未知参数不可微时,只能按最大似然估计法的基本思想求出最大值点;②上述方法易推广至多个未知参数的情形。

例 7.6 设 $X \sim B(1, p)$,$X_1, X_2, \cdots, X_n$ 是取自总体 X 的一个样本,试求参数 p 的最大似然估计。

解 似然函数为:$L(p) = f(x_1, x_2, \cdots, x_n, p)$

$$= \prod_{i=1}^{n} p^{x_i} (1-p)^{1-x_i} = p^{\sum_{i=1}^{n} x_i} (1-p)^{n - \sum_{i=1}^{n} x_i}$$

取对数得 $\quad \ln L(p) = \sum_{i=1}^{n} x_i \ln(p) + \left(n - \sum_{i=1}^{n} x_i\right) \ln(1-p)$

对 p 求导,并令导数为 0,得

$$\frac{\mathrm{d}\ln L(p)}{\mathrm{d}p} = \frac{1}{p} \sum_{i=1}^{n} x_i - \frac{1}{1-p}\left(n - \sum_{i=1}^{n} x_i\right) = 0, \quad \text{得} \quad \hat{p} = \frac{1}{p} \sum_{i=1}^{n} x_i = \overline{x}$$

例 7.7 设 $x_1, x_2, \cdots, x_n$ 是正态总体 $N(\mu, \sigma^2)$ 的样本观察值,其中 μ, σ^2 是未知参数,试求 μ 和 σ^2 的最大似然估计值。

解 X 的概率密度函数为 $F(x) = \dfrac{1}{\sqrt{2\pi}\sigma} \mathrm{e}^{-\frac{(x-\mu)^2}{2\sigma^2}}, \ -\infty < x < \infty$

似然函数为：$L(\mu,\sigma^2) = \prod\limits_{i=1}^{n} \dfrac{1}{\sqrt{2\pi}\sigma} e^{-\frac{(x_i-\mu)^2}{2\sigma^2}}$

$$= (2\pi)^{-\frac{n}{2}} (\sigma^2)^{-\frac{n}{2}} \exp\left(-\frac{1}{2\sigma^2}\sum_{i=1}^{n}(x_i-\mu)^2\right)$$

取对数得 $\ln L = -\dfrac{n}{2}\ln(2\pi) - \dfrac{n}{2}\ln(\sigma^2) - \dfrac{1}{2\sigma^2}\left(\sum\limits_{i=1}^{n}(x_i-\mu)^2\right)$

得：
$$\frac{\partial}{\partial\mu}\ln L = \frac{1}{\sigma^2}\left(\sum_{i=1}^{n}x_i - n\mu\right) = 0$$

$$\frac{\partial}{\partial\sigma^2}\ln L = -\frac{n}{2\sigma^2} + \frac{1}{2(\sigma^2)^2}\left(\sum_{i=1}^{n}x_i - \mu\right)^2 = 0$$

解得：
$$\begin{cases} \widehat{\mu} = \dfrac{1}{n}\sum\limits_{i=1}^{n}x_i = \overline{x} \\ \widehat{\sigma^2} = \dfrac{1}{n}\sum\limits_{i=1}^{n}(x_i-\overline{x})^2 \end{cases}$$

例 7.8 设 $X_1, X_2, \cdots, X_n$ 是取自总体 X 的一个样本

$$X \sim f(x) = \begin{cases} \dfrac{1}{\theta}e^{-(x-\mu)/\sigma}, & x \geqslant \mu \\ 0, & \text{其他} \end{cases} \quad \theta, \mu \text{ 为未知参数}$$

其中 $\theta > 0$，求 θ, μ 的极大似然估计。

解 似然函数为

$$L(\theta,\mu) = \begin{cases} \prod\limits_{i=1}^{n}\dfrac{1}{\theta}e^{-(x_i-\mu)/\theta}, & x_i \geqslant \mu \\ 0, & \text{其他} \end{cases} \quad i = 1,2,\cdots,n$$

$$= \begin{cases} \dfrac{1}{\theta^n}e^{-\frac{1}{\theta}\sum\limits_{i=1}^{n}(x_i-\mu)}, & \min x_i \geqslant \mu \\ 0, & \text{其他} \end{cases}$$

对数似然函数为

$$\ln L(\theta,\mu) = -n\ln\theta - \frac{1}{\theta}\sum_{i=1}^{n}(x_i-\mu)$$

对 θ, μ 分别求偏导并令其为 0，

$$\frac{\partial \ln L(\theta,\mu)}{\partial\theta} = -\frac{n}{\theta} + \frac{1}{\theta^2}\sum_{i=1}^{n}(x_i-\mu) = 0 \tag{7.1}$$

$$\frac{\partial \ln L(\theta,\mu)}{\partial\mu} = \frac{n}{\theta} = 0 \tag{7.2}$$

由式(7.1)得

$$\theta = \frac{1}{n}\sum_{i=1}^{n} x_i - \mu$$

用求导方法无法最终确定 θ, μ，用极大似然原则来求。

由于

$$L(\theta, \mu) = \begin{cases} \dfrac{1}{\theta^n} e^{-\frac{1}{\theta}\sum_{i=1}^{n}(x_i-\mu)}, & \min x_i \geqslant \mu \\ 0, & \text{其他} \end{cases}$$

当 $\mu \leqslant \min x_i$ 时，$L(\theta, \mu) > 0$，且是 μ 的增函数，μ 取其他值时，$L(\theta, \mu) = 0$。
故 μ 的 MLE 是 $\mu^* = \min\limits_{1 \leqslant i \leqslant n} x_i$

即 θ^*, μ^* 为 θ, μ 的 MLE。于是 $\theta^* = \dfrac{1}{n}\sum_{i=1}^{n} x_i - \mu^*$

7.3 区间估计

7.3.1 置信区间的概念

定义7.5 设 θ 为总体分布的未知参数，$X_1, X_2, \cdots, X_n$ 是取自总体 X 的一个样本，对给定的数 $1-\alpha(0<\alpha<1)$，若存在统计量

$$\underline{\theta} = \underline{\theta}(X_1, X_2, \cdots, X_n), \quad \bar{\theta} = \bar{\theta}(X_1, X_2, \cdots, X_n)$$

使得

$$P\{\underline{\theta} < \theta < \bar{\theta}\} = 1-\alpha$$

则称随机区间 $(\underline{\theta}, \bar{\theta})$ 为 θ 的 $1-\alpha$ 双侧置信区间，称 $1-\alpha$ 为置信度或置信水平，又分别称 $\underline{\theta}$ 与 $\bar{\theta}$ 为 θ 的双侧置信下限与双侧置信上限。

注 ①置信度 $1-\alpha$ 的含义：在随机抽样中，若重复抽样多次，得到样本 X_1，$X_2, \cdots, X_n$ 的多个样本值 $(x_1, x_2, \cdots, x_n)$，对应每个样本值都确定了一个置信区间 $(\underline{\theta}, \bar{\theta})$，每个这样的区间要么包含了 θ 的真值，要么不包含 θ 的真值。根据伯努利大数定理，当抽样次数充分大时，这些区间中包含 θ 的真值的频率接近于置信度（即概率）$1-\alpha$，即在这 k 个区间中包含 θ 的真值的区间大约有 $k(1-\alpha)$ 个，不包含 θ 的真值的区间大约有 $k\alpha$ 个。例如，若令 $1-\alpha=0.95$，重复抽样 100 次，则其中大约有 95 个区间包含 θ 的真值，大约有 5 个区间不包含 θ 的真值。②置信区间 $(\underline{\theta}, \bar{\theta})$ 也是对未知参数 θ 的一种估计，区间的长度意味着误差，故区间估计与点估计是互补的两种参数估计。③置信度与估计精度是一对矛盾。置信度 $1-\alpha$ 越大，置信区间 $(\underline{\theta}, \bar{\theta})$ 包含 θ 的真值的概率就越大，但区间 $(\underline{\theta}, \bar{\theta})$ 的长度就越大，对未知参数 θ 的估计精度就越差。反之，对参数 θ 的估计精度越高，置信区间 $(\underline{\theta}, \bar{\theta})$ 长度就越小，$(\underline{\theta}, \bar{\theta})$ 包含 θ 的真值的概率就越低，置信度 $1-\alpha$ 越小。一般准则是：在保证置信度的条件下尽可能

提高估计精度。

7.3.2 寻求置信区间的方法

寻求置信区间的基本思想:在点估计的基础上,构造合适的函数,并针对给定的置信度导出置信区间。

一般步骤:

(1) 选取未知参数 θ 的某个较优估计量 $\hat{\theta}$;

(2) 围绕 $\hat{\theta}$ 构造一个依赖于样本与参数 θ 的函数

$$u = u(X_1, X_2, \cdots, X_n, \theta)$$

(3) 对给定的置信水平 $1-\alpha$,确定 λ_1 与 λ_2,使

$$P\{\lambda_1 \leqslant u \leqslant \lambda_2\} = 1-\alpha$$

通常可选取满足 $P\{u \leqslant \lambda_1\} = P\{u \geqslant \lambda_2\} = \dfrac{\alpha}{2}$ 的 λ_1 与 λ_2,在常用分布情况下,这可由分位数表查得;

(4) 对不等式作恒等变形后化为

$$P\{\underline{\theta} \leqslant \theta \leqslant \bar{\theta}\} = 1-\alpha$$

则 $(\underline{\theta}, \bar{\theta})$ 就是 θ 的置信度为 $1-\alpha$ 的双侧置信区间。

7.3.3 单正态总体期望值的区间估计

设总体 $X \sim N(\mu, \sigma^2)$,其中 σ^2 已知,而 μ 为未知参数,$X_1, X_2, \cdots, X_n$ 是取自总体 X 的一个样本。

首先 $\bar{X}$ 是 μ 的一个点估计,而

$$U = \frac{\sqrt{n}(\bar{X} - \mu)}{\sigma} \sim N(0, 1)$$

容易知道 $P(|U| \leqslant u_{1-\alpha/2}) = 1-\alpha$,令 $k = u_{1-\alpha/2}$,则

$$\{|U| \leqslant k\} \Leftrightarrow \left\{ u \in \left[\bar{X} - k\,\frac{\sigma}{\sqrt{n}}, \bar{X} + k\,\frac{\sigma}{\sqrt{n}} \right] \right\}$$

对给定的置信水平 $1-\alpha$,得到 μ 的置信区间

$$\left(\bar{X} - k \cdot \frac{\sigma}{\sqrt{n}}, \bar{X} + k \cdot \frac{\sigma}{\sqrt{n}} \right)$$

若 σ^2 未知,此时可用 σ 的无偏估计 S^* 代替 σ,构造统计量 $T = \dfrac{\bar{X} - \mu}{S/\sqrt{n}}$,从前面章节的知识知 $T = \dfrac{\bar{X} - \mu}{S/\sqrt{n}} \sim t(n-1)$

对给定的置信水平 $1-\alpha$,由

$$P\left\{ -t_{1-\alpha/2}(n-1) < \frac{\bar{X} - \mu}{S/\sqrt{n}} < t_{1-\alpha/2}(n-1) \right\} = 1-\alpha$$

即 $\quad P\left\{\overline{X}-t_{1-\alpha/2}(n-1)\cdot\dfrac{S}{\sqrt{n}}<\mu<\overline{X}+t_{1-\alpha/2}(n-1)\cdot\dfrac{S}{\sqrt{n}}\right\}=1-\alpha$

因此,给定的置信水平 $1-\alpha$,得到 μ 的置信区间

$$\left(\overline{X}-t_{1-\alpha/2}(n-1)\cdot\frac{S}{\sqrt{n}},\overline{X}+t_{1-\alpha/2}(n-1)\cdot\frac{S}{\sqrt{n}}\right)$$

例7.9 为估计一批钢索所能承受的平均张力(单位 kg/cm^2),从中随机抽取 10 个样品做实验,用实验数据算出 $\overline{X}=6\,720$,$S^*=220$,假定张力服从正态分布,求平均张力的置信水平为 95％的置信区间。

解 σ^2 未知,平均张力的置信水平为 95％的置信区间为

$$\left(\overline{X}-t_{1-\alpha/2}(n-1)\cdot\frac{S}{\sqrt{n}},\overline{X}+t_{1-\alpha/2}(n-1)\cdot\frac{S}{\sqrt{n}}\right)$$

又因为 $t_{0.975}(9)=2.262\,2$,则置信区间为 $[6\,562.618\,5,6\,877.381\,5]$。

7.3.4 单正态总体方差的区间估计

前面给出了正态总体均值 μ 的区间估计,在实际问题中要考虑精度或稳定性时,需要对正态总体的方差 σ^2 进行区间估计。

(1) 设总体 $X\sim N(\mu,\sigma^2)$,其中 μ 已知,σ^2 未知,$X_1,X_2,\cdots,X_n$ 是取自总体 X 的一个样本。求方差 σ^2 的置信度为 $1-\alpha$ 的置信区间。

容易知道 $\hat{\sigma}^2=\dfrac{1}{n}\displaystyle\sum_{i=1}^{n}(X_i-\mu)^2$ 是 σ^2 的点估计,构造函数 $\chi^2=\dfrac{n}{\sigma^2}\hat{\sigma}^2\sim\chi^2 n$,

$P(\chi^2_{\frac{\alpha}{2}}(n)\leqslant\chi^2\leqslant\chi^2_{1-\frac{\alpha}{2}}(n))=1-\alpha$,则方差 σ^2 的置信度为 $1-\alpha$ 的置信区间为

$$\left(\frac{n\hat{\sigma}^2}{\chi^2_{\alpha/2}(n)},\frac{n\hat{\sigma}^2}{\chi^2_{1-\alpha/2}(n)}\right)$$

(2) 设总体 $X\sim N(\mu,\sigma^2)$,其中 μ,σ^2 未知,$X_1,X_2,\cdots,X_n$ 是取自总体 X 的一个样本。求方差 σ^2 的置信度为 $1-\alpha$ 的置信区间。σ^2 的无偏估计为 S^2,可知

$$\frac{n-1}{\sigma^2}S^2\sim\chi^2(n-1)$$

对给定的置信水平 $1-\alpha$,由

$$P\left\{\chi^2_{1-\alpha/2}(n-1)<\frac{n-1}{\sigma^2}S^2<\chi^2_{\alpha/2}(n-1)\right\}=1-\alpha$$

$$P\left\{\frac{(n-1)S^2}{\chi^2_{\alpha/2}(n-1)}<\sigma^2<\frac{(n-1)S^2}{\chi^2_{1-\alpha/2}(n-1)}\right\}=1-\alpha$$

于是方差 σ^2 的 $1-\alpha$ 置信区间为

$$\left(\frac{(n-1)S^2}{\chi^2_{\alpha/2}(n-1)},\frac{(n-1)S^2}{\chi^2_{1-\alpha/2}(n-1)}\right)$$

而方差 σ^2 的 $1-\alpha$ 置信区间为

$$\left(\sqrt{\frac{(n-1)S^2}{\chi^2_{\alpha/2}(n-1)}}, \sqrt{\frac{(n-1)S^2}{\chi^2_{1-\alpha/2}(n-1)}}\right)$$

习 题 七

1. 设总体 X 的概率分布为

X	1	2	3
P_k	θ^2	$2\theta(1-\theta)$	$(1-\theta)^2$

其中 θ 为未知参数。现抽得一个样本 $x_1=1, x_2=2, x_3=1$，求 θ 的矩估计值。

2. 已知某地区农户人均生产蔬菜量为 X（单位：kg），且 $X \sim N(\mu, \sigma^2)$ 现随机抽取 9 个农户，得人均生产蔬菜量为

$$75, 143, 156, 340, 400, 287, 256, 244, 249$$

问该地区农户人均生产蔬菜量最多为多少（$\alpha = 0.05$）？

3. 设总体 X 服从指数分布，其概率密度函数

$$f(x, \lambda) = \begin{cases} \lambda e^{-\lambda x}, & x > 0 \\ 0, & x \leqslant 0 \end{cases}$$

其中 $\lambda > 0$ 是未知参数。$x_1, x_2, \cdots, x_n$ 是来自总体 X 的样本观察值，求参数 λ 的最大似然估计值。

4. 某旅行社随机访问了 25 名旅游者，得知平均消费额 $\overline{X} = 80$ 元，子样标准差 $S = 12$ 元，已知旅游者消费额服从正态分布，求旅游者平均消费额 μ 的 95% 置信区间。

5. 有一大批糖果。现从中随机地取 16 袋，称得重量（以克计）如下：

$$506 \quad 508 \quad 499 \quad 503 \quad 504 \quad 510 \quad 497 \quad 512$$
$$514 \quad 505 \quad 493 \quad 496 \quad 506 \quad 502 \quad 509 \quad 496$$

设袋装糖果的重量近似地服从正态分布，试求总体均值 μ 的置信水平为 0.95 的置信区间。

6. 为考察某大学成年男性的胆固醇水平，现抽取了样本容量为 25 的一样本，并测得样本均值 $\overline{X} = 186$，样本标准差 $S = 12$。假定所论胆固醇水平 $X \sim N(\mu, \sigma^2)$，μ 与 σ^2 均未知。试分别求出 μ 以及 σ 的 90% 置信区间。

假设检验

统计推断是从样本对总体的某种推断,主要有两类问题:一类是上一章所介绍的参数估计,一类是本章所要讨论的假设检验。参数估计是利用样本的统计量估计总体的参数,假设检验是用样本的信息检验总体的某种假设是否成立,也称为显著性检验。

8.1 假设检验的基本概念和思想

8.1.1 假设检验问题的提出

假设检验是应用最为广泛的一种推断方法,在统计推断中占有举足轻重的地位。下面通过几个假设检验的具体实例来说明。

引例 8.1 某种药品酒精含量按规定不超过 5%,从一批药品中抽出 10 瓶测得酒精含量百分数为

$$5.01, 4.87, 5.11, 5.21, 5.03, 4.96, 4.78, 4.98, 4.88, 5.06$$

如果酒精含量服从正态分布 $N(\mu, 0.00016)$,这批药品是否合格?

用 X 表示酒精含量百分数,X 是一随机变量,μ, σ^2 分别表示这批药品中酒精含量 X 的数学期望和方差。根据已知条件,设 $X \sim N(\mu, 0.00016)$,但 μ 未知,能否根据所给的样本值,判断等式"$\mu=5$"是成立?

如果用点估计来判定,根据样本的观测值,可得 μ 的点估计

$$\bar{x} = \frac{1}{n} \sum_{i=1}^{10} x_i = 4.989$$

很显然,虽然 $\bar{x} \neq 5$,但并不能完全确定这批产品不合格,因为样本的抽取是随机的。正如抛一次硬币,出现正反面的概率都是 0.5,但是并不意味着抛硬币两次正反面正好就各出现一次。因此,即使该批药品酒精含量的百分数是 5,进行一次 10 瓶抽样,平均值是 4.989 是有可能,从而必须用其他方法来判断这批药品是否合格。

引例 8.2 已知某电子元件的寿命服从正态分布 $X \sim N(3\,000, 150^2)$,采用新技术试制一批同种元件,抽样检查 20 个,测得元件寿命的样本均值为 3\,100 小时,若总体的方差不变,试问用新技术生产的这批电子元件的平均寿命是否有显著提高?

若用 X 表示电子元件的寿命,X 是一随机变量,我们关心的问题是"$E(X) \leqslant 3000$"(即新技术没有提高平均寿命)是否成立。

引例 8.3　甲乙两台机床加工某一圆柱形零部件,零件的直径服从正态分布,为了比较两台机床的加工精度,从两台机床中分别抽取 9 个和 7 个零部件,测定零部件的直径如下:

$$甲:64,65,49,47,64,50,40,55,52$$
$$乙:45,59,44,61,45,59,69$$

如何用观测值判断这两台机器加工精度相同?

设两台机床的直径分别服从 $N(\mu_1,\sigma_1^2)$,和 $N(\mu_2,\sigma_2^2)$,则两台机床的加工精度可以用 σ_1^2 与 σ_2^2 是否相等判定。

引例 8.4　某一地区某农作物亩产量 X 具有一定分布。为了测定该地区这种农作物的亩产,随机抽取若干块地,测得亩产分别为 $x_1,x_2,\cdots,x_n$。问是否可以认为这种农作物亩产量 X 服从正态分布?

这里所关心的问题是能否根据样本来判断 $X\sim N(\mu,\sigma^2)$?

上述四个例子具有共同特点,就是假设总体具有某种性质,然后根据来自总体的样本,对假设做出正确的判断,这些假设称为"统计假设",简称"假设",用 H 表示。如果 H_0 是总体的两个必居其一的假设,即若 H_0 成立,H_1 不成立,则接受 H_0,拒绝 H_1;如果若 H_0 不成立,则 H_1 必成立,则接受 H_1,拒绝 H_0。这时将其中一个称为**原假设**(或**零假设**),而把另一个称为**备择假设**(或**对立假设**),一般原假设用 H_0 表示,备择假设用 H_1 表示。

要从样本值出发去判断一个"假设"是否成立。前三个引例是总体的分布形式已知,但其中含有未知参数,这种对总体中未知参数的假设检验,称为**参数检验**。如果是总体的分布未知,对总体分布或总体的数字特征的检验问题(如引例 8.4),称为**非参数检验**。

8.1.2　假设检验的基本思想、概念及方法

下面将通过引例 8.1 来说明假设检验的基本思想及推理方法。

问题:已知总体酒精的含量 $X\sim N(\mu,0.000\,16)$,且 $\sigma^2=\sigma_0^2=0.000\,16$。假设检验首先要根据实际问题提出原假设 H_0 与备择假设 H_1,通常在研究的过程中,原假设 H_0 是受保护的,如果没有充分的理由,原假设 H_0 不能轻易否定,因此,原假设 H_0 的选择应比较慎重。注意到假设的数学形式总是与总体分布的参数有关,或者总体的分布虽然是未知的,但有实际意义。通常着重考察的是总体某个参数取某个特定的值,参数取该值是比较稳定的,因此原假设 H_0 可用参数等于特定值来表示,用以表明数据的"差异"是偶然的,而不是总体发生了变化。备择假设用 H_1 表示总体参数不等于(大于或等于)特定的值,用以表明"差异"不是偶然的,是总体真正发生了变化。在多数情况下,收集数据就是要证实总体发生了变化,这也正是备择假设所要达到的目的。本例对参数 μ 提出假设

$$H_0 : \mu = \mu_0 = 5; \quad H_1 : \mu \neq 5$$

检验的目的就是要检验上述假设是否成立。

如何判断原假设是否成立呢？考虑 $\bar{x}$ 是 μ 的最无偏估计，从 $|\bar{x} - \mu|$ 入手，从抽样可得样本均值 $\bar{x} = \dfrac{1}{n} \sum\limits_{i=1}^{n} x_i = 4.989$，与总体 $\mu = 5$ 有差异。导致这种差异的原因可能有两种：

（1）由于抽样的随机性，导致的 $\bar{x}$ 与 $\mu = 5$ 的差异，即原假设 H_0 是正确的，$\mu = \mu_0 = 5$。

（2）$\bar{x}$ 与 $\mu_0 = 5$ 的差异是实质性差异存在所导致的，即原假设 H_0 不正确，$\mu \neq \mu_0$。

上述两个原因中哪个更有可能？

一般情况下，如果 $\bar{x}$ 与 μ_0 的差异仅仅是由抽样的随机性导致的，即如果 H_0 是正确的，则 $\bar{x}$ 与 μ_0 的差异不会很大，也就是 $|\bar{x} - \mu_0|$ 比较小。如果 $|\bar{x} - \mu_0|$ 过大，H_0 的正确性就要受到怀疑，从而拒绝 H_0，而应认为 H_1 成立。是否拒绝 H_0，是由依据样本做出的决定，因此，在 H_0 是正确的情况下，也不能完全排除 $|\bar{x} - \mu_0|$ 过大，这种情况下如果拒绝 H_0，就会导致错误发生。尽管这是一种特殊情况，发生的可能性比较小，但是这种可能性却无法排除，只能希望发生的可能性越小越好。为解决这个问题，采用如下的方法：这种错误发生的概率为

$$P\{ 拒绝\ H_0 \mid H_0\ 正确 \}$$

事先给定一个很小的正数 α，使得

$$P\{ 拒绝\ H_0 \mid H_0\ 正确 \} \leqslant \alpha \tag{8.1}$$

当 $|\bar{x} - \mu_0|$ 很大时，拒绝 H_0 的所犯错误的可能性小于 α，从而将这种错误控制在一定的范围内。α 称为**显著水平**，通常取 $0.1, 0.05, 0.01, 0.005$ 等值。本例 $\alpha = 0.05$。

究竟 $|\bar{x} - \mu_0|$ 达到多大可以认为不合理而拒绝 H_0 呢？如果原假设 H_0 成立，则有 $X \sim N(\mu, \sigma^2)$，且样本均值

$$\bar{X} = \frac{1}{n} \sum_{i=1}^{n} X_i \sim N\left(\mu, \frac{\sigma^2}{n} \right)$$

对 $\bar{X}$ 标准化，可得

$$Z = \frac{\bar{X} - \mu_0}{\dfrac{\sigma}{\sqrt{n}}}$$

Z 来自样本，称为**检验统计量**，在 H_0 是正确的情况下，$Z \sim N(0,1)$，衡量 $|\bar{x} - \mu_0|$ 的大小可以归结为衡量 $\dfrac{|\bar{X} - \mu_0|}{\dfrac{\sigma}{\sqrt{n}}}$ 的大小，即 $|Z|$ 的大小。为了确定 $\bar{x}$ 与 μ_0 的差异，设有一个正数 k，k 待定且与 α 的取值有关，称为**临界值**。如果 $|Z| \geqslant k$，拒绝 H_0，反之，

如果 $|Z| < k$，就接受 H_0。

$$G = \{|Z \geqslant k|\} = \left\{ \frac{|\overline{X} - \mu_0|}{\frac{\sigma}{\sqrt{n}}} \geqslant k \right\}$$

称为**拒绝域**。由于犯错误的概率不超过 α，则由式 (8.1) 可得

$$P\{拒绝 H_0 \mid H_0 \text{ 正确}\} = P\{|Z| \geqslant k \mid H_0 \text{ 正确}\} \leqslant \alpha$$

因为在 H_0 是正确的情况下，$Z \sim N(0,1)$，查表可得 $k = u_{1-\frac{\alpha}{2}}$，如图 8.1 所示。

在引例 8.1 中，$\alpha = 0.05$，查表可得 $u_{1-\frac{\alpha}{2}} = u_{0.975} = 1.96$，由样本的平均值 $\overline{x} = 4.989$ 可得

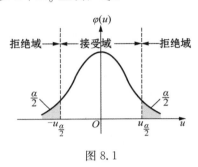

图 8.1

$$|z| = \left| \frac{\overline{x} - \mu_0}{\frac{\sigma}{\sqrt{n}}} \right| = \left| \frac{\sqrt{n}(\overline{x} - \mu_0)}{\sigma} \right|$$

$$= \left| \frac{\sqrt{10}(4.989 - 5)}{\sqrt{0.00016}} \right| = 2.7509$$

所以拒绝 H_0，该批药品不合格。

在上例判断接受或拒绝 H_0 的方法依据的是**实际推断原理**，即"小概率事件在一次实验中不会发生"。因为 α 是一个很小的数 (一般常取 0.01, 0.05, 0.1)。因此如果 H_0 正确，即当 $\mu = \mu_0$ 时，事件 $\left\{ \frac{|\overline{X} - \mu_0|}{\sigma/\sqrt{n}} \geqslant u_{1-\frac{\alpha}{2}} \right\}$ 发生的概率不超过 α，是一个小概率事件。依据实际推断原理，可以认为，如果 H_0 正确，则由一次观测值 $\overline{x}$，满足不等式 $\frac{|\overline{x} - \mu_0|}{\sigma/\sqrt{n}} \geqslant u_{1-\frac{\alpha}{2}}$，几乎是不可能发生的。现在在一次实验中观测到了满足 $\frac{|\overline{x} - \mu_0|}{\sigma/\sqrt{n}} \geqslant u_{1-\frac{\alpha}{2}}$ 的观测值 $\overline{x}$，因此有理由怀疑原假设 H_0 的正确性，从而拒绝 H_0。如果观测值 $\overline{x}$ 满足 $\frac{|\overline{x} - \mu_0|}{\sigma/\sqrt{n}} < u_{1-\frac{\alpha}{2}}$，则不能拒绝 H_0，只能接受 H_0。

假设检验的思想是数学中"反证法"的思想，首先对所关心的问题提出假设：原假设 H_0 和备择假设 H_1。为了检验原假设 H_0 成立还是备择假设 H_1 成立，在假设 H_0 成立的基础上，利用统计方法对样本进行分析，如果分析的结果导致小概率事件在一次实验中发生，则表明出现了不合理现象，不合理现象是由假设认为 H_0 成立导致的，从而拒绝 H_0，接受 H_1；否则，若小概率事件不发生，则没有理由拒绝 H_0，此时称 H_0 相容，即认为 H_0 成立。

对于形如 $H_0 : \mu = \mu_0, H_1 : \mu \neq \mu_0$ 的假设 (如引例 8.1)，其拒绝域是位于接受域的两侧 (如图 8.1)，这类假设检验称为**双侧假设检验**。若给出的假设为

$$H_0 : \mu \leqslant \mu_0, \quad H_1 : \mu > \mu_0 \tag{8.2}$$

（如引例2），其拒绝域在接受域的右侧（见图8.2），称此类假设检验为**右侧假设检验**。类似，需要检验假设

$$H_0 : \mu \geqslant \mu_0, \quad H_1 : \mu < \mu_0 \tag{8.3}$$

称为左侧假设检验。右侧假设检验与左侧假设检验统称为单边假设检验。

下面讨论右侧假设检验。

设总体 $X \sim N(\mu, \sigma^2)$，μ 未知，σ 已知。$X_1, X_2, \cdots, X_n$ 是来自总体的样本，$x_1, x_2, \cdots, x_n$ 是相应的观测值。给定显著水平 α，求检验问题（8.2）

$$H_0 : \mu \leqslant \mu_0, \quad H_1 : \mu > \mu_0$$

的拒绝域。因为 H_0 成立时的 μ 都比 H_1 成立时的 μ 小，因此，当 H_1 成立时，观测值 $\bar{x}$ 通常偏大，从而拒绝域的性质为

$$\bar{x} \geqslant k$$

k 是与给定显著水平相关的未定大于零的常数。k 的确定与引例 8.1 类似。总体 $X \sim N(\mu, \sigma^2)$，取检验统计量为

$$Z = \frac{\overline{X} - \mu_0}{\sigma / \sqrt{n}}$$

当 H_0 成立时，$Z \sim N(0, 1)$。设显著水平为 α，则

$$P\{Z \geqslant k\} \leqslant \alpha$$

因此，只需

$$P\{Z \geqslant k\} = P\left\{ \frac{\bar{x} - \mu_0}{\sigma / \sqrt{n}} \geqslant k \right\} = \alpha$$

由于 $Z \sim N(0, 1)$，查表可得临界点 $k = u_{1-\alpha}$，如图 8.2 所示。

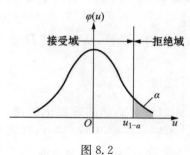

即只要 $z \geqslant u_{1-\alpha}$ 即可拒绝 H_0，此时所犯错误的概率不超过 α，故拒绝域为

$$G = \{Z \geqslant u_{1-\alpha}\} = \left\{ \frac{\bar{x} - \mu_0}{\sigma / \sqrt{n}} \geqslant u_{1-\alpha} \right\}$$

类似可得左边检验问题（8.3）：

$$H_0 : \mu \geqslant \mu_0, \quad H_1 : \mu < \mu_0$$

图 8.2

的拒绝域为

$$G = \{Z \leqslant -u_{1-\alpha}\} = \left\{ \frac{\bar{x} - \mu_0}{\sigma / \sqrt{n}} \leqslant -u_{1-\alpha} \right\}$$

例8.1 设某工厂在正常情况下生产的某电子元件的使用寿命为 X（小时），其服从正态分布 $N(1\,600, 80^2)$。因为改进了生产工艺，使得寿命有所延长，现从该厂的一批产品中任意抽取 10 个，测得使用寿命如下：

$$1\,560, 1\,580, 1\,740, 1\,720, 1\,600, 1\,710, 1\,520, 1\,640, 1\,800, 1\,660$$

问这批电子元件的寿命是否超过 1 600 小时($\alpha = 0.05$)。

解 由题意知,需检验假设

$H_0 : \mu \leqslant \mu_0 = 1\,600$(即假设电子元件的寿命不超过 1 600 小时);

$H_1 : \mu > \mu_0$(即假设电子元件的寿命超过 1 600 小时)。

这是一个右边检验问题。选取检验统计量为

$$Z = \frac{\overline{X} - \mu_0}{\sigma / \sqrt{n}}$$

当 H_0 成立时,$Z \sim N(0,1)$。由已知计算可得 $\overline{x} = 1\,653$,显著水平为 $\alpha = 0.05$,查表可得 $u_{1-\alpha} = u_{0.95} = 1.64$,则拒绝域为 $Z \geqslant 1.64$。又因为样本的平均值 $\overline{x} = 1\,653$,计算可得

$$Z = \frac{\overline{x} - \mu_0}{\sigma / \sqrt{n}} = \frac{\sqrt{10}(1\,653 - 1\,600)}{80} \approx 2.095 \geqslant 1.64$$

落入拒绝域,因此拒绝 H_0,即可认为该批电子元件的寿命超过 1 600 小时。

通过上述分析,现将假设检验的基本步骤归纳如下:

(1) 根据实际问题提出原假设 H_0 和备择假设 H_1。

(2) 给定显著性水平 α,α 一般根据实际需要而定。

(3) 选取适当的检验统计量,并在 H_0 成立的前提下确定该统计量的概率分布以及拒绝域的形式。

(4) 根据检验统计量的分布和显著性水平 α,找出临界值,并确定拒绝域。

(5) 根据样本值计算统计量的值,并与临界值比较,从而对接受还是拒绝 H_0 作出判断。

8.1.3 假设检验的两类错误

判断是否接受 H_0 是依据统计量的样本实际观测值,由于样本的随机性,统计量的观测值可能落入拒绝域,也可能落入接受域。又因为不能确定原假设 H_0 和备择假设 H_1 哪一个为真,因此在检验过程中可能出现下面四种情况:

(1) H_0 为真且接受了 H_0;

(2) H_0 为假且拒绝了 H_0;

(3) H_0 为真且拒绝了 H_0;

(4) H_0 为假且接受了 H_0。

很显然后面两种犯了错误,原因在于假设检验是根据**实际推断原理**:小概率事件在一次实验不可能发生这一原理来推断总体的,是基于随机样本做出的。然而虽然小概率事件在一次试验中发生的可能性很小,但无论其概率多么小,还是可能发生的。因此,即使样本容量很大,其结果也难免出现错误。所以利用上述方法进行推断,就难免出现错误,其错误类型有如下两种类型:

（1）原假设 H_0 本来是正确的,但却被拒绝了,这是犯了"**弃真**"的错误,称其为**第一类错误**。实际上,显著性水平 α 是允许犯这类错误的最大值。α 越小,犯第一类错误的概率就越小,但此时可能会出现这样的问题:H_0 本来不成立,但样本值却落入了接受域,这就是易出现的另一类错误。

（2）原假设 H_0 本来不成立,但却被接受了。这是犯了"**采伪**"的错误,称其为**第二类错误**。设 β 表示犯第二类错误的概率。则 α,β 具有这样的关系,α 越小,拒绝域就越小,此时接受域就越大,从而犯第二类错误的概率 β 也就越大。

在实际推断时,我们总是希望犯这两类错误的概率越小越好,然而,当样本容量一定时,α 与 β 不可能同时减小。一般说来,我们可以控制犯第一类错误的概率,使它小于或等于 α,当 α 取定以后,可以通过增加样本容量 n 使 β 减小,从而使 α,β 都适当小。

由于在实际问题中遇到最多的是正态随机变量,所以在下面的内容中,我们将着重讨论一个正态总体和两个正态总体参数的假设检验问题。

8.2 单个正态总体参数的假设检验

设总体 $X \sim N(\mu,\sigma^2)$,$X_1,X_2,\cdots,X_n$ 是来自总体的样本,$x_1,x_2,\cdots,x_n$ 是相应的观测值。对于给定显著水平 α,对参数 μ 和 σ^2 作显著性水平 α 的检验问题。在本节 μ_0 和 σ_0^2 均表示已知常数。

8.2.1 已知 σ^2,关于总体均值 μ 的假设检验（Z 检验）

1）原假设 $H_0:\mu=\mu_0$,备择假设 $H_1:\mu\neq\mu_0$

例 8.2 某食品超市日销售额服从正态分布,方差 $\sigma^2=4$。已知第一季度平均日销售额为 6.3 万元,现从第二季度中随机抽 7 天,得日销售额为(万元):

$$7.4,4.3,5.2,6.1,4.8,5.9,3.7$$

问第二季度平均日销售额与第一季度相比是否有显著变化($\alpha=0.05$)?

解 设原假设 $H_0:\mu=6.3$,备择假设 $H_1:\mu\neq6.3$。

首先,用 $\overline{X}$ 作为未知参数 μ 的点估计,因此,如果 $|\overline{X}-6.3|$ 过大,则应拒绝 H_0。若假设 H_0 成立,则 $\overline{X}\sim N\left(6.3,\dfrac{4}{7}\right)$,将 $\overline{X}$ 标准化

$$Z=\frac{\overline{X}-6.3}{2/\sqrt{7}}$$

则在 H_0 成立的条件下,$Z\sim N(0,1)$,Z 的分布已知,可作为检验统计量。对于 $\alpha=0.05$,查表知 $u_{1-\frac{\alpha}{2}}=1.96$,临界值 $k=1.96$,则其拒绝域为

$$G=\{|Z|>1.96\}$$

由样本值得 $\overline{X}=5.343$。所以 $Z=\dfrac{5.343-6.3}{2/\sqrt{7}}=-1.266$，由于 $|Z|=1.266<1.96$。

故接受原假设 H_0，即认为前两个季度平均日销售额没有显著变化。

检验步骤： σ^2 已知的检验过程：

(1) 提出原假设和备择假设 $H_0:\mu=\mu_0,H_1:\mu\neq\mu_0$；

(2) 选取统计量 $Z=\dfrac{\overline{X}-\mu_0}{\sigma/\sqrt{n}}$，当 H_0 成立时，$Z\sim N(0,1)$；

(3) 给定显著性水平 $\alpha(0<\alpha<1)$，查标准正态分布表得临界值 $u_{1-\frac{\alpha}{2}}$，使 $P\{|Z|>u_{1-\frac{\alpha}{2}}\}=\alpha$，从而确定拒绝域为 $(-\infty,-u_{1-\frac{\alpha}{2}})\bigcup(u_{1-\frac{\alpha}{2}},+\infty)$；

(4) 由样本观测值计算统计量 Z 的值，若 $|Z|>u_{1-\frac{\alpha}{2}}$，则拒绝 H_0，接受 H_1；否则拒绝 H_1，接受 H_0。

例 8.3(单侧检验) 某降价盒装饼干，其包装上的广告称每盒为 269 克。但有顾客投诉，该饼干质量不足 269 克。为此质监部门随机的抽取 30 盒，由测得的 30 个质量数据算出样本平均 $\overline{X}=268$。设盒装饼干质量服从正态分布 $N(\mu,4)$，以显著水平 $\alpha=0.05$ 检验该产品广告是否真实。

解 广告称每盒质量为 269 g，则原假设为 $H_0:\mu=269$，备择假设为 $H_1:\mu<269$，首先用 $\overline{X}$ 作为未知参数 μ 的点估计，因此如果 $\overline{X}-269$ 偏小应该拒绝 H_0，若 H_0 成立，可将 $\overline{X}$ 标准化

$$Z=\frac{\sqrt{30}(\overline{X}-269)}{2}$$

则在 H_0 成立的条件下 $Z\sim N(\mu,4)$，即 Z 的分布已知，因此可以作为检验统计量。$\overline{X}-269$ 偏小等价于 Z 偏小，则拒绝域有如下形式

$$G=\left\{\frac{\sqrt{30}(\overline{X}-269)}{2}<k\right\}$$

其中 k 为临界值。当 $\alpha=0.05$ 时，有

$$P(Z<k\mid H_0)=0.05$$

根据题意可知 $k=-u_{0.95}=-1.645$，则拒绝域为

$$G=\left\{\frac{\sqrt{30}(\overline{X}-269)}{2}<1.645\right\}$$

$\overline{X}=268$，则

$$Z=\frac{-\sqrt{30}}{2}<-1.645$$

所以该产品广告不真实。

2) 原假设 $H_0:\mu\leqslant\mu_0$，备择假设 $H_1:\mu>\mu_0$

例 8.4(单侧检验) 某种鱼体内汞含量服从正态分布 $N(\mu,0.09)$，现从鱼池中

随机捞出 10 条,测得 10 条鱼汞含量的平均值为 1.07(mg),该池塘中鱼的贡含量是否超过 1(mg)($\alpha = 0.1$)?

解 根据题意,原假设为 $H_0 : \mu \leqslant 1$,备择假设为 $H_1 : \mu > 1$,与前面两个题相比,原假设由 $\mu = \mu_0$,变为 $\mu \leqslant \mu_0$,设 $\mu_0 = 1$,在原假设为 H_0,成立的条件下分为两种情况:

(1) 如果 $\mu = \mu_0$,检验统计量取为 $Z = \dfrac{\overline{X} - \mu_0}{\sigma / \sqrt{n}}$,$Z \sim N(0,1)$,查表可得临界值 $k = u_{1-\alpha}$,使得

$$P\{Z \geqslant k\} = \alpha \tag{8.4}$$

(2) 如果 $\mu < \mu_0$,则 $\dfrac{\overline{X} - \mu}{\sigma / \sqrt{n}} \sim N(0,1)$,对(8.4)式求得的 $\mu_{1-\alpha}$,有

$$P\left\{\frac{\overline{X} - \mu}{\sigma / \sqrt{n}} \geqslant k\right\} = \alpha \tag{8.5}$$

而

$$P\left\{\frac{\overline{X} - \mu_0}{\sigma / \sqrt{n}} \geqslant k\right\} = P\left\{\frac{\overline{X} - \mu - (\mu_0 - \mu)}{\sigma / \sqrt{n}} \geqslant k\right\}$$
$$= P\left\{\frac{\overline{X} - \mu}{\sigma / \sqrt{n}} \geqslant k + \frac{\mu_0 - \mu}{\sigma / \sqrt{n}}\right\} \tag{8.6}$$

由假设,$\mu < \mu_0$,所以 $\mu_0 - \mu > 0$,即 $\dfrac{\mu_0 - \mu}{\sigma / \sqrt{n}} > 0$,则 $k + \dfrac{\mu_0 - \mu}{\sigma / \sqrt{n}} > k$,由式(8.5)和式(8.6)可知

$$P\left\{\frac{\overline{X} - \mu_0}{\sigma / \sqrt{n}} \geqslant k\right\} = P\left\{\frac{\overline{X} - \mu}{\sigma / \sqrt{n}} \geqslant k + \frac{\mu_0 - \mu}{\sigma / \sqrt{n}}\right\} < P\left\{\frac{\overline{X} - \mu}{\sigma / \sqrt{n}} \geqslant k\right\} = \alpha$$

即有

$$P\left\{\frac{\overline{X} - \mu_0}{\sigma / \sqrt{n}} \geqslant k\right\} < \alpha \tag{8.7}$$

综合式(8.4)和式(8.7)可知,在 $H_0 : \mu \leqslant \mu_0$,成立的条件下,仍取统计量

$$Z = \frac{\overline{X} - \mu_0}{\sigma / \sqrt{n}}$$

对给定的显著水平 α,求得临界值 $k = \mu_{1-\alpha}$,使得

$$P(Z \geqslant u_{1-\alpha}) \leqslant \alpha$$

即计算 $Z \geqslant u_{1-\alpha}$ 时,拒绝 H_0 所犯错误的概率不超过 α,在本例中,$\alpha = 0.10$,$\mu_{0.90} = 1.28$,拒绝域为

$$G = \{Z \geqslant 1.28\}$$

根据样本 $\overline{X} = 1.07$,则

$$Z = \frac{\overline{X} - \mu_0}{\sigma/\sqrt{n}} = \frac{\sqrt{10}(1.07 - 1)}{0.3} = 0.7379 < 1.28$$

因此接受 H_0，该池塘中鱼的汞含量没有超过 $1(\text{mg})$。

检验步骤：σ^2 已知的检验过程：

(1) 提出原假设和备择假设 $H_0 : \mu \leqslant \mu_0, H_1 : \mu > \mu_0$；

(2) 选取统计量 $Z = \dfrac{\overline{X} - \mu_0}{\sigma/\sqrt{n}}$；

(3) 对于给定显著性水平 $\alpha (0 < \alpha < 1)$，

$$P\left\{\frac{\overline{X} - \mu_0}{\sigma/\sqrt{n}} \geqslant u_\alpha\right\} \leqslant P\left\{\frac{\overline{X} - \mu}{\sigma/\sqrt{n}} > u_\alpha\right\} = \alpha$$

查标准正态分布表得临界值 u_α，从而确定拒绝域为 $(u_\alpha, +\infty)$；

(4) 由样本观测值计算统计量 Z 的值，若 $Z > u_\alpha$，则拒绝 H_0，否则接受 H_0。

同理，若假设为 $H_0 : \mu \geqslant \mu_0$；则对于给定显著性水平 α，不难推出其拒绝域为 $U < -u_\alpha$。这里对上面讨论的三种情形下的拒绝域做一直观说明。在检验假设 $H_0 : \mu = \mu_0$；时，拒绝域在两侧。这是基于若 H_0 成立，即 $\mu = \mu_0$ 成立，则 $\overline{X} - \mu_0$ 不应太大也不应太小，因此 $|U| > u_{\frac{\alpha}{2}}$ 时拒绝 H_0。而在检验假设 $H_0 : \mu \leqslant \mu_0$ 时，考虑到若 H_0 成立，即 $\mu \leqslant \mu_0$ 成立，则 $\overline{X} - \mu_0$ 不应太大，但较小是合理的，因此拒绝域在右侧，$Z > u_\alpha$ 时拒绝 H_0。同理，假设 $H_0 : \mu \geqslant \mu_0$ 的拒绝域为左侧的 $Z < -u_\alpha$。

在上述的检验问题中都是利用统计量 Z 来确定拒绝域，所以这种检验也称为 Z 检验。

8.2.2　σ^2 未知，关于总体均值 μ 的假设检验（t 检验）

1) 原假设 $H_0 : \mu = \mu_0$，备择假设 $H_1 : \mu \neq \mu_0$

设显著水平为 α，下面对拒绝域进行讨论。由于 σ^2 未知，因此不能用 $Z = \dfrac{\overline{X} - \mu_0}{\sigma/\sqrt{n}}$ 作为检验统计量。注意到样本方差

$$S^2 = \frac{1}{n-1} \sum_{i=1}^{n} (X_i - \overline{X})^2 = \frac{1}{n-1} \left(\sum_{i=1}^{n} X_i^2 - n\overline{X}^2 \right)$$

是总体方差 σ^2 的无偏估计，因此用 S 代替 σ，用

$$T = \frac{\overline{X} - \mu_0}{S/\sqrt{n}}$$

作为检验统计量。当观测值 $t = \dfrac{\overline{x} - \mu_0}{S/\sqrt{n}}$ 过小就拒绝原假设 H_0，接受备择假设 H_1，拒绝域为

$$G = \left\{ |t| = \frac{|\overline{x} - \mu_0|}{S/\sqrt{n}} < k \right\}$$

根据正态总体抽样定理,当原假设 H_0 为真时,$T=\dfrac{\overline{X}-\mu_0}{S/\sqrt{n}}\sim t(n-1)$,因此

$$P\{拒绝\ H_0\mid H_0\ 正确\}=P\{T\geqslant k\}=\alpha$$

查 t 分布表可得 $t=t_{1-\frac{\alpha}{2}}(n-1)$,则拒绝域为

$$G=\{T\geqslant t_{1-\frac{\alpha}{2}}(n-1)\}$$

对于总体 $X\sim N(\mu,\sigma^2)$,当 σ^2 未知时,关于总体均值 μ 的单边假设检验(单边 t 检验)的拒绝域在表 8.1 中给出。

例8.5 设某次考试考生的成绩服从正态分布,从中随机地抽取 30 位考生的成绩,算得平均成绩为 66.5 分,样本均方差为 15 分,问在显著性水平 0.05 下,是否可以认为这次考试全体考生的平均成绩为 70 分?

解 原假设 $H_0:\mu=70$,备择假设 $H_1:\mu\neq70$。取统计量

$$T=\frac{\overline{X}-70}{S/\sqrt{n}}$$

拒绝域为 $G=\{T\geqslant t_\alpha(n-1)\}$,由 $n=30,\bar{x}=66.5,S=15,t_{0.975}(29)=2.0452$。可得

$$\mid T\mid=\frac{\mid66.5-70\mid}{15}\cdot\sqrt{30}=1.278<2.045$$

所以接受 H_0,即在 $\alpha=0.05$ 时,可以认为这次考试全体考生的平均成绩为 70 分。

检验步骤:

(1) 提出假设原假设 $H_0:\mu=\mu_0$,备择假设 $H_1:\mu\neq\mu_0$;

(2) 选取统计量 $T=\dfrac{\overline{X}-\mu_0}{S/\sqrt{n}}$,当 H_0 成立时,$T\sim t(n-1)$;

(3) 给定显著性水平 α,查 t 分布双侧分位数表得临界值 $t_{1-\frac{\alpha}{2}}(n-1)$,使得

$$P\{拒绝\ H_0\mid H_0\ 正确\}=P\{T\geqslant k\}=\alpha$$

从而确定拒绝域为 $(-\infty,-t_{1-\frac{\alpha}{2}})\bigcup(t_{1-\frac{\alpha}{2}},+\infty)$;

(4) 由样本值计算统计量 T 的值,若 $|t|>t_{1-\frac{\alpha}{2}}(n-1)$,则拒绝 H_0,否则接受 H_0。由于上述的检验是利用服从 t 分布的统计量确定拒绝域,因此称为 t 检验。

2) 原假设 $H_0:\mu\leqslant\mu_0$,备择假设 $H_1:\mu>\mu_0$

当 H_0 成立时,统计量 $T=\dfrac{\overline{X}-\mu_0}{S/\sqrt{n}}$ 的分布不能确定,但统计量 $T'=\dfrac{\overline{X}-\mu}{S/\sqrt{n}}\sim t(n-1)$,且 $T\leqslant T',\{T>\lambda\}\subset\{T'>\lambda\}$,故在 H_0 成立的条件下,对于给定的显著性水平 α,有

$$P\{T>t_{1-\alpha}\}\leqslant P\{T'>t_{1-\alpha}\}=\alpha,\quad 即\quad P\left\{\frac{\overline{X}-\mu_0}{S/\sqrt{n}}>t_{1-\alpha}(n-1)\right\}\leqslant\alpha$$

其中 $t_{1-\alpha}(n-1)$ 是自由度为 $n-1$ 的 t 分布,水平为 α 的上侧分位数。

所以 H_0 的拒绝域为 $T>t_{1-\alpha}(n-1)$,由样本值计算统计量 T 的值,若 $t>$

$t_{1-\alpha}(n-1)$，则拒绝 H_0，否则接受 H_0。

同理可得，若原假设 $H_0: \mu \geqslant \mu_0$，备择假设 $H_1: \mu < \mu_0$，对于显著性水平 α，其拒绝域为 $T < -t_{1-\alpha}(n-1)$。

例 8.6　设某工厂在正常情况下生产的某电子元件的使用寿命为 X（小时），其服从正态分布 $N(\mu, \sigma^2)$。μ, σ^2 均未知，现从该厂的一批产品中任意抽取 16 个，测得使用寿命如下：

$$159, 280, 101, 212, 224, 379, 179, 264,$$
$$222, 362, 168, 250, 149, 260, 485, 170$$

问这批电子元件的平均寿命是否超过 225 小时（$\alpha = 0.05$）。

解　原假设 $H_0: \mu \leqslant \mu_0 = 225$，备择假设 $H_1: \mu > \mu_0$。取统计量为

$$T = \frac{\overline{X} - \mu_0}{S/\sqrt{n}}$$

查 t 分布表可得 $t_{0.95}(15) = 1.7531$，根据已知，$n = 16, \overline{x} = 341.5, S = 98.7259$，

$$T = \frac{\overline{x} - \mu_0}{S/\sqrt{n}} = \frac{4(241.5 - 225)}{98.7259} = 0.6685$$

没有落入拒绝域，因此接受 H_0，即认为电子元件的平均寿命不超过 225 小时。

例 8.7　设某小区的用水量 X 服从正态分布，且在正常情况下，日均用水量 $\mu \geqslant 800$（立方米），为了构建节水型小区，采取了多种节水措施，为了检验效果，从采取措施后的时间里随机抽取 25 天的日均用量数据，计算的日均用水量为 760（立方米），方差为 6400（立方米），问这些节水措施是否取得了效果（$\alpha = 0.10$）？

解　原假设 $H_0: \mu \geqslant 800$，备择假设 $H_1: \mu < 800$。根据题意，应采取左侧检验法，取统计量为

$$T = \frac{\overline{X} - \mu_0}{S/\sqrt{n}}$$

查 t 分布表可得 $t_{0.90}(24) = 1.3178$，则可得左侧临界值 $k = -t_{0.90}(24) = -1.3178$，拒绝域为 $T \leqslant -1.3178$，根据已知，$n = 24, \overline{x} = 760, S = 80$，

$$T = \frac{\overline{x} - \mu_0}{S/\sqrt{n}} = \frac{5(760 - 800)}{80} = -2.5$$

$T = -2.5 \leqslant -1.3178$ 落入拒绝域，因此拒绝 H_0，即认为这些节水措施是有效的。

8.2.3　关于方差 σ^2 的检验（χ^2 检验）

参数 σ^2 刻画了总体 X 的离散程度，为了使试验具有一定的稳定性与精确性，常需要考察方差的变化情况，这就是下面将要讨论的关于正态总体方差的假设检验。

对 σ^2 的检验与对 μ 的检验类似，只是采用的统计量不一样。由于无论 μ 已知还是未知，所采用的统计量都服从 χ^2 分布，因此称为 χ^2 检验。同样根据假设检验

不同,也分为双侧假设检验和单侧假设检验。

1) 原假设 $H_0:\sigma^2=\sigma_0^2$,备择假设 $H_1:\sigma^2\neq\sigma_0^2$

由于

$$S^2=\frac{1}{n-1}\sum_{i=1}^n(X_i-\overline{X})^2$$

是 σ^2 的无偏估计,当 H_0 为真时,S^2 与 σ_0^2 的比值 $\dfrac{S^2}{\sigma_0^2}$ 应在 1 的附近波动,即不应过分大于 1,也不应过分小于 1。由正态分布抽样定理可知,当 H_0 为真时,

$$\frac{(n-1)S^2}{\sigma_0^2}\sim\chi^2(n-1)$$

取检验统计量为

$$\chi^2=\frac{(n-1)S^2}{\sigma_0^2}$$

根据上面的讨论,拒绝域的形式为

$$\frac{(n-1)S^2}{\sigma_0^2}\leqslant k_1\quad\text{或}\quad\frac{(n-1)S^2}{\sigma_0^2}\geqslant k_2$$

其中 k_1 和 k_2 为临界值,并由下式决定

$$P\{拒绝 H_0\mid H_0\ 正确\}=P_{\sigma_0^2}\left\{\left(\frac{(n-1)S^2}{\sigma_0^2}\leqslant k_1\right)\bigcup\left(\frac{(n-1)S^2}{\sigma_0^2}\geqslant k_2\right)\right\}=\alpha$$

为计算方便,通常取

$$P_{\sigma_0^2}\left\{\frac{(n-1)S^2}{\sigma_0^2}\leqslant k_1\right\}=\frac{\alpha}{2},\quad P_{\sigma_0^2}\left\{\frac{(n-1)S^2}{\sigma_0^2}\geqslant k_1\right\}=\frac{\alpha}{2}$$

由此可得 $k_1=\chi_{1-\frac{\alpha}{2}}^2(n-1)$,$k_2=\chi_{\frac{\alpha}{2}}^2(n-1)$,因此拒绝域为

$$G=\left\{\frac{(n-1)S^2}{\sigma_0^2}\leqslant\chi_{1-\frac{\alpha}{2}}^2(n-1)\right\}\bigcup\left\{\frac{(n-1)S^2}{\sigma_0^2}\geqslant\chi_{\frac{\alpha}{2}}^2(n-1)\right\}\tag{8.8}$$

例8.8 某厂生产的某种型号的电池,其寿命服从方差 $\sigma^2=5\,000$ 的正态分布,现有一批电池,其寿命有所波动,从任意抽出 26 个,测得其寿命的样本方差 $S^2=9\,200$,问根据这一数据能否认为推断该批电池寿命的波动性较以往有显著性变化($\alpha=0.02$)?

解 原假设 $H_0:\sigma^2=5\,000$,备择假设 $H_1:\sigma^2\neq5\,000$。

由题意,$n=26$,对于给定的显著性水平 α,查表可得,$\chi_{\frac{\alpha}{2}}^2(n-1)=\chi_{0.01}^2(25)=44.314$,$\chi_{1-\frac{\alpha}{2}}^2(n-1)=\chi_{0.99}^2(25)=11.524$,拒绝域为

$$G=\left\{\frac{(n-1)S^2}{\sigma_0^2}\geqslant44.314\right\}\bigcup\left\{\frac{(n-1)S^2}{\sigma_0^2}\leqslant11.524\right\}$$

又观测值 $S^2=9\,200$,$\sigma_0^2=5\,000$,得 $\chi^2=\dfrac{(n-1)S^2}{\sigma_0^2}=\dfrac{26\times9\,200}{5\,000}=46>44.314$。

落入拒绝域,所以拒绝 H_0,即认为该批电池寿命的波动性较以往没有显著性变化。

检验步骤:

(1) 提出原假设 $H_0: \sigma^2 = \sigma_0^2$,备择假设 $H_1: \sigma^2 \neq \sigma_0^2$;

(2) 选取统计量 $\chi^2 = \dfrac{(n-1)S^2}{\sigma_0^2}$。当 H_0 成立时 $\chi^2 \sim \chi^2(n-1)$;

(3) 对于给定显著性水平 α,查 χ^2 分布表,找出临界值 $\chi_{1-\frac{\alpha}{2}}^2(n-1)$ 及 $\chi_{\frac{\alpha}{2}}^2(n-1)$ 使

$$P_{\sigma_0^2}\left\{\frac{(n-1)S^2}{\sigma_0^2} \leqslant k_1\right\} = \frac{\alpha}{2}, \quad P_{\sigma_0^2}\left\{\frac{(n-1)S^2}{\sigma_0^2} \geqslant k_2\right\} = \frac{\alpha}{2}$$

从而确定拒绝域为

$$G = \left\{\frac{(n-1)S^2}{\sigma_0^2} \leqslant \chi_{1-\frac{\alpha}{2}}^2(n-1)\right\} \bigcup \left\{\frac{(n-1)S^2}{\sigma_0^2} \geqslant \chi_{\frac{\alpha}{2}(n-1)}^2\right\};$$

(4) 由样本值计算统计量 χ^2,若 $\chi_{1-\frac{\alpha}{2}}^2(n-1) < \chi^2 < \chi_{\frac{\alpha}{2}}^2(n-1)$,则接受 H_0,否则拒绝 H_0。

例 8.9 根据以往的资料分析,某炼铁厂的铁水含碳量服从方差 $\sigma^2 = 0.098^2$ 的正态分布,现从更换设备后炼出的铁水中抽出 10 炉,测得碳含量的样本方差 $S^2 = 0.131^2$,问根据这一数据能否认为用新设备炼出铁水含碳量的方差仍为 0.098^2($\alpha = 0.05$)?

解 原假设 $H_0: \sigma^2 = 0.098^2$,备择假设 $H_1: \sigma^2 \neq 0.098^2$。

由题意,$n = 10$,对于给定的显著性水平 α,查表可得 $\chi_{0.975}^2(9) = 2.7$,$\chi_{0.025}^2(9) = 19.023$,拒绝域为

$$G = \left\{\frac{(n-1)S^2}{\sigma_0^2} \leqslant 2.7\right\} \bigcup \left\{\frac{(n-1)S^2}{\sigma_0^2} \geqslant 19.023\right\}$$

又观测值 $S^2 = 0.131^2$,$\sigma_0^2 = 0.098^2$,得 $\chi^2 = \dfrac{9 \times 0.131^2}{0.098^2} = 16.08$。

由于 $2.7 \leqslant \chi^2 \leqslant 19.023$,落入接受域,所以接受 H_0,即认为含碳量的方差仍为 0.098^2。

2) 原假设 $H_0: \sigma^2 \leqslant \sigma_0^2$,备择假设 $H_1: \sigma^2 > \sigma_0^2$

该假设检验实际是单边检验问题。因为满足 H_0 的 σ^2 都比小 σ_0^2,因此,当 H_1 为真时,样本方差 S^2 比 σ_0^2 大,则拒绝域的形式为

$$S^2 \geqslant k \tag{8.9}$$

k 为边界值,由下式决定:

$$P\{拒绝 H_0 \mid H_0 \text{ 正确}\} = P_{\sigma^2 \leqslant \sigma_0^2}\{S^2 \geqslant k\} \leqslant \alpha \tag{8.10}$$

又因为 $\sigma^2 \leqslant \sigma_0^2$,则

$$P_{\sigma^2 \leqslant \sigma_0^2}\{S^2 \geqslant k\} \leqslant P_{\sigma^2 \leqslant \sigma_0^2}\left\{\frac{(n-1)S^2}{\sigma^2} \geqslant \frac{(n-1)k}{\sigma_0^2}\right\}$$

故,只要

$$P_{\sigma^2 \leqslant \sigma_0^2}\left\{\frac{(n-1)S^2}{\sigma^2} \geqslant \frac{(n-1)k}{\sigma_0^2}\right\} \leqslant \alpha \qquad (8.11)$$

式(8.10)就成立,即

$$P\{拒绝\ H_0 \mid H_0\ 正确\} = P_{\sigma^2 \leqslant \sigma_0^2}\{S^2 \geqslant k\} \leqslant \alpha$$

由于 $\frac{(n-1)S^2}{\sigma^2} \sim \chi^2(n-1)$,由式(8.11)可得

$$\frac{(n-1)k}{\sigma_0^2} = \chi_\alpha^2(n-1)$$

则边界值

$$k = \frac{\sigma_0^2}{(n-1)}\chi_\alpha^2(n-1)$$

从而拒绝域为

$$G = \left\{S^2 \geqslant \frac{\sigma_0^2}{(n-1)}\chi_\alpha^2(n-1)\right\}$$

即

$$G = \left\{\chi^2 = \frac{(n-1)S^2}{\sigma_0^2} \geqslant \frac{\sigma_0^2}{(n-1)}\chi_\alpha^2(n-1)\right\}$$

类似对于左边检验问题,原假设 $H_0 : \sigma^2 \leqslant \sigma_0^2$,备择假设 $H_1 : \sigma^2 > \sigma_0^2$ 的拒绝域为

$$G = \left\{\chi^2 = \frac{(n-1)S^2}{\sigma_0^2} \leqslant \frac{\sigma_0^2}{(n-1)}\chi_{1-\alpha}^2(n-1)\right\}$$

例8.10 已知维纶纤度(表征粗细程度的量)的标准差 $\sigma = 0.048$,某日抽取 5 根纤维,测得纤度为:

$$1.32 \quad 1.55 \quad 1.36 \quad 1.40 \quad 1.44$$

已知纤度 $X \sim N(\mu, \sigma^2)$,问这天生产的纤维纤度的标准差是否显著偏大($\alpha = 0.05$)?

解 原假设 $H_0 : \sigma^2 \leqslant \sigma_0^2 = 0.048^2$,备择假设 $H_1 : \sigma^2 > \sigma_0^2$。现在 $\alpha = 0.05$,$n-1 = 4$,查表得临界值 $\chi_{0.05}^2(4) = 9.488$,由样本值得 $S^2 = 0.0078$,所以

$$\chi^2 = \frac{(n-1)S^2}{\sigma_0^2} = \frac{4 \times 0.0078}{0.048^2} = 13.54$$

由于 $\chi^2 = 13.51 > 9.488$,应拒绝 H_0,即认为纤度标准差显著偏大。

检验步骤:

(1) 原假设 $H_0 : \sigma^2 \leqslant \sigma_0^2$,备择假设 $H_1 : \sigma^2 > \sigma_0^2$;

(2) 选取统计量 $\chi^2 = \frac{(n-1)S^2}{\sigma_0^2}$。当 H_0 成立时,由于 $\frac{(n-1)S^2}{\sigma^2} \sim \chi^2(n-1)$,且

$$\frac{(n-1)S^2}{\sigma_0^2} \leqslant \frac{(n-1)S^2}{\sigma^2};$$

(3) 对于给定显著性水平 α,有

$$P\left\{\frac{(n-1)S^2}{\sigma_0^2} > \chi_\alpha^2(n-1)\right\} \leqslant P\left\{\frac{(n-1)S^2}{\sigma^2} > \chi_\alpha^2(n-1)\right\} = \alpha$$

查自由度为 $n-1$ 的 χ^2 分布表,得临界值 $\chi_\alpha^2(n-1)$,由样本值计算统计量 χ^2,若 $\chi^2 > \chi_\alpha^2(n-1)$ 则拒绝 H_0,否则接受 H_0。

表 8.1 为一个正态总体的假设检验表。

表 8.1 关于一个正态总体的假设检验表

条 件	原假设 H_0	检验统计量	查分布表	拒绝域
σ^2 已知	$\mu = \mu_0$	$Z = \dfrac{\overline{X} - \mu_0}{\sigma/\sqrt{n}}$	$N(0,1)$	$\|Z\| > u_{\frac{\alpha}{2}}$
	$\mu \leqslant \mu_0$			$Z > u_\alpha$
	$\mu \geqslant \mu_0$			$Z < -u_\alpha$
σ^2 未知	$\mu = \mu_0$	$T = \dfrac{\overline{X} - \mu_0}{S/\sqrt{n}}$	$t(n-1)$	$\|T\| > t_\alpha(n-1)$
	$\mu \leqslant \mu_0$			$T > t_{2\alpha}(n-1)$
	$\mu \geqslant \mu_0$			$T < -t_{2\alpha}(n-1)$
μ 未知	$\sigma^2 = \sigma_0^2$	$\chi = \dfrac{(n-1)S^2}{\sigma_0^2}$	$\chi^2(n-1)$	$\chi^2 > \chi_{\frac{\alpha}{2}}^2(n-1)$ 或 $\chi^2 < \chi_{1-\frac{\alpha}{2}}^2(n-1)$
	$\sigma^2 \leqslant \sigma_0^2$			$\chi^2 > \chi_\alpha^2(n-1)$
	$\sigma^2 \geqslant \sigma_0^2$			$\chi^2 < \chi_{1-\alpha}^2(n-1)$

8.3 两个正态总体参数的假设检验

在实际工作中常常需要对两个正态总体进行比较,这种情况实际上就是两个正态总体参数的假设检验问题。下面就讨论两个正态总体间均值、方差差异的检验法。从前两节可以看得出,假设检验的关键就是需要根据已知条件,选择合适的检验统计量,在此基础上提出原假设和备择假设,然后根据检验统计量的分布和显著检验水平确定临界值,并得到拒绝域,从而对原假设做出推断。

设总体 $X \sim N(\mu_1, \sigma_1^2)$,$Y \sim N(\mu_2, \sigma_2^2)$,$X$ 与 Y 相互独立。$X_1, X_2, \cdots, X_{n_1}$ 是 X 的样本,其均值、方差记为 $\overline{X}$ 与 S_1^2;$Y_1, Y_2, \cdots, Y_{n_2}$ 是 Y 的样本,它的均值、方差记作 $\overline{Y}$ 与 S_2^2。下面分别对 μ_1 与 μ_2,σ_1^2 与 σ_2^2 作比较。

8.3.1 两个正态总体均值的比较

1) 已知 σ_1^2, σ_2^2,原假设 $H_0: \mu_1 = \mu_2$,备择假设 $H_1: \mu_1 \neq \mu_2$
选取统计量

$$T = \frac{\overline{X} - \overline{Y} - (\mu_1 - \mu_2)}{\sqrt{\dfrac{\sigma_1^2}{n_1} + \dfrac{\sigma_2^2}{n_2}}}$$

在 H_0 成立的条件下,

$$T = \frac{\overline{X} - \overline{Y}}{\sqrt{\dfrac{\sigma_1^2}{n_1} + \dfrac{\sigma_2^2}{n_2}}}$$

根据正分布抽样定理,$T \sim N(0,1)$,对于给定的显著性水平 α,

$$P\{|T| > k\} = \alpha$$

查标准正态分布表得临界值 $k = t_{1-\frac{\alpha}{2}}$,使得

$$P\{|T| > t_{1-\frac{\alpha}{2}}\} = \alpha$$

故拒绝域为

$$G = \{|T| > t_{1-\frac{\alpha}{2}}\}$$

由样本值计算统计量 T 的值,若 $|T| > t_{1-\frac{\alpha}{2}}$,则拒绝 H_0,否则接受 H_0。

对于原假设 $H_0: \mu_1 \leqslant \mu_2$ 和 $\mu_1 \geqslant \mu_2$ 的检验,用与 8.2 节中类似的方法可得拒绝域分别为 $(t_{1-\alpha}, +\infty)$ 和 $(-\infty, -t_{1-\alpha})$。

例 8.11 甲乙两台机床生产同一型号的滚珠,设甲加工的滚珠直径 $X \sim N(\mu_1, 0.32^2)$;乙加工的滚珠直径 $Y \sim N(\mu, 0.41^2)$。现从甲、乙两机床生产的滚珠中分别抽取 8 个和 9 个,测得样本均值(单位:毫米)为 $\overline{X} = 15.01, \overline{Y} = 15.41$。试问两台机床加工的滚珠直径是否有显著差异($\alpha = 0.05$)?

解 原假设 $H_0: \mu_1 = \mu_2$,备择假设 $H_1: \mu_1 \neq \mu_2$,取统计量

$$T = \frac{\overline{X} - \overline{Y} - (\mu_1 - \mu_2)}{\sqrt{\dfrac{\sigma_1^2}{n_1} + \dfrac{\sigma_2^2}{n_2}}}$$

由 $\alpha = 0.05$,查标准正态表得临界 $u_{0.075} = 1.96$,则临界值 $k = 1.96$,根据已知 $\sigma_1^2 = 0.32^2, \sigma_2^2 = 0.41^2, n_1 = 8, n_2 = 9$,计算 T 值,有

$$T = \frac{15.01 - 15.41}{\sqrt{\dfrac{0.32^2}{8} + \dfrac{0.41^2}{9}}} = -2.255$$

$|T| = 2.255$,落入拒绝域,所以拒绝 H_0,即认为两台机床加工的滚珠直径有显著差异。

2) σ_1^2, σ_2^2 未知,但 $\sigma_1^2 = \sigma_2^2 = \sigma^2$,原假设 $H_0: \mu_1 = \mu_2$,备择假设 $H_1: \mu_1 \neq \mu_2$
选取统计量

$$T = \frac{\overline{X} - \overline{Y} - (\mu_1 - \mu_2)}{S_w \sqrt{\dfrac{1}{n_1} + \dfrac{1}{n_2}}}$$

其中 $S_w^2 = \dfrac{(n_1-1)S_1^2 + (n_2-1)S_2^2}{n_1 + n_2 - 2}$,根据正态分布抽样定理,统计量 $T \sim t(n_1 + n_2 - 2)$,因此,所以当 H_0 成立时,统计量

$$T = \frac{\overline{X} - \overline{Y}}{S_w \sqrt{\frac{1}{n_1} + \frac{1}{n_2}}} \sim t(n_1 + n_2 - 2)$$

从而,给定显著性水平为 α,

$$P\{|T| > k\} = \alpha$$

查标准正态表得临界值 $k = t_{1-\frac{\alpha}{2}}(n_1 + n_2 - 2)$,使得

$$P\{|T| > t_{1-\frac{\alpha}{2}}(n_1 + n_2 - 2)\} = \alpha$$

故拒绝域为

$$G = \{|T| > t_{1-\frac{\alpha}{2}}(n_1 + n_2 - 2)\}$$

由样本值计算统计量 T 的值,若 $|T| > t_{1-\frac{\alpha}{2}}(n_1 + n_2 - 2)$,则拒绝 H_0,否则接受 H_0。

对于假设原假设 $H_0 : \mu_1 \leq \mu_2$ 和 $\mu_1 \geq \mu_2$ 的检验,用与 8.2 节中类似的方法可得拒绝域分别为 $(t_{1-\alpha}(n_1 + n_2 - 2), +\infty)$ 和 $(-\infty, -t_{1-\alpha}(n_1 + n_2 - 2))$。

例 8.12　为考察温度对某物体强力的影响,在 70℃ 与 80℃ 下分别重复做了 8 次试验,得数据如下:

$$X(70℃): 20.5 \quad 18.8 \quad 19.8 \quad 20.9 \quad 21.5 \quad 19.5 \quad 21.0 \quad 21.2$$
$$Y(80℃): 17.7 \quad 20.3 \quad 20.0 \quad 18.8 \quad 19.0 \quad 20.1 \quad 20.2 \quad 19.1$$

假设 $X \sim N(\mu_1, \sigma_1^2)$,$Y \sim N(\mu_2, \sigma_2^2)$,$X$ 与 Y 相互独立,且 $\sigma_1^2 = \sigma_2^2$,问 70℃ 下与 80℃ 下该物体强力有无差别?($\alpha = 0.05$)

解　原假设 $H_0 : \mu_1 = \mu_2$,备择假设 $H_1 : \mu_1 \neq \mu_2$,$m = 8$,$n = 8$,$\overline{X} = 20.4$,$\overline{Y} = 19.4$,$S_1 = 0.941\,12$,$S_2 = 0.910\,26$,$\alpha = 0.05$,统计量

$$T = \frac{|\overline{X} - \overline{Y}|}{\sqrt{\frac{(m-1)S_1^2 + (n-1)S_2^2}{m+n-2}\left(\frac{1}{m} + \frac{1}{n}\right)}} = 2.16$$

由 $\alpha = 0.05$,查 t 分布表得临界值 $k = t_{0.025}(14) = 2.145$。因 $T = 2.16 > k$,所以拒绝 H_0,即两种温度下,强力有显著差异。

8.3.2　成对数据均值的比较

在实际工作中,有时为了比较两种产品、两批同类产品的某项性能指标、两种仪器、两种方法等的差异,常采用配对试验的方法,在相同条件下,做对比试验,对获得的成对数据进行分析并做出推断,这种方法称为**逐对对比法**。

例 8.13　9 个运动员在初进学校时,要接受体育技能的检查,接着训练一个月,再接受检查,检查结果记分如下:

$$训练前得分: 76 \quad 71 \quad 57 \quad 49 \quad 70 \quad 69 \quad 26 \quad 65 \quad 59$$
$$训练后得分: 81 \quad 85 \quad 60 \quad 52 \quad 71 \quad 76 \quad 45 \quad 83 \quad 62$$
$$得分差: 15 \quad 14 \quad 3 \quad 3 \quad 1 \quad 7 \quad 19 \quad 18 \quad 3$$

假设分数服从正态分布,对于显著性水平 $\alpha = 0.05$,问体育训练是否有效?

解　训练前得分用 X 表示,训练后得分用 Y 表示,对同一个运动员,训练前后是有一定联系的,因此 X 和 Y 不独立。对同一个运动员,训练前后的得分可以看成一对数据,但是各对数据之间的差异是由各种因素导致的,比如身高、体重、年龄、性别等因素。因此训练前的成绩不能看成同分布随机变量不同的样本观测值;同样,训练后的成绩也不是同一个随机变量的样本观测值。对同一对数据,是同一名运动员训练前后得分,不是两个独立随机变量的观测值,综上所述,不能用上述的方法检验。

但是对同一对数据而言,其差异仅是由训练引起的,如果只对这两个数据进行比较,就可以排除其他因素,而只考虑训练对运动员的影响,从而可以比较训练前后是否有显著变化,这种变化可以用训练前后得分差刻画,即表中的第三行,而且,训练前后的得分差,只和运动员本身有关,因此,得分差相互独立。

用 X 表示训练前得分,Y 表示训练后得分,则 X 和 Y 都服从正态分布,令 $Z=Y-X$,因此,Z 也服从正态分布,并设 $Z\sim N(\mu,\sigma^2)$。每个运动员训练前后的得分为 $(X_i,Y_i),i=1,\cdots,9$,令,$Z_i=Y_i-X_i,(i=1,2,\cdots,9)$,$Z_i$ 相互独立,则可以看成是来自总体 Z 的样本。根据题意,原假设 $H_0:\mu=0$,备择假设 $H_1:\mu\neq0$。取统计量

$$T=\frac{\overline{Z}-\mu}{S/\sqrt{n}}$$

其中 $\overline{Z}=\dfrac{1}{9}\sum_{i=1}^{9}Z_i,S^2=\dfrac{1}{8}\sum_{i=1}^{9}(Z_i-\overline{Z})^2$,当 H_0 成立时,由正态分布抽样定理知

$$T=\frac{\overline{Z}}{S/\sqrt{n}}\sim t(n-1)$$

对于给定 $\alpha=0.05$,查自由度为 8 的 t 分布表,得临界值 $t_{1-\frac{\alpha}{2}}(n-1)=t_{0.975}(8)=2.306$,由样本值得 $\overline{Z}=8.11,S^2=48.86,T=\dfrac{\overline{Z}}{S}\sqrt{n}=\dfrac{8.11}{6.99}\times3=3.48$,由于 $|t|=3.48>2.306$。所以拒绝 H_0,认为运动员在训练前后有显著变化,即训练有效。

对于一般情形,设有 n 对观察结果:$(X_1,Y_1),(X_2,Y_2),\cdots,(X_n,Y_n)$,令 $Z_i=X_i-Y_i,i=1,2,\cdots,n$。则 $Z_1,Z_2,\cdots,Z_n$,相互独立。又 $Z_1,Z_2,\cdots,Z_n$ 是由同一因素引起的,因此可以认为是来自同一分布的样本。又因为 X_i 和 Y_i 都服从正态分布,因此 Z_i 也服从正态分布,设 $Z_i\sim N(\mu,\sigma^2),i=1,2,\cdots,n$。从而可以设 Z_i 是来自 $N(\mu,\sigma^2)$ 的样本。其中 μ,σ^2 未知。基于该样本的假设检验有以下三种:

(1) 原假设 $H_0:\mu=0$,备择假设 $H_1:\mu\neq0$;

(2) 原假设 $H_0:\mu\leqslant0$,备择假设 $H_1:\mu>0$;

(3) 原假设 $H_0:\mu\geqslant0$,备择假设 $H_1:\mu<0$。

上述三种检验可以按照单个正态分布在 σ^2 未知情况下关于 μ 的 t 检验,关于显著水平 α 的拒绝域分别为

$$(1)\ G=\left\{|T|=\left|\frac{\sqrt{n}\overline{X}}{S}\right|\geqslant t_{1-\frac{\alpha}{2}}(n-1)\right\}$$

(2) $G = \left\{ |T| = \dfrac{\sqrt{n}\overline{X}}{S} \geqslant t_{1-\frac{a}{2}}(n-1) \right\}$

(3) $G = \left\{ |T| = \dfrac{\sqrt{n}\overline{X}}{S} \leqslant t_{1-\frac{a}{2}}(n-1) \right\}$

基于 $Z_1, Z_2, \cdots, Z_n$ 的计算样本的均值和方差为 $\overline{Z}$ 和 S^2,检验是否落入拒绝域,从而做出推断。

8.3.3 两个正态总体方差的比较(F 检验)

1) μ_1 和 μ_2 未知。原假设 $H_0:\sigma_1^2 = \sigma_2^2$,备择假设 $H_1:\sigma_1^2 \neq \sigma_2^2$

要比较 σ_1^2 和 σ_2^2,自然会想到用它们的无偏估计量 S_1^2 和 S_2^2 进行比较。直观上,$\dfrac{S_1^2}{S_2^2}$ 是 $\dfrac{\sigma_1^2}{\sigma_2^2}$ 的一个估计,且当原假设 H_0 正确时,$\dfrac{\sigma_1^2}{\sigma_2^2} = 1$,因此,$\dfrac{S_1^2}{S_2^2}$ 也应与 1 相差不多,从而拒绝域应为

$$\frac{S_1^2}{S_2^2} \leqslant k_1 \quad \text{或} \quad \frac{S_1^2}{S_2^2} \geqslant k_2$$

k_1 和 k_2 是临界值,它们的取值与显著水平 α 和 $\dfrac{S_1^2}{S_2^2}$ 的分布有关。根据正态分布抽样定理,

$$\frac{(n_1-1)S_1^2}{\sigma_1^2} \sim \chi_{n_1-1}^2$$

$$\frac{(n_2-1)S_2^2}{\sigma_2^2} \sim \chi_{n_2-1}^2$$

它们又相互独立,从而

$$\frac{S_1^2/\sigma_1^2}{S_2^2/\sigma_2^2} \sim F(n_1-1, n_2-1)$$

显然,当 H_0 成立时,

$$\frac{S_1^2}{S_2^2} \sim F(n_1-1, n_2-1)$$

因此,选择检验统计量 $F = \dfrac{S_1^2}{S_2^2}$。于是,对于给定的显著性水平 α,k_1 和 k_2 由下式决定

$$P\{拒绝 H_0 \mid H_0 \text{ 正确}\} = P\{(F \leqslant k_1) \bigcup (F \geqslant k_2)\} = \alpha$$

为计算方便,通常取

$$P\{F \leqslant k_1\} = \frac{\alpha}{2}, \quad P\{F \leqslant k_2\} = \frac{\alpha}{2}$$

查 F 分布表得临界值 $k_1 = F_{\frac{a}{2}}(n_1-1, n_2-1)$ 及 $k_2 = F_{1-\frac{a}{2}}(n_1-1, n_2-1)$,则拒绝域为

$$G = \{F \leqslant F_{\frac{a}{2}}(n_1-1, n_2-1)\} \bigcup \{F \geqslant F_{1-\frac{a}{2}}(n_1-1, n_2-1)\}$$

由样本值计算统计量 F,若 $F \leqslant F_{\frac{a}{2}}(n_1-1, n_2-1)$ 或 $F \geqslant F_{1-\frac{a}{2}}(n_1-1, n_2-1)$,则拒

绝 H_0,否则接受 H_0。此检验法称为 F 检验法。

例 8.14 某物品在处理前与处理后分别抽样分析其含脂率如下:

处理前　0.19　0.18　0.21　0.30　0.41　0.12　0.27

处理后　0.15　0.13　0.07　0.24　0.19　0.06　0.08　0.12

假设处理前与处理后的含脂率分别为 X,Y,且均服从正态分布。试问处理前后含脂率的标准差是否有显著差异($\alpha=0.05$)?

解　根据题意,原假设 $H_0:\sigma_1^2=\sigma_2^2$,备择假设 $H_1:\sigma_1^2\neq\sigma_2^2$。

由样本计算得 $\bar{x}=0.24$,$s_1^2=0.0091$,$\bar{y}=0.13$,$s_2^2=0.0039$ 又 $n_1=7$,$n_2=8$。由此得

$$F=\frac{s_1^2}{s_2^2}=\frac{0.0091}{0.0039}=2.33$$

对于显著性水平 $\alpha=0.05$,查 F 分布表得 $F_{\frac{\alpha}{2}}(n_1-1,n_2-1)=F_{0.025}(6,7)=5.12$,

$$F_{1-\frac{\alpha}{2}}(n_1-1,n_2-1)=F_{0.975}(6,7)=\frac{1}{F_{0.025}(7,6)}=\frac{1}{5.70}=0.18$$

因为 $0.18<F<5.12$,所以接受 H_0,即认为处理前后含脂率的标准差无显著差异。

2) μ_1 和 μ_2 未知。原假设 $H_0:\sigma_1^2\leqslant\sigma_2^2$,备择假设 $H_1:\sigma_1^2>\sigma_2^2$

当 H_0 为真时,$\sigma_1^2\leqslant\sigma_2^2$;当 H_1 为真时,$\sigma_1^2>\sigma_2^2$,则观测值 $\frac{S_1^2}{S_2^2}$ 有偏大的趋势。因此拒绝域的形式为

$$\frac{S_1^2}{S_2^2}\geqslant k$$

k 为临界值,且确定如下:

$$P\{拒绝\ H_0\mid H_0\ 正确\}=P_{\sigma_1^2\leqslant\sigma_2^2}\left\{\frac{S_1^2}{S_2^2}\geqslant k\right\}\leqslant P_{\sigma_1^2\leqslant\sigma_2^2}\left\{\frac{S_1^2/\sigma_1^2}{S_2^2/\sigma_2^2}\geqslant k\right\}$$

对于显著性水平 α,$P\{拒绝\ H_0\mid H_0\ 正确\}\leqslant\alpha$,只要

$$P_{\sigma_1^2\leqslant\sigma_2^2}\left\{\frac{S_1^2/\sigma_1^2}{S_2^2/\sigma_2^2}\geqslant k\right\}=\alpha$$

由正态分布抽样定理,$F=\dfrac{S_1^2/\sigma_1^2}{S_2^2/\sigma_2^2}\sim F(n_1-1,n_2-1)$,查 F 分布表得 $k=F_\alpha(n_1-1,$ $n_2-1)$。则拒绝域为

$$G=\{F\geqslant F_\alpha(n_1-1,n_2-1)\}$$

同理可得,若检验假设 $\sigma_1^2\geqslant\sigma_2^2$,其拒绝域为 $(0,F_{1-\alpha})$,其中 $F_{1-\alpha}=F_{1-\alpha}(n_1-1,$ $n_2-1)$。

例 8.15 对甲、乙两种早稻进行品比试验,现随机从甲、乙两种早稻中分别抽取 6 个和 7 个样本,测得亩产量(单位:千克)为

$$甲：349 \quad 354 \quad 348 \quad 360 \quad 352 \quad 366$$
$$乙：355 \quad 374 \quad 382 \quad 365 \quad 378 \quad 372 \quad 369$$

设甲、乙两种早稻亩产量 X, Y 分别服从 $N(\mu_1, \sigma^2)$，$N(\mu_2, \sigma^2)$，问乙种早稻亩产量的标准差是否比甲种早稻的小（$\alpha = 0.05$）？

解　依题意，原假设 $H_0: \sigma_1^2 \leqslant \sigma_2^2$，备择假设 $H_1: \sigma_1^2 > \sigma_2^2$。取统计量 $F = \dfrac{S_1^2}{S_2^2}$，由 $s_1^2 = 48.167, s_2^2 = 79.238$，得

$$F = \frac{s_1^2}{s_2^2} = 0.608$$

对于 $\alpha = 0.05$，自由度为 $(5, 6)$，查 F 分布表得临界值 $F_{0.05}(5, 6) = 4.39$。

因为 $F = 0.608 < 4.39$，所以接受 H_0，拒绝 H_1，即认为乙种早稻亩产量的标准差不比甲种早稻的小。

两个正态总体的假设检验如表 8.2 所示。

表 8.2　两个正态总体的假设检验

条　件	原假设 H_0	检验统计量	应查分布表	拒绝域
已知 $\sigma_1^2 \sigma_2^2$	$\mu_1 = \mu_2$	$U = \dfrac{\overline{X} - \overline{Y}}{\sqrt{\dfrac{\sigma_1^2}{n_1} + \dfrac{\sigma_2^2}{n_2}}}$	$N(0,1)$	$\lvert U \rvert > u_{\frac{\alpha}{2}}$
	$\mu_1 \leqslant \mu_2$			$U > u_\alpha$
	$\mu_1 \geqslant \mu_2$			$U < -u_\alpha$
σ_1^2, σ_2^2 未知 但 $\sigma_1^2 = \sigma_2^2$	$\mu = \mu_2$	$T = \dfrac{\overline{X} - \overline{Y}}{S_w \sqrt{\dfrac{1}{n_1} + \dfrac{1}{n_2}}}$	$t(n_1 + n_2 - 2)$	$\lvert T \rvert > t_\alpha$
	$\mu_1 \leqslant \mu_2$	$S_w^2 = \dfrac{(n_1-1)S_1^2 + (n_2-1)S_2^2}{n_1 + n_2 - 2}$		$T > t_{2\alpha}$
	$\mu_1 \geqslant \mu_2$			$T < -t_{2\alpha}$
$\mu_1 \mu_2$ 未知	$\sigma_1^2 = \sigma_2^2$	$F = \dfrac{S_1^2}{S_2^2}$	$F(n_1-1, n_2-1)$	$F > F_{\frac{\alpha}{2}}$ 或 $F < F_{1-\frac{\alpha}{2}}$
	$\sigma_1^2 \leqslant \sigma_2^2$			$F > F_\alpha$
	$\sigma_1^2 \geqslant \sigma_2^2$			$F < F_{1-\alpha}$

8.4　总体分布的假设检验

前几节讨论的参数假设检验问题，都是假设总体服从正态分布的。但在有些实际问题中，有时不知道总体服从什么分布，这时需要根据样本对总体分布函数进行假设检验。例如，根据经验或某些已知的理论，考察一批产品的质量采用正态分布模型，考察某电子元件的寿命采用指数分布模型，这些模型是否与实际问题相符？其做法是，首先根据以往的经验及样本提供的信息资料对总体分布类型作出粗略的推断，并对分布提出假设，然后将理论分布与已给统计分布进行比较，最后根据两者

的吻合情况,判断假设是否成立。这类统计检验称为**分布拟合检验**。

8.4.1 χ^2 拟合度检验

χ^2 拟合度检验是 K. Pearson 在 1900 年建立的,是统计学中常用的一种检验法。设 $X_1, X_2, \cdots, X_n$ 是来自总体 X 的样本,$x_1, x_2, \cdots, x_n$ 是样本的观测值,总体的分布未知。提出原假设和备择假设分别为:

$$H_0:总体 X 的分布函数是 F(x);$$

$$H_1:总体 X 的分布函数不是 F(x)。$$

分布函数为 $F(x)$ 不含有任何未知参数,若分布函数中含有未知参数,应先用点估计法估计参数,然后作检验。$F(x)$ 也可以用分布列或概率密度;有时备择假设也可以不写出)。在 H_0 成立的条件下,将总体 X 划分为 k 个两两不交的子集 $S_1, S_2, \cdots, S_k$,每个 S_i 都可以看成是一个事件。用 $f_i(i=1,2,\cdots)$ 表示样本观测值 $x_1, x_2, \cdots, x_n$ 落入子集 S_i 的个数,则事件 $S_i = \{X 的值在 S_i 内\}$ 在 n 次试验中发生了 f_i 次,因此 $\dfrac{f_i}{n}$ 为在 n 次试验中,事件 S_i 发生的频率。如果原假设 H_0 成立,则可以用分布函数 $F(x)$ 计算事件 S_i 发生的概率,设 $P\{S_i\} = p_i(i=1,2,\cdots,k)$。根据大数定理,当试验次数足够多,即 n 足够大时,事件 S_i 发生的频率 $\dfrac{f_i}{n}$ 与概率相差很小。则可设检验统计量为

$$\sum_{i=1}^{k} C_i \left(\frac{f_i}{n} - p_i \right)^2 \tag{8.12}$$

检验 f_i 与 p_i 的符合程度,其中 C_i 为常数,K. Pearson 证明,如果 $C_i = \dfrac{n}{p_i}(i=1, 2, \cdots, k)$,则由式(8.12)确定的统计量具有下述性质。

定理 8.1　如果 H_0 成立,则当样本容量 $n \to \infty$ 时,由式(8.12)确定的统计量服从自由度为 $k-1$ 的 χ^2 分布,即 $\chi^2(k-1)$。

将 $C_i = \dfrac{n}{p_i}$ 代入式(8.12),我们把式(8.12)确定的统计量改写为

$$\chi^2 = \sum_{i=1}^{k} \frac{n}{p_i}(f_i - p_i)^2 = \sum_{i=1}^{k} \frac{f_i^2}{np_i} - n \tag{8.13}$$

由上面的定理有如下推论:

推论　如果 H_0 成立,则当样本容量充分大 n 时,由式(8.13)确定的统计量近似服从自由度为 $k-1$ 的 χ^2 分布,即 $\chi^2 \sim \chi^2(k-1)$。

定理与推论的证明超出了本书的范围。

根据以上的讨论,当 H_0 正确时,式(8.13)中的 χ^2 不应过大,如果过大,则拒绝 H_0,因此拒绝域的形式为

$$G = \{\chi^2 \geqslant g\}$$

其中 g 为临界值。对于显著性水平 α，确定 k，使得

$$P\{拒绝 H_0 \mid H_0 正确\} = P\{\chi^2 \geqslant g\} = \alpha$$

根据上述推论，$g = \chi_\alpha^2(k-1)$，即只要样本观测值使得式(8.13)中的 χ^2 的值有

$$\chi^2 \geqslant \chi_\alpha^2(k-1)$$

则拒绝 H_0，否则接受 H_0。上述方法称为 χ^2 **拟合度检验**。

例 8.16(泊松分布与马踏死人)　Bothiewicz(1898)给出了 10 个骑兵队在 20 年中被马踏死的人数，一共 200 个记录，频数分布如下表所示。

$X=$死亡人数	0	1	2	3	$\geqslant 4$
频数	109	65	22	3	1
相对频数	0.545	0.325	0.110	0.015	0.005

试用 χ^2 检验 X 是否服从泊松分布。

解　依题意，原假设 $H_0 : X \sim P(\lambda)$，λ 未知。首先对 λ 做出估计，λ 的矩估计为

$$\hat{\lambda} = 0.545 \cdot 109 + 0.325 \cdot 65 + 0.110 \cdot 22 + 0.015 \cdot 3 + 0.005 \cdot 1$$
$$\approx 0.595$$

如果原假设 H_0 成立，则 $X \sim P(0.61)$，即

$$H_0 : P(X = i) = \frac{\lambda^2 \mathrm{e}^{-\lambda}}{i!} \tag{8.14}$$

在 H_0 下，X 的所有可能取值 $S = \{0,1,2,3,4\}$，将 S 划分为两两不交子集的并，A_0，A_1,A_2,A_3,A_4，故 χ^2 分布的自由度为 $k-1=4$，查 χ^2 分布表可得。$\chi_{0.05}^2(4) = 9.49$。利用式(8.14)计算可得

$$A_0 : p_0 = P(X = 0 \mid H_0) = 0.551\,563$$
$$A_1 : p_1 = P(X = 1 \mid H_0) = 0.328\,18$$
$$A_2 : p_2 = P(X = 2 \mid H_0) = 0.079\,633\,5$$
$$A_3 : p_3 = P(X = 3 \mid H_0) = 0.019\,364$$
$$A_4 : p_4 = P(X \geqslant 4 \mid H_0)$$
$$= 1 - p_0 - p_1 - p_2 - p_3 = 0.003\,259\,5$$

将上述结果代入式(8.13)计算可得

$$\chi^2 = \frac{1}{200}\left(\frac{109^2}{0.551\,563} + \frac{65^2}{0.328\,18} + \frac{22^2}{0.079\,633\,5} + \right.$$
$$\left. \frac{3^2}{0.019\,364} + \frac{1^2}{0.003\,259\,5}\right) - 200$$

$$=0.718$$

显然没有落入拒绝域,因此接受 H_0,即 X 服从泊松分布。

使用 χ^2 检验应注意以下两点:

(1) 样本的容量要足够大,一般要求 $n \geqslant 50$;

(2) 总体被分为两两不相交子集的并,子集不宜过多,通常 $5 \leqslant k \leqslant 12$。$\chi^2$ 检验要求子集尽可能满足 $np_i \geqslant 5(i=1,2,\cdots,k)$,否则可将不满足 $np_i \geqslant 5$ 的子集合并,使得合并后的区间满足 $np_i \geqslant 5$。如果 n 很大,则 k 可取的更大一些,并不一定限于 $k \leqslant 12$。

例 8.17 某工厂生产一种 220 伏 25 瓦的白炽灯泡其光通量(单位:流明)用 X 表示,为检验 X 是否服从 $N(\mu,\sigma^2)$,现从总体 X 中有返回地抽取 $n=120$ 的样本,进行观察得光通量 X 的 120 个观测值列于下表中

216	203	197	208	206	209	206	208	202	203	206	213	218	207	208
202	194	203	213	211	193	213	208	208	204	206	204	206	208	209
213	203	206	207	196	201	208	207	213	208	210	208	211	211	214
220	211	203	216	224	211	209	218	214	219	211	208	221	211	218
218	190	219	211	208	199	214	207	207	214	206	217	214	201	212
213	211	212	216	206	210	216	204	221	208	209	214	214	199	204
211	201	216	211	209	208	209	202	211	207	202	205	206	216	206
213	206	207	200	198	200	202	203	208	216	206	222	213	209	219

解 我们采用皮尔逊 χ^2 拟合检验,

$$H_0:F(x)=F_0(x); \quad H_1:F(x) \neq F_0(x)$$

其中 $F_0(x)=\int_{-\infty}^{x} \dfrac{1}{\sqrt{2\pi}\sigma} \mathrm{e}^{-\frac{(t-\mu)^2}{2\sigma^2}} \mathrm{d}t$,μ 和 σ 都是未知参数,求得 μ 和 σ^2 的极大似然估计量分别为

$$\hat{x}=\frac{1}{n}\sum_{i=1}^{n} x_i = \bar{x}$$

$$\hat{\sigma^2}=\frac{1}{n}\sum_{i=1}^{n}(x_i-\bar{x})=M_2$$

再根据表 8.3 中的数据求出 $\bar{x}=209,M_2=42.77$,因此有 $\hat{x}=209,\hat{\sigma^2}=42.77$。则如果 H_0 为真,X 服从 $N(209,42.77)$。因此取统计量

$$\chi^2 = \sum_{i=1}^{k} \frac{n_i}{n\hat{p_i}} - n \tag{8.15}$$

然后,根据观测数据,把 X 的一切可能值 x 依情况分成 9 组。分组情况已标在表 8.3 中。计算当 H_0 成立时各组的概率(这里只能是求各组概率的估计值)。可计算得类似于

$$\hat{p_1}=F_0(198.5)-F_0(-\infty)=P(-\infty<x<198.5)$$

$$=\Phi\left(\frac{198.5-209}{\sqrt{42.77}}\right)-\Phi(-\infty)=\Phi(-1.62)-\Phi(-\infty)$$

$$=1-\Phi(1.62)=1-0.9474=0.0526$$

$$\hat{p}_2=F_0(201.5)-F_0(198.5)=P(198.5<x<201.5)$$

$$=\Phi\left(\frac{201.5-209}{\sqrt{42.77}}\right)-\Phi\left(\frac{198.5-209}{\sqrt{42.77}}\right)=\Phi(-1.15)-\Phi(-1.62)$$

$$=\Phi(1.62)-\Phi(1.15)=0.9474-0.8749=0.0725$$

的算法,逐一计算出 $\hat{p}_3,\cdots,\hat{p}_9$ 的值,从而计算出 $n p_i$,列于表 8.3 中。

表 8.3　分组情况

i	子　集	频数 n_i	理论频数 $n\hat{p}$	$\dfrac{n_i^2}{n\hat{p}}$
1	$(-\infty,198.5)$	6	6.1	5.701
2	$(198.5,201.5]$	7	8.7	5.568
3	$(201.5,204.5]$	14	14.5	13.517
4	$(204.5,207.5]$	20	19.7	20.305
5	$(207.5,210.5]$	23	21.8	24.266
6	$(210.5,213.5]$	22	19.7	24.568
7	$(213.5,216.5]$	14	14.5	13.448
8	$(216.5,219.5]$	8	8.8	7.273
9	$(219.5,+\infty]$	6	6.1	5.701
Σ		120	119	120.347

计算出统计量

$$\chi^2=120.347-120=0.347 \tag{8.16}$$

因为共分 $k=9$ 组,有两个估计参数,所以 χ^2 分布的自由度为 $9-2-1=6$。对 $\alpha=0.05$,查出临界值 $\chi^2_{0.95}(6)=12.59$。

由于统计量 $\chi^2_n=0.347<12.59=\chi^2_{0.95}(6)$,所以不能拒绝 H_0,即认为在实际工作中光通量 X 服从 $N(209,42.77)$。

8.4.2　列联表独立性检验

独立性检验也是 χ^2 检验的一个应用,它主要用于检验列联表中各变量之间是否存在显著性差异,或用于检验各变量是否相互独立。如果要研究的两个因素(又称自变量)或两个以上变量之间是否具有独立性或有无关联或有无"交互作用"的存在,就要应用 χ^2 独立性检验。**列联表**是分析计数资料(定性资料)的常用表格形式,是一种频数数据表。当把观察对象按照两种属性来分类时,就是常见的**二维 $r \times s$ 列联表**,简称为 **$r \times s$ 列联表**。

设 A, B 各分 r 和 s 个类别(水平),交叉共为 $r \cdot s$ 类。随机抽取 n 个个体,其中属于第 (i, j) 类的有 $n_{ij}(i = 1, 2, \cdots, r; j = 1, 2, \cdots, s)$ 个。

若记 $p_{i\cdot}(i = 1, 2, \cdots, r)$ 为取 A 的第 i 个水平的概率,$p_{\cdot j}(j = 1, 2, \cdots, s)$ 为取 B 的第 j 个水平的概率,$p_{ij}(i = 1, 2, \cdots, r; j = 1, 2, \cdots, s)$ 为同时取 A 的第 i 个和 B 的第 j 个水平的概率。根据随机变量独立性的定义,检验 A 与 B 是否独立,即检验

$$H_0: p_{ij} = p_{i\cdot} \cdot p_{\cdot j} \quad i = 1, 2, \cdots, r; \quad j = 1, 2, \cdots, s$$

是否成立。

一般取 $\hat{p}_{i\cdot} = \dfrac{n_{i\cdot}}{n}$,$\hat{p}_{\cdot j} = \dfrac{n_{\cdot j}}{n}$,其中 $n_{i\cdot} = \displaystyle\sum_{j=1}^{s} n_{ij} \quad (i = 1, 2, \cdots, r)$ 则有:

$$\hat{p}_{ij} = \hat{p}_{i\cdot} \cdot \hat{p}_{\cdot j} = \frac{n_{i\cdot} \cdot n_{\cdot j}}{n^2} \quad (i = 1, 2, \cdots, r; j = 1, 2, \cdots, s)$$

可求得理论频数:

$$E_{ij} = n\hat{p}_{ij} = n\hat{p}_{i\cdot} \cdot \hat{p}_{\cdot j} = n\frac{n_{i\cdot} \cdot n_{\cdot j}}{n^2} = \frac{n_{i\cdot} \cdot n_{\cdot j}}{n}$$

$$(i = 1, 2, \cdots, r; j = 1, 2, \cdots, s)$$

计算检验统计量 χ^2 值:

$$\chi^2 = \sum_{i=1}^{r} \sum_{j=1}^{s} \frac{(n_{ij} - E_{ij})^2}{E_{ij}}$$

对于给定的 α,若 $\chi^2 \geqslant \chi_\alpha^2((r-1)(s-1))$,则拒绝 H_0,不能认为因素 A 与 B 是相互独立的。否则,接受 H_0。

例8.18 为考察儿童智力与营养有无关系,从某地区随机抽取 $n = 950$ 个儿童测试其智力及营养状态。为简单计,营养只取二个状态:好与不好,智力分 1 至 4 四个等级,得到如下一张列联表

X(营养) ＼ Y(智力等级)	1	2	3	4	$n_{i\cdot}$
好	245	228	177	219	869
不好	31	27	13	10	81
$n_{\cdot j}$	276	255	190	229	总和＝950

对于水平 $\alpha = 0.05$,检验营养与儿童智力有无关系?

解 根据题意原假设为

$$H_0: 营养与智力无关。$$

我们引入一些记号:令 $X = 1$ 表营养好;$X = 2$ 表营养不好,n_{ij} 为 $X = i, Y = j$ 的样本

个数；$n_{i.}$ 为 $X=i$ 的样本个数，$n_{.j}$ 为 $Y=j$ 的样本个数，$i=1,2,j=1,2,3,4$。又记

$$p_{ij} = P(X=i, Y=j), \quad p_{i.} = P(X=i), \quad p_{.j} = P(Y=j)$$

则 H_0 可等价地表示为

$$p_{ij} = p_{i.} \cdot p_{.j}$$

注意在此每一个个体有一对分类指标 (X, Y)，其取值分成 $k=2 \times 4=8$ 个类，在 H_0 下，参数有 $p_{1.}, p_{2.}$ 及 $p_{.1}, p_{.2}, p_{.3}, p_{.4}$ 均未知，但须满足 $\sum_i p_{i.} = \sum_j p_{.j} = 1$。因而独立的未知参数个数 $=2+4-2=4$ 个，所以自由度

$$f = 2 \times 4 - 4 - 1 = (2-1)(4-1) = 3$$

我们先要估计未知参数 $p_{i.}$ 及 $p_{.j}$，它们的估计为

$$\hat{p}_{i.} = \frac{n_{i.}}{n} = \frac{n_{i.}}{950}, \quad \hat{p}_{.j} = \frac{n_{.j}}{n} = \frac{n_{.j}}{950}$$

于是可写出 χ^2 统计量

$$\chi^2 = \sum_{i=1}^{2} \sum_{j=1}^{4} \frac{(n_{ij} - n\hat{p}_{i.}\hat{p}_{.j})^2}{n\hat{p}_{i.}\hat{p}_{.j}}$$

$$= 950 \sum_{i=1}^{2} \sum_{j=1}^{4} \frac{\left(n_{ij} - \dfrac{p_{i.} \cdot p_{.j}}{950} \right)^2}{n\hat{p}_{i.}\hat{p}_{.j}}$$

$$= 950 \sum_{i=1}^{2} \sum_{j=1}^{4} \frac{n_{ij}^2}{n\hat{p}_{i.}\hat{p}_{.j}} - 950$$

由上表的数据可以算出 χ^2 统计量的观察值 $4\,565.422$，其 p 值可近似作如下计算

$$p = P(\chi^2 > 42.456 \mid H_0) \leqslant P(\chi^2 > 16.27 \mid H_0) = 0.001$$

其中最后一步是查自由度为 3 的 χ^2 分布表得到。因而拒绝 H_0，且结果是高度显著的。

习　题　八

1. 某工厂制成一种新的钓鱼绳，声称其拉断平均受力为 15 公斤，已知标准差为 0.5 公斤，为检验 15 公斤这个数字是否真实，在该厂产品中随机抽取 50 件，测得其拉断平均受力是 14.8 公斤，若取显著性水平 $\alpha=0.01$，问是否应接受厂方声称为 15 公斤这个数字？（假定拉断拉力 $X \sim N(\mu, \sigma^2)$）

2. 有批木材，其小头直径服从正态分布，且标准差为 2.6 cm，按规格要求，小头直径平均值要在 12 cm 以上才能算一等品，现在从中随机抽取 100 根，测得小头直径平均值为 12.8 cm，问在 $\alpha=0.05$ 的水平下，能否认为该批木材属于一等品？

3. 某种钢筋的强度依赖于其中 C，Mn，Si 的含量所占的比例。今炼了 6 炉含 C：0.15%，Mn：1.20%，Si：0.40% 的钢。这 6 炉钢的钢筋强度（单位：kg/mm^2）分别为：48.5，49.0，53.5，49.5，56.0，52.5。根据长期资料的分析，钢筋强度服从正态分布，现在问：按这种配方生产出的钢筋强

度能否认为其均值为 52$(kg/mm^2)$$(\alpha = 0.05)$。

4. 某维尼龙厂根据长期累积资料知道,所生产的维尼龙的纤度服从正态分布,它的标准差为 0.048。某日随机抽取 5 根纤维,测得其纤度是:1.32,1.55,1.36,1.40,1.44,问该日所生产的维尼龙纤度的方差有无显著变化$(\alpha = 0.05)$?

5. 某厂在出品的汽车蓄电池说明书上写明使用寿命服从正态分布,且标准差不超过 0.9 年,如果随机抽取 10 只蓄电池,发现样本标准差是 1.2 年,取显著水平 $\alpha = 0.05$,试检验厂方说明书上所写是否可信。

6. 某厂有一批产品,规定次品率不得超过 10%,方可出厂,今在其中抽取 100 件,发现有 14 件次品,问这批产品能否出厂$(\alpha = 0.05)$?

7. 甲、乙两台机床生产同一种产品,今从甲机床生产的产品中抽取 30 件,测得平均重量为 130 g,从乙车床生产的产品中抽取 40 件,测得其平均重量为 125 g,假定两台车床生产的产品重量均服从正态分布,方差分别是 $\sigma_1^2 = 60 g^2$,$\sigma_2^2 = 80 g^2$,X 与 Y 独立,在显著水平 $\alpha = 0.05$ 下,检验两车床生产的产品重量的均值是否有显著差异?

8. 比较甲、乙两种橡胶轮胎的耐磨性。今从甲、乙两种轮胎中随机各取 8 个,甲、乙各取一个配成 8 对,再随机选取 8 架飞机,飞行一段时间后,测得轮胎的磨损量(单位:mg)数据如下:

轮胎甲 X:4 900　5 200　5 500　6 020　6 340　7 660　8 650　4 870

轮胎乙 Y:4 930　4 900　5 140　5 700　6 110　6 880　7 930　5 010

假定 $X \sim N(\mu_1, \sigma^2)$,$Y \sim N(\mu_2, \sigma^2)$(方差相同)检验两种轮胎的磨损量是否相同?

9. χ^2 检验的一个著名的应用例子是用于孟德尔(Mendel)豌豆试验结果,这个试验导致了近代遗传学上起决定作用的基因学说的产生。孟德尔用黄色圆形与绿色皱缩纯种豌豆作亲本,杂交后,将子一代进行严格自交,得到子二代 4 种类型的 556 粒豌豆种子,其中黄圆 315 粒,黄皱 101 粒,绿圆 108 粒,绿皱 32 粒,利用这些观察值,检验孟德尔定律:黄圆:黄皱:绿圆:绿皱=9:3:3:1的结论。

10. 在一批灯泡中抽取 300 只作寿命试验(单位:小时),测试结果为:

寿命 t	$t < 100$	$100 \leqslant t < 200$	$200 \leqslant t < 300$	$t \geqslant 300$
灯泡数	121	78	43	58

取 $\alpha = 0.05$,试检验假设

H_0:灯泡的寿命 t 服从指数分布　$f(t) = \begin{cases} 0.005 e^{-0.005t}, & t \geqslant 0 \\ 0, & t < 0 \end{cases}$

11. 在某地区某桑场对采桑员和辅助工人所患的桑毛虫皮炎发病情况进行调查,调查数据如下:

	采桑员	辅助工人	合　计
患者人数	18	12	30
健康人数	4	78	82
合　计	22	90	112

试检验该皮炎的患病是否与工种有关?

12. 食品厂用自动装罐机装罐头食品,每隔一定时间需要检查机器工作情况,当机器正常时,

每罐重量(单位:克)服从正态分布 $N(500, 10^2)$。现抽取 10 罐,称得其重量为:507　509　498　510　499　504　508　511　506　512。试问这段时间机器工作是否正常?

13. 某厂生产钢筋,钢筋的强度 $X \sim N(52, \sigma^2)$,改进工艺后,抽取 9 炉样本测得钢筋强度(单位:kg/mm^2)为:52.3　54.6　51.8　56.4　53.5　54.2　52.7　53.9　55.1。当显著性水平 $\alpha = 0.05$ 时,问新工艺生产的钢筋强度是否比过去生产的钢筋强度有显著提高?

14. 已知某种罐头食品中,维生素 $C(V_C)$ 含量服从正态分布。按规定,每罐 V_C 的平均含量不得少于 21 mg。现从一批罐头中抽取 17 罐,算得 V_C 含量的平均值 $\bar{x} = 20$ mg,标准差 $s = 3.98$ mg,取 $\alpha = 0.025$,检验这批罐头的 V_C 含量是否合格?

15. 根据以往的资料分析,某炼铁厂的铁水含碳量服从方差 $\sigma^2 = 0.098^2$ 的正态分布,现从更换设备后炼出的铁水中抽出 10 炉,测得碳含量的样本方差 $S^2 = 0.131^2$,问根据这一数据能否认为用新设备炼出铁水含碳量的方差仍为 $0.098^2 (\alpha = 0.05)$?

16. 已知维尼纶纤度(表征粗细程度的量)的标准差 $\sigma = 0.048$,某日抽取 5 根纤维,测得纤度为:1.32　1.55　1.36　1.40　1.44。已知纤度 $X \sim N(\mu, \sigma^2)$,问这天生产的纤维纤度的标准差是否显著偏大($\alpha = 0.05$)?

17. 甲乙两台机床生产同一型号的滚珠,设甲加工的滚珠直径 $X \sim N(\mu_1, 0.32^2)$;乙加工的滚珠直径 $Y \sim N(\mu_2, 0.41^2)$。现从甲、乙两机床生产的滚珠中分别抽取 8 个和 9 个,测得样本均值(单位:mm)为 $\bar{x} = 15.01, \bar{y} = 15.41$。试问两台机床加工的滚珠直径是否有显著差异($\alpha = 0.05$)?

18. 已知男少年某年龄组优秀游泳运动员的最大耗氧量均数为 53.31 毫升/公斤分钟,今从某运动学校同年龄组男游泳运动员中随机抽测测得最大耗氧量如下:

$$66.1, 52.3, 51.4, 51.0, 51.0, 47.8, 46.7, 42.1$$

问该校游泳运动员的最大耗氧量是否低于优秀运动员?

19. 某区英语统考的平均成绩为 76 分,光明中学参考的 100 名学生的平均成绩为 78 分,标准差为 6 分。问光明中学的成绩是否显著高于全区的成绩?

20. 在一次数学统考中,46 名女生的平均分为 73 分,标准差为 7 分;50 名男生的平均分为 78 分,标准差为 6 分,从总体上说,女生成绩的总体方差与男生成绩的总体方差是否一致?($F_{0.05}(45, 49) = 1.62$)

21. 学校选取一个实验班和一个对照班进行教学改革实验,实验结束后用同一套试题进行测验,其结果如下表。问实验班与对照班的成绩差异是否显著?

班　别	人　数	平均分	标准差
实验班	50	87	6.5
对照班	50	85	6.1

22. 师范院校的男女生比为 3:7,教科院 99 级有男生 40 人,女生 86 人。问 99 级男女生的比例与师范院校的男女生比例是否一致?($\chi^2_{(1)}(0.05) = 3.84$)

23. 在西安市的一次高中物理会考中,全市的平均分是 78 分,标准差为 8 分。师大附中 300 名学生的平均分 79.5 分,该校历年来的会考成绩高于全市的成绩,问此次会考师大附中的物理成绩是否仍然显著高于全市的平均成绩?

附录 常用统计数值表

附录1 泊松分布概率值表

$$P\{X = m\} = \frac{\lambda^m}{m!}e^{-\lambda}$$

m＼λ	0.1	0.2	0.3	0.4	0.5	0.6	0.7	0.8
0	0.904 837	0.818 731	0.740 818	0.670 320	0.606 531	0.548 812	0.496 585	0.449 329
1	0.090 484	0.163 746	0.222 245	0.268 128	0.303 265	0.329 287	0.347 610	0.359 463
2	0.004 524	0.016 375	0.033 337	0.053 626	0.075 816	0.098 786	0.121 663	0.143 785
3	0.000 151	0.001 092	0.003 334	0.007 150	0.012 636	0.019 757	0.028 388	0.038 343
4	0.000 004	0.000 055	0.000 250	0.000 715	0.001 580	0.002 964	0.004 968	0.007 669
5		0.000 002	0.000 015	0.000 057	0.000 158	0.000 356	0.000 696	0.001 227
6			0.000 001	0.000 004	0.000 013	0.000 036	0.000 081	0.000 164
7					0.000 001	0.000 003	0.000 008	0.000 019
8							0.000 001	0.000 002
9								

m＼λ	0.9	1.0	1.5	2.0	2.5	3.0	3.5	4.0
0	0.406 570	0.367 879	0.223 130	0.135 335	0.082 085	0.049 787	0.030 197	0.018 316
1	0.365 913	0.367 879	0.334 695	0.270 671	0.205 121	0.149 361	0.105 691	0.073 263
2	0.164 661	0.183 940	0.251 021	0.270 671	0.256 516	0.224 042	0.184 959	0.146 525
3	0.049 398	0.061 313	0.125 511	0.180 447	0.213 763	0.224 042	0.215 785	0.195 367
4	0.011 115	0.015 328	0.047 067	0.090 224	0.133 602	0.168 031	0.188 812	0.195 367
5	0.002 001	0.003 066	0.014 120	0.036 089	0.066 801	0.100 819	0.132 169	0.156 293
6	0.000 300	0.000 511	0.003 530	0.012 030	0.027 834	0.050 409	0.077 098	0.104 196
7	0.000 039	0.000 073	0.000 756	0.003 437	0.009 941	0.021 604	0.038 549	0.059 540
8	0.000 004	0.000 009	0.000 142	0.000 859	0.003 106	0.008 102	0.016 865	0.029 770
9		0.000 001	0.000 024	0.000 191	0.000 863	0.002 701	0.006 559	0.013 231
10			0.000 004	0.000 038	0.000 216	0.000 810	0.002 296	0.005 295
11				0.000 007	0.000 049	0.000 221	0.000 730	0.001 925
12				0.000 001	0.000 010	0.000 055	0.000 213	0.000 642
13					0.000 002	0.000 013	0.000 057	0.000 197
14						0.000 003	0.000 014	0.000 056
15						0.000 001	0.000 003	0.000 015

（续表）

λ m	0.9	1.0	1.5	2.0	2.5	3.0	3.5	4.0
16							0.000 001	0.000 004
17								0.000 001

λ m	4.5	5.0	5.5	6.0	6.5	7.0	7.5	8.0
0	0.011 109	0.006 738	0.004 087	0.002 479	0.001 503	0.000 912	0.000 553	0.000 335
1	0.049 990	0.033 690	0.022 477	0.014 873	0.009 772	0.006 383	0.004 148	0.002 684
2	0.112 479	0.084 224	0.061 812	0.044 618	0.031 760	0.022 341	0.015 555	0.010 735
3	0.168 718	0.140 374	0.113 323	0.089 235	0.068 814	0.052 129	0.038 889	0.028 626
4	0.189 808	0.175 467	0.155 819	0.133 853	0.111 822	0.091 226	0.072 916	0.057 252
5	0.170 827	0.175 467	0.171 401	0.160 623	0.145 369	0.127 717	0.109 375	0.091 604
6	0.128 120	0.146 223	0.157 117	0.160 623	0.157 483	0.149 003	0.136 718	0.122 138
7	0.082 363	0.104 445	0.123 449	0.137 677	0.146 234	0.149 003	0.146 484	0.139 587
8	0.046 329	0.065 278	0.084 871	0.103 258	0.118 815	0.130 377	0.137 329	0.139 587
9	0.023 165	0.036 266	0.051 866	0.068 838	0.085 811	0.101 405	0.114 440	0.124 077
10	0.010 424	0.018 133	0.028 526	0.041 303	0.055 777	0.070 983	0.085 830	0.099 262
11	0.004 264	0.008 242	0.014 263	0.022 529	0.032 959	0.045 171	0.058 521	0.072 190
12	0.001 599	0.003 434	0.006 537	0.011 264	0.017 853	0.026 350	0.036 575	0.048 127
13	0.000 554	0.001 321	0.002 766	0.005 199	0.008 926	0.014 188	0.021 101	0.029 616
14	0.000 178	0.000 472	0.001 087	0.002 228	0.004 144	0.007 094	0.011 304	0.016 924
15	0.000 053	0.000 157	0.000 398	0.000 891	0.001 796	0.003 311	0.005 652	0.009 026
16	0.000 015	0.000 049	0.000 137	0.000 334	0.000 730	0.001 448	0.002 649	0.004 513
17	0.000 004	0.000 014	0.000 044	0.000 118	0.000 279	0.000 596	0.001 169	0.002 124
18	0.000 001	0.000 004	0.000 014	0.000 039	0.000 101	0.000 232	0.000 487	0.000 944
19		0.000 001	0.000 001	0.000 012	0.000 034	0.000 085	0.000 192	0.000 397
20			0.000 001	0.000 004	0.000 011	0.000 030	0.000 072	0.000 159
21				0.000 001	0.000 003	0.000 010	0.000 023	0.000 061
22					0.000 001	0.000 003	0.000 009	0.000 022
23						0.000 001	0.000 003	0.000 008
24							0.000 001	0.000 003
25								0.000 001

λ m	8.5	9.0	9.5	10	12	15	18	20
0	0.000 203	0.000 123	0.000 075	0.000 045	0.000 006	0.000 000	0.000 000	0.000 000
1	0.001 729	0.001 111	0.000 711	0.000 454	0.000 074	0.000 005	0.000 000	0.000 000
2	0.007 350	0.004 998	0.003 378	0.002 270	0.000 442	0.000 034	0.000 002	0.000 000
3	0.020 826	0.014 994	0.010 696	0.007 567	0.001 770	0.000 172	0.000 015	0.000 003

（续表）

m \ λ	8.5	9.0	9.5	10	12	15	18	20
4	0.044 255	0.033 737	0.025 403	0.018 917	0.005 309	0.000 645	0.000 067	0.000 014
5	0.075 233	0.060 727	0.048 266	0.037 833	0.012 741	0.001 936	0.000 240	0.000 055
6	0.106 581	0.091 090	0.076 421	0.063 055	0.025 481	0.004 839	0.000 719	0.000 183
7	0.129 419	0.117 116	0.103 714	0.090 079	0.043 682	0.010 370	0.001 850	0.000 523
8	0.137 508	0.131 756	0.123 160	0.112 599	0.065 523	0.019 444	0.004 163	0.001 309
9	0.129 869	0.131 756	0.130 003	0.125 110	0.087 364	0.032 407	0.008 325	0.002 908
10	0.110 388	0.118 580	0.123 502	0.125 110	0.104 837	0.048 611	0.014 985	0.005 816
11	0.085 300	0.097 020	0.106 661	0.113 736	0.114 368	0.066 287	0.024 521	0.010 575
12	0.060 421	0.072 765	0.084 440	0.094 780	0.114 368	0.082 859	0.036 782	0.017 625
13	0.039 506	0.050 376	0.061 706	0.072 908	0.105 570	0.095 607	0.050 929	0.027 116
14	0.023 986	0.032 384	0.041 872	0.052 077	0.090 489	0.102 436	0.065 480	0.038 737
15	0.013 592	0.019 431	0.026 519	0.034 718	0.072 391	0.102 436	0.078 576	0.051 649
16	0.007 221	0.010 930	0.015 746	0.021 699	0.054 293	0.096 034	0.088 397	0.064 561
17	0.003 610	0.005 786	0.008 799	0.012 764	0.038 325	0.084 736	0.093 597	0.075 954
18	0.001 705	0.002 893	0.004 644	0.007 091	0.025 550	0.070 613	0.093 597	0.084 394
19	0.000 763	0.001 370	0.002 322	0.003 732	0.016 137	0.055 747	0.088 671	0.088 835
20	0.000 324	0.000 617	0.001 103	0.001 866	0.009 682	0.041 810	0.079 804	0.088 835
21	0.000 131	0.000 264	0.000 499	0.000 889	0.005 533	0.029 865	0.068 403	0.084 605
22	0.000 051	0.000 108	0.000 215	0.000 404	0.003 018	0.020 362	0.005 966	0.076 914
23	0.000 019	0.000 042	0.000 089	0.000 176	0.001 574	0.013 280	0.043 800	0.066 881
24	0.000 007	0.000 016	0.000 035	0.000 073	0.000 787	0.008 300	0.032 850	0.055 735
25	0.000 002	0.000 006	0.000 013	0.000 029	0.000 378	0.004 980	0.023 652	0.044 588
26	0.000 001	0.000 002	0.000 005	0.000 011	0.000 174	0.002 873	0.016 374	0.034 298
27		0.000 001	0.000 002	0.000 004	0.000 078	0.001 596	0.010 916	0.025 406
28			0.000 001	0.000 001	0.000 033	0.000 855	0.007 018	0.018 147
29				0.000 001	0.000 014	0.000 442	0.004 356	0.012 515
30					0.000 005	0.000 221	0.002 613	0.008 344
31					0.000 002	0.000 107	0.001 517	0.005 383
32					0.000 001	0.000 050	0.000 854	0.003 364
33						0.000 023	0.000 466	0.002 039
34						0.000 010	0.000 246	0.001 199
35						0.000 004	0.000 127	0.000 685
36						0.000 002	0.000 063	0.000 381
37						0.000 001	0.000 031	0.000 206
38							0.000 015	0.000 108
39							0.000 007	0.000 056

附录 2　标准正态分布函数值表

$$\Phi(x) = P\{X \leqslant x\} = \frac{1}{\sqrt{2\pi}} \int_{-\infty}^{x} e^{-\frac{t^2}{2}} dt$$

x	0.00	0.01	0.02	0.03	0.04	0.05	0.06	0.07	0.08	0.09
0.0	0.500 000	0.503 989	0.507 978	0.511 967	0.515 953	0.519 939	0.523 922	0.527 903	0.531 881	0.535 856
0.1	0.539 828	0.543 795	0.547 758	0.551 717	0.555 670	0.559 618	0.563 559	0.567 495	0.571 424	0.575 345
0.2	0.579 260	0.583 166	0.587 064	0.590 954	0.594 835	0.598 706	0.602 568	0.606 420	0.610 261	0.614 092
0.3	0.617 911	0.621 719	0.625 516	0.629 300	0.633 072	0.636 831	0.640 576	0.644 309	0.648 027	0.651 732
0.4	0.655 422	0.659 097	0.662 757	0.666 402	0.670 031	0.673 645	0.677 242	0.680 822	0.684 386	0.687 933
0.5	0.691 462	0.694 974	0.698 468	0.701 944	0.705 402	0.708 840	0.712 260	0.715 661	0.719 043	0.722 405
0.6	0.725 747	0.729 069	0.732 371	0.735 653	0.738 914	0.742 154	0.745 373	0.748 571	0.751 748	0.754 903
0.7	0.758 036	0.761 148	0.764 238	0.767 305	0.770 350	0.773 373	0.776 373	0.779 350	0.782 305	0.785 236
0.8	0.788 145	0.791 030	0.793 892	0.796 731	0.799 546	0.802 338	0.805 106	0.807 850	0.810 570	0.813 267
0.9	0.815 940	0.818 589	0.821 214	0.823 814	0.826 391	0.828 944	0.831 472	0.833 977	0.836 457	0.838 913
1.0	0.841 345	0.843 752	0.846 136	0.848 495	0.850 830	0.853 141	0.855 428	0.857 690	0.859 929	0.862 143
1.1	0.864 334	0.866 500	0.868 643	0.870 762	0.872 857	0.874 928	0.876 976	0.878 999	0.881 000	0.882 977
1.2	0.884 930	0.886 860	0.888 767	0.890 651	0.892 512	0.894 350	0.896 165	0.897 958	0.899 727	0.901 475
1.3	0.903 199	0.904 902	0.906 582	0.908 241	0.909 877	0.911 492	0.913 085	0.914 656	0.916 207	0.917 736
1.4	0.919 243	0.920 730	0.922 196	0.923 641	0.925 066	0.926 471	0.927 855	0.929 219	0.930 563	0.931 888
1.5	0.933 193	0.934 478	0.935 744	0.936 992	0.938 220	0.939 429	0.940 620	0.941 792	0.942 947	0.944 083
1.6	0.945 201	0.946 301	0.947 384	0.948 449	0.949 497	0.950 529	0.951 543	0.952 540	0.953 521	0.954 486
1.7	0.955 435	0.956 367	0.957 284	0.958 185	0.959 071	0.959 941	0.960 796	0.961 636	0.962 462	0.963 273
1.8	0.964 070	0.964 852	0.965 621	0.966 375	0.967 116	0.967 843	0.968 557	0.969 258	0.969 946	0.970 621

（续表）

x	0.00	0.01	0.02	0.03	0.04	0.05	0.06	0.07	0.08	0.09
1.9	0.971284	0.971933	0.972571	0.973197	0.973810	0.974412	0.975002	0.975581	0.976148	0.976705
2.0	0.977250	0.977784	0.978308	0.978822	0.979325	0.979818	0.980301	0.980774	0.981237	0.981691
2.1	0.982136	0.982571	0.982997	0.983414	0.983823	0.984222	0.944614	0.984997	0.985371	0.985738
2.2	0.986097	0.986447	0.986791	0.987126	0.987455	0.987776	0.988089	0.988396	0.988696	0.988989
2.3	0.989276	0.989556	0.989830	0.990097	0.990358	0.990613	0.990863	0.991106	0.991344	0.991576
2.4	0.991802	0.992024	0.992240	0.992451	0.992656	0.992857	0.993053	0.993244	0.993431	0.993613
2.5	0.993790	0.993963	0.994132	0.994297	0.994457	0.994614	0.994766	0.994915	0.995060	0.995201
2.6	0.995339	0.995473	0.995603	0.995731	0.995855	0.995975	0.996093	0.996207	0.996319	0.996427
2.7	0.996533	0.996636	0.996736	0.996833	0.996928	0.997020	0.997110	0.997197	0.997282	0.997365
2.8	0.997445	0.997523	0.997599	0.997673	0.997744	0.997814	0.997882	0.997948	0.998012	0.998074
2.9	0.998134	0.998193	0.998250	0.998305	0.998359	0.998411	0.998462	0.998511	0.998559	0.998605
3.0	0.998650	0.998694	0.998736	0.998777	0.998817	0.998856	0.998893	0.998930	0.998965	0.998999
3.1	0.999032	0.999064	0.999096	0.999126	0.999155	0.999184	0.999211	0.999238	0.999264	0.999289
3.2	0.999313	0.999336	0.999359	0.999381	0.999402	0.999423	0.999443	0.999462	0.999481	0.999499
3.3	0.999517	0.999533	0.999550	0.999566	0.999581	0.999596	0.999610	0.999624	0.999638	0.999650
3.4	0.999663	0.999675	0.999687	0.999698	0.999709	0.999720	0.999730	0.999740	0.999749	0.999758
3.5	0.999767	0.999776	0.999784	0.999792	0.999800	0.999807	0.999815	0.999821	0.999828	0.999835
3.6	0.999841	0.999847	0.999853	0.999858	0.999864	0.999869	0.999874	0.999879	0.999883	0.999888
3.7	0.999892	0.999896	0.999900	0.999904	0.999908	0.999912	0.999915	0.999918	0.999922	0.999925
3.8	0.999928	0.999930	0.999933	0.999936	0.999938	0.999941	0.999943	0.999946	0.999948	0.999950
3.9	0.999952	0.999954	0.999956	0.999958	0.999959	0.999961	0.999963	0.999964	0.999966	0.999967
4.0	0.999968	0.999970	0.999971	0.999972	0.999973	0.999974	0.999975	0.999976	0.999977	0.999978
4.1	0.999979	0.999980	0.999981	0.999982	0.999983	0.999983	0.999984	0.999985	0.999985	0.999986
4.2	0.999987	0.999987	0.999988	0.999988	0.999989	0.999989	0.999990	0.999990	0.999991	0.999991

(续表)

x	0.00	0.01	0.02	0.03	0.04	0.05	0.06	0.07	0.08	0.09
4.3	0.999 991	0.999 992	0.999 992	0.999 993	0.999 993	0.999 993	0.999 993	0.999 994	0.999 994	0.999 994
4.4	0.999 995	0.999 995	0.999 995	0.999 995	0.999 995	0.999 996	0.999 996	0.999 996	0.999 996	0.999 996
4.5	0.999 997	0.999 997	0.999 997	0.999 997	0.999 997	0.999 997	0.999 997	0.999 998	0.999 998	0.999 998
4.6	0.999 998	0.999 998	0.999 998	0.999 998	0.999 998	0.999 998	0.999 998	0.999 999	0.999 999	0.999 999
4.7	0.999 999	0.999 999	0.999 999	0.999 999	0.999 999	0.999 999	0.999 999	0.999 999	0.999 999	0.999 999
4.8	0.999 999	0.999 999	0.999 999	0.999 999	0.999 999	0.999 999	0.999 999	0.999 999	0.999 999	0.999 999
4.9	1.000 000	1.000 000	1.000 000	1.000 000	1.000 000	1.000 000	1.000 000	1.000 000	1.000 000	1.000 000

附录 3　χ^2 分布上侧分位数 $\chi^2_\alpha(n)$ 值表

$$P\{\chi^2(n) > \chi^2_\alpha(n)\} = \alpha$$

n＼α	0.99	0.98	0.95	0.90	0.80	0.70	0.50	0.30	0.20	0.10	0.05	0.02	0.01
1	0.000 2	0.000 6	0.003 9	0.015 8	0.064 2	0.148	0.455	1.074	1.642	2.706	3.841	5.412	6.635
2	0.020 1	0.040 4	0.103	0.211	0.446	0.713	1.386	2.403	3.219	4.605	5.991	7.824	9.210
3	0.115	0.185	0.352	0.584	1.005	1.424	2.366	3.665	4.642	6.251	7.815	9.837	11.341
4	0.297	0.429	0.711	1.064	1.649	2.195	3.357	4.878	5.989	7.779	9.488	11.668	13.277
5	0.554	0.752	1.145	1.610	2.343	3.000	4.351	6.064	7.289	9.236	11.070	13.388	15.068
6	0.872	1.134	1.635	2.204	3.070	3.828	5.348	7.231	8.558	10.645	12.592	15.033	16.812
7	1.239	1.564	2.167	2.833	3.822	4.671	6.346	8.383	9.803	12.017	14.067	16.622	18.475
8	1.646	2.032	2.733	3.490	4.594	5.527	7.344	9.524	11.030	13.362	15.507	18.168	20.090
9	2.088	2.532	3.325	4.168	5.380	6.393	8.343	10.656	12.242	14.684	16.919	19.679	21.666
10	2.558	3.059	3.940	4.865	6.179	7.267	9.342	11.781	13.442	15.987	18.307	21.161	23.209

（续表）

n \ α	0.99	0.98	0.95	0.90	0.80	0.70	0.50	0.30	0.20	0.10	0.05	0.02	0.01
11	3.053	3.609	4.575	5.578	6.989	8.148	10.341	12.899	14.631	17.275	19.675	22.618	24.725
12	3.571	4.178	5.226	6.304	7.807	9.304	11.340	14.011	15.812	18.549	21.026	24.054	26.217
13	4.107	4.765	5.892	7.042	8.634	9.926	12.340	15.119	16.985	19.812	22.362	25.472	27.688
14	4.660	5.368	6.571	7.790	9.467	10.821	13.339	16.222	18.151	21.064	23.685	26.873	29.141
15	5.229	5.985	7.261	8.547	10.307	11.721	14.339	17.322	19.311	22.307	24.996	28.259	30.578
16	5.812	6.614	7.962	9.312	11.152	12.624	15.338	18.413	20.465	23.542	26.296	29.633	32.000
17	6.408	7.255	8.672	10.035	12.002	13.531	16.338	19.511	21.615	24.769	27.587	30.995	33.409
18	7.015	7.906	9.390	10.865	12.857	14.440	17.338	20.601	22.760	25.989	28.869	32.346	34.805
19	7.633	8.567	10.117	11.651	13.716	15.352	18.338	21.689	23.900	27.204	30.144	33.687	36.191
20	8.260	9.237	10.851	12.443	14.578	16.266	19.337	22.775	25.038	28.412	31.410	35.020	37.566
21	8.897	9.915	11.591	13.240	15.445	17.182	20.337	23.858	26.171	29.615	32.671	36.343	38.932
22	9.542	10.600	12.338	14.041	16.314	18.101	21.337	24.939	27.301	30.813	33.924	37.659	40.289
23	10.196	11.293	13.091	14.848	17.187	19.021	22.337	26.018	28.429	32.007	35.172	37.968	41.638
24	10.856	11.992	13.848	15.659	18.062	19.943	23.337	27.096	29.553	33.196	36.415	40.270	42.980
25	11.524	12.697	14.611	16.473	18.940	20.867	24.337	28.172	30.675	34.382	37.652	41.566	44.314
26	12.198	13.409	15.379	17.292	19.820	21.792	25.336	29.246	31.795	35.563	38.885	42.856	45.642
27	12.897	14.125	16.151	18.114	20.703	22.719	26.336	30.319	32.912	36.741	40.113	44.140	46.963
28	13.565	14.847	16.928	18.931	21.588	23.647	27.336	31.391	34.027	37.916	41.337	45.419	48.278
29	14.256	15.574	17.708	19.768	22.475	24.577	28.336	32.461	35.139	39.087	42.557	46.693	49.588
30	14.593	16.306	18.493	20.599	23.364	25.508	29.336	33.530	36.250	40.256	43.776	47.962	50.892

附录 4   t 分布上侧分位数 $t_\alpha(n)$ 值表

$$P\{t > t_\alpha(n)\} = \alpha$$

n \ α	0.10	0.05	0.025	0.01	0.005
1	3.078	6.314	12.706	31.821	63.657
2	1.886	2.920	4.303	6.956	9.925
3	1.638	2.353	3.182	4.541	5.841
4	1.533	2.132	2.776	3.747	4.604
5	1.476	2.015	5.271	3.365	4.032
6	1.440	1.943	2.447	3.143	3.707
7	1.415	1.895	2.365	2.998	3.499
8	1.397	1.860	2.306	2.896	2.355
9	1.383	1.833	2.262	2.821	3.250
10	1.372	1.812	2.228	2.764	3.169
11	1.363	1.796	2.201	2.718	3.106
12	1.356	1.782	2.179	2.681	3.055
13	1.350	1.771	2.160	2.650	3.012
14	1.345	1.761	2.145	2.624	2.977
15	1.341	1.753	2.131	2.602	2.947
16	1.337	1.746	2.120	2.583	2.921
17	1.333	1.740	2.110	2.567	2.898
18	1.330	1.734	2.101	2.552	2.878
19	1.328	1.729	2.093	2.539	2.861
20	1.325	1.725	2.086	2.528	2.845
21	1.323	1.721	2.080	2.518	2.831
22	1.321	1.717	2.074	2.508	2.819
23	1.319	1.714	2.069	2.500	2.807
24	1.318	1.711	2.064	2.492	2.797
25	1.316	1.708	2.060	2.485	2.787
26	1.315	1.706	2.056	2.479	2.779
27	1.314	1.703	2.052	2.473	2.771
28	1.313	1.701	2.048	2.467	2.763
29	1.311	1.699	2.045	2.462	2.756
30	1.310	1.697	2.042	2.457	2.750
40	1.303	1.684	2.021	2.423	2.704
50	1.299	1.676	2.009	2.403	2.678
60	1.296	1.671	2.000	2.390	2.660
70	1.294	1.667	1.994	2.381	2.648
80	1.292	1.664	1.990	2.374	2.639
90	1.291	1.662	1.987	2.368	2.632
100	1.290	1.660	1.984	2.364	2.626
125	1.288	1.657	1.979	2.357	2.616
150	1.287	1.655	1.976	2.351	2.609
200	1.286	1.653	1.972	2.345	2.601
∞	1.282	1.645	1.960	2.326	2.576

附录 5 F 分布上侧分位数 $F_\alpha(n_1, n_2)$ 值表

$$P\{F(n_1,n_2) > F_\alpha(n_1,n_2)\} = \alpha$$

$\alpha=0.10$

n_2 \ n_1	1	2	3	4	5	6	7	8	9	10	12	15	20	24	30	40	60	120	∞
1	39.86	49.50	53.59	55.83	57.24	58.20	58.91	59.44	59.86	60.19	60.71	61.22	61.74	62.00	62.26	62.53	62.79	63.06	63.33
2	8.53	9.00	9.16	9.24	9.29	9.33	9.35	9.37	9.38	9.39	9.41	9.42	9.44	9.45	9.46	9.47	9.47	9.48	9.49
3	5.54	5.46	5.39	5.34	5.31	5.28	5.27	5.25	5.24	5.23	5.22	5.20	5.18	5.18	5.17	5.16	5.15	5.14	5.13
4	4.54	4.32	4.19	4.11	4.05	4.01	3.98	3.95	3.94	3.92	3.90	3.87	3.84	3.83	3.82	3.80	3.79	3.78	3.76
5	4.06	3.78	3.62	3.52	3.45	3.40	3.37	3.34	3.32	3.30	3.27	3.24	3.21	3.19	3.17	3.16	3.14	3.12	3.10
6	3.78	3.46	3.29	3.18	3.11	3.05	3.01	2.98	2.96	2.94	2.90	2.87	2.84	2.82	2.80	2.78	2.76	2.74	2.72
7	3.59	3.26	3.07	2.96	2.88	2.83	2.78	2.75	2.72	2.70	2.67	2.63	2.59	2.58	2.56	2.54	2.51	2.49	2.47
8	3.46	3.11	2.92	2.81	2.73	2.67	2.62	2.59	2.56	2.54	2.50	2.46	2.42	2.40	2.38	2.36	2.34	2.32	2.29
9	3.36	3.01	2.81	2.69	2.61	2.55	2.51	2.47	2.44	2.42	2.38	2.34	2.30	2.28	2.25	2.23	2.21	2.18	2.16
10	3.29	2.92	2.73	2.61	2.52	2.46	2.41	2.38	2.35	2.32	2.28	2.24	2.20	2.18	2.16	2.13	2.11	2.08	2.06
11	3.23	2.86	2.66	2.54	2.45	2.39	2.34	2.30	2.27	2.25	2.21	2.17	2.12	2.10	2.08	2.05	2.03	2.00	1.97
12	3.18	2.81	2.61	2.48	2.39	2.33	2.28	2.24	2.21	2.19	2.15	2.10	2.06	2.04	2.01	1.99	1.96	1.93	1.90
13	3.14	2.76	2.56	2.43	2.35	2.28	2.23	2.20	2.16	2.14	2.10	2.05	2.01	1.98	1.96	1.93	1.90	1.88	1.85
14	3.10	2.73	2.52	2.39	2.31	2.24	2.19	2.15	2.12	2.10	2.05	2.01	1.96	1.94	1.91	1.89	1.86	1.83	1.80
15	3.07	2.70	2.49	2.36	2.27	2.21	2.16	2.12	2.09	2.06	2.02	1.97	1.92	1.90	1.87	1.85	1.82	1.79	1.76
16	3.05	2.67	2.46	2.33	2.24	2.18	2.13	2.09	2.06	2.03	1.99	1.94	1.89	1.87	1.84	1.81	1.78	1.75	1.72
17	3.03	2.64	2.44	2.31	2.22	2.15	2.10	2.06	2.03	2.00	1.96	1.91	1.86	1.84	1.81	1.78	1.75	1.72	1.69
18	3.01	2.62	2.42	2.29	2.20	2.13	2.08	2.04	2.00	1.98	1.93	1.89	1.84	1.81	1.78	1.75	1.72	1.69	1.66
19	2.99	2.61	2.40	2.27	2.18	2.11	2.06	2.02	1.98	1.96	1.91	1.86	1.81	1.79	1.76	1.73	1.70	1.67	1.63

（续表）

$\alpha=0.10$

n_1 \ n_2	1	2	3	4	5	6	7	8	9	10	12	15	20	24	30	40	60	120	∞
20	2.97	2.59	2.38	2.25	2.16	2.09	2.04	2.00	1.96	1.94	1.89	1.84	1.79	1.77	1.74	1.71	1.68	1.64	1.61
21	2.96	2.57	2.36	2.23	2.14	2.08	2.02	1.98	1.95	1.92	1.87	1.83	1.78	1.75	1.72	1.69	1.66	1.62	1.59
22	2.95	2.56	2.35	2.22	2.13	2.06	2.01	1.97	1.93	1.90	1.86	1.81	1.76	1.73	1.70	1.67	1.64	1.60	1.57
23	2.94	2.55	2.34	2.21	2.11	2.05	1.99	1.95	1.92	1.89	1.84	1.80	1.74	1.72	1.69	1.66	1.62	1.59	1.55
24	2.93	2.54	2.33	2.19	2.10	2.04	1.98	1.94	1.91	1.88	1.83	1.78	1.73	1.70	1.67	1.64	1.61	1.57	1.53
25	2.92	2.53	2.32	2.18	2.09	2.02	1.97	1.93	1.89	1.87	1.82	1.77	1.72	1.69	1.66	1.63	1.59	1.56	1.52
26	2.91	2.52	2.31	2.17	2.08	2.01	1.96	1.92	1.88	1.86	1.81	1.76	1.71	1.68	1.65	1.61	1.58	1.54	1.50
27	2.90	2.51	2.30	2.17	2.07	2.00	1.95	1.91	1.87	1.85	1.80	1.75	1.70	1.67	1.64	1.60	1.57	1.53	1.49
28	2.89	2.50	2.29	2.16	2.06	2.00	1.94	1.90	1.87	1.84	1.79	1.74	1.69	1.66	1.63	1.59	1.56	1.52	1.48
29	2.89	2.50	2.28	2.15	2.06	1.99	1.93	1.89	1.86	1.83	1.78	1.73	1.68	1.65	1.62	1.58	1.55	1.51	1.47
30	2.88	2.49	2.28	2.14	2.05	1.98	1.93	1.88	1.85	1.82	1.77	1.72	1.67	1.64	1.61	1.57	1.54	1.50	1.46
40	2.84	2.44	2.23	2.09	2.00	1.93	1.87	1.83	1.79	1.76	1.71	1.66	1.61	1.57	1.54	1.51	1.47	1.42	1.38
60	2.79	2.39	2.18	2.04	1.95	1.87	1.82	1.77	1.74	1.71	1.66	1.60	1.54	1.51	1.48	1.44	1.40	1.35	1.29
120	2.75	2.35	2.13	1.99	1.90	1.82	1.77	1.72	1.68	1.65	1.60	1.55	1.48	1.45	1.41	1.37	1.32	1.26	1.19
∞	2.71	2.30	2.08	1.94	1.85	1.77	1.72	1.67	1.63	1.60	1.55	1.49	1.42	1.38	1.34	1.30	1.24	1.17	1.00

$\alpha=0.05$

n_1 \ n_2	1	2	3	4	5	6	7	8	9	10	12	15	20	24	30	40	60	120	∞
1	161.4	199.5	215.7	224.6	230.2	234.0	236.8	238.9	240.5	241.9	243.9	245.9	248.0	249.1	250.1	251.1	255.2	253.3	254.3
2	18.51	19.00	19.16	19.25	19.30	19.33	19.35	19.37	19.38	19.40	19.41	19.43	19.45	19.45	19.46	19.47	19.48	19.49	19.50
3	10.13	9.55	9.28	9.12	9.01	8.94	8.89	8.85	8.81	8.79	8.74	8.70	8.66	8.64	8.62	8.59	8.57	8.55	8.53
4	7.71	6.94	6.59	6.39	6.26	6.16	6.09	6.04	6.00	5.96	5.91	5.86	5.80	5.77	5.75	5.72	5.69	5.66	5.63
5	6.61	5.79	5.41	5.19	5.05	4.95	4.88	4.82	4.77	4.74	4.68	4.62	4.56	4.53	4.50	4.46	4.43	4.40	4.36
6	5.99	5.14	4.76	4.53	4.39	4.28	4.21	4.15	4.10	4.06	4.00	3.94	3.87	3.84	3.81	3.77	3.74	3.70	3.67

$\alpha=0.05$

n_1 \ n_2	1	2	3	4	5	6	7	8	9	10	12	15	20	24	30	40	60	120	∞
7	5.59	4.74	4.35	4.12	3.97	3.87	3.79	3.73	3.68	3.64	3.57	3.51	3.44	3.41	3.38	3.34	3.30	3.27	3.23
8	5.32	4.46	4.07	3.84	3.69	3.58	3.50	3.44	3.39	3.35	3.28	3.22	3.15	3.12	3.08	3.04	3.01	2.97	2.93
9	5.12	4.26	3.86	3.63	3.48	3.37	3.29	3.23	3.18	3.14	3.07	3.01	2.94	2.90	2.86	2.83	2.79	2.75	2.71
10	4.96	4.10	3.71	3.48	3.33	3.22	3.14	3.07	3.02	2.98	2.91	2.85	2.77	2.74	2.70	2.66	2.62	2.58	2.54
11	4.84	3.98	3.59	3.36	3.20	3.09	3.01	2.95	2.90	2.85	2.79	2.72	2.65	2.61	2.57	2.53	2.49	2.45	2.40
12	4.75	3.89	3.49	3.26	3.11	3.00	2.91	2.85	2.80	2.75	2.69	2.62	2.54	2.51	2.47	2.43	2.38	2.34	2.30
13	4.67	3.81	3.41	3.18	3.03	2.92	2.83	2.77	2.71	2.67	2.60	2.53	2.46	2.42	2.38	2.34	2.30	2.25	2.21
14	4.60	3.74	3.34	3.11	2.96	2.85	2.76	2.70	2.65	2.60	2.53	2.46	2.39	2.35	2.31	2.27	2.22	2.18	2.13
15	4.54	3.68	3.29	3.06	2.90	2.79	2.71	2.64	2.59	2.54	2.48	2.40	2.33	2.29	2.25	2.20	2.16	2.11	2.07
16	4.49	3.63	3.24	3.01	2.85	2.74	2.66	2.59	2.54	2.49	2.42	2.35	2.28	2.24	2.19	2.15	2.11	2.06	2.01
17	4.45	3.59	3.20	2.96	2.81	2.70	2.61	2.55	2.49	2.45	2.38	2.31	2.23	2.19	2.15	2.10	2.06	2.01	1.96
18	4.41	3.55	3.16	2.93	2.77	2.66	2.58	2.51	2.46	2.41	2.34	2.27	2.19	2.15	2.11	2.06	2.02	1.97	1.92
19	4.38	3.52	3.13	2.90	2.74	2.63	2.54	2.48	2.42	2.38	2.31	2.23	2.16	2.11	2.07	2.03	1.98	1.93	1.88
20	4.35	3.49	3.10	2.87	2.71	2.60	2.51	2.45	2.39	2.35	2.28	2.20	2.12	2.08	2.04	1.99	1.95	1.90	1.84
21	4.32	3.47	3.07	2.84	2.68	2.57	2.49	2.42	2.37	2.32	2.25	2.18	2.10	2.05	2.01	1.96	1.92	1.87	1.81
22	4.30	3.44	3.05	2.82	2.66	2.55	2.46	2.40	2.34	2.30	2.23	2.15	2.07	2.03	1.98	1.94	1.89	1.84	1.78
23	4.28	3.42	3.03	2.80	2.64	2.53	2.44	2.37	2.32	2.27	2.20	2.13	2.05	2.01	1.96	1.91	1.86	1.81	1.76
24	4.26	3.40	3.01	2.78	2.62	2.51	2.42	2.36	2.30	2.25	2.18	2.11	2.03	1.98	1.94	1.89	1.84	1.79	1.73
25	4.24	3.39	2.99	2.76	2.60	2.49	2.40	2.34	2.28	2.24	2.16	2.09	2.01	1.96	1.92	1.87	1.82	1.77	1.71
26	4.23	3.37	2.98	2.74	2.59	2.47	2.39	2.32	2.27	2.22	2.15	2.07	1.99	1.95	1.90	1.85	1.80	1.75	1.69
27	4.21	3.35	2.96	2.73	2.57	2.46	2.37	2.31	2.25	2.20	2.13	2.06	1.97	1.93	1.88	1.84	1.79	1.73	1.67
28	4.20	3.34	2.95	2.71	2.56	2.45	2.36	2.29	2.24	2.19	2.12	2.04	1.96	1.91	1.87	1.82	1.77	1.71	1.65
29	4.18	3.33	2.93	2.70	2.55	2.43	2.35	2.28	2.22	2.18	2.10	2.03	1.94	1.90	1.85	1.81	1.75	1.70	1.64

（续表）

$\alpha=0.05$

n_1 \ n_2	1	2	3	4	5	6	7	8	9	10	12	15	20	24	30	40	60	120	∞
30	4.17	3.32	2.92	2.69	2.53	2.42	2.33	2.27	2.21	2.16	2.09	2.01	1.93	1.89	1.84	1.79	1.74	1.68	1.62
40	4.08	3.23	2.84	2.61	2.45	2.34	2.25	2.18	2.12	2.08	2.00	1.92	1.84	1.79	1.74	1.69	1.64	1.58	1.51
60	4.00	3.15	2.76	2.53	2.37	2.25	2.17	2.10	2.04	1.99	1.92	1.84	1.75	1.70	1.65	1.59	1.53	1.47	1.39
120	3.92	3.07	2.68	2.45	2.29	2.17	2.09	2.02	1.96	1.91	1.83	1.75	1.66	1.61	1.55	1.50	1.43	1.35	1.25
∞	3.84	3.00	2.60	2.37	2.21	2.10	2.01	1.94	1.88	1.83	1.75	1.67	1.57	1.52	1.46	1.39	1.32	1.22	1.00

$\alpha=0.025$

n_1 \ n_2	1	2	3	4	5	6	7	8	9	10	12	15	20	24	30	40	60	120	∞
1	647.8	799.5	864.2	899.6	921.8	937.1	948.2	956.7	963.3	968.6	976.7	984.9	993.1	997.2	1001	1006	1010	1014	1018
2	38.51	39.00	39.17	39.25	39.30	39.33	39.36	39.37	39.39	39.40	39.41	39.43	39.45	39.46	39.46	39.47	39.48	39.40	39.50
3	17.44	16.04	15.44	15.10	14.88	14.73	14.62	14.54	14.47	14.42	14.34	14.25	14.17	14.12	14.08	14.04	13.99	13.95	13.90
4	12.22	10.65	9.98	9.60	9.36	9.20	9.07	8.98	8.90	8.84	8.75	8.66	8.56	8.51	8.46	8.41	8.36	8.31	8.26
5	10.01	8.43	7.76	7.39	7.15	6.98	6.85	6.76	6.68	6.62	6.52	6.43	6.33	6.28	6.23	6.18	6.12	6.07	6.02
6	8.81	7.26	6.60	6.23	5.99	5.82	5.70	5.60	5.52	5.46	5.37	5.27	5.17	5.12	5.07	5.01	4.96	4.90	4.85
7	8.07	6.54	5.89	5.52	5.29	5.12	4.99	4.90	4.82	4.76	4.67	4.57	4.47	4.42	4.36	4.31	4.25	4.20	4.14
8	7.57	6.06	5.42	5.05	4.82	4.65	4.53	4.43	4.36	4.30	4.20	4.10	4.00	3.95	3.89	3.84	3.78	3.73	3.67
9	7.21	5.71	5.08	4.72	4.48	4.23	4.20	4.10	4.03	3.96	3.87	3.77	3.67	3.61	3.56	3.51	3.45	3.39	3.33
10	6.94	5.46	4.83	4.47	4.24	4.07	3.95	3.85	3.78	3.72	3.62	3.52	3.42	3.37	3.31	3.26	3.20	3.14	3.08
11	6.72	5.26	4.63	4.28	4.04	3.88	3.76	3.66	3.59	3.53	3.43	3.33	3.23	3.17	3.12	3.06	3.00	2.94	2.88
12	6.55	5.10	4.47	4.12	3.89	3.73	3.61	3.51	3.44	3.37	3.28	3.18	3.07	3.02	2.96	2.91	2.85	2.79	2.72
13	6.41	4.97	4.35	4.00	3.77	3.60	3.48	3.39	3.31	3.25	3.15	3.05	2.95	2.89	2.84	2.78	2.72	2.66	2.60
14	6.30	4.86	4.24	3.89	3.66	3.50	3.38	3.29	3.21	3.15	3.05	2.95	2.84	2.79	2.73	2.67	2.61	2.55	2.49
15	6.20	4.77	4.18	3.80	3.58	3.41	3.29	3.20	3.12	3.06	2.96	2.86	2.76	2.70	2.64	2.59	2.52	2.46	2.40
16	6.12	4.69	4.08	3.73	3.50	3.34	3.22	3.12	3.05	2.99	2.89	2.79	2.68	2.63	2.57	2.51	2.45	2.38	2.32

(续表)

$\alpha=0.025$

n_1 / n_2	1	2	3	4	5	6	7	8	9	10	12	15	20	24	30	40	60	120	∞
17	6.04	4.62	4.01	3.66	3.44	3.28	3.16	3.06	2.98	2.92	2.82	2.72	2.62	2.56	2.50	2.44	2.38	2.32	2.25
18	5.98	4.56	3.95	3.61	3.38	3.22	3.10	3.01	2.93	2.87	2.77	2.67	2.56	2.50	2.44	2.38	2.32	2.26	2.19
19	5.92	4.51	3.90	3.56	3.33	3.17	3.05	2.96	2.88	2.82	2.72	2.62	2.51	2.45	2.39	2.33	2.27	2.20	2.13
20	5.87	4.46	3.86	3.51	3.29	3.13	3.01	2.91	2.84	2.77	2.68	2.57	2.46	2.41	2.35	2.29	2.22	2.16	2.09
21	5.83	4.42	3.82	3.48	3.25	3.09	2.97	2.87	2.80	2.73	2.64	2.53	2.42	2.37	2.31	2.25	2.18	2.11	2.04
22	5.79	4.38	3.78	3.44	3.22	3.05	2.93	2.84	2.76	2.70	2.60	2.50	2.39	2.33	2.27	2.21	2.14	2.08	2.00
23	5.75	4.35	3.75	3.41	3.18	3.02	2.90	2.81	2.73	2.67	2.57	2.47	2.36	2.30	2.24	2.18	2.11	2.04	1.97
24	5.72	4.32	3.72	3.38	3.15	2.99	2.87	2.78	2.70	2.64	2.54	2.44	2.33	2.27	2.21	2.15	2.08	2.01	1.94
25	5.69	4.29	3.69	3.35	3.13	2.97	2.85	2.75	2.68	2.61	2.51	2.41	2.30	2.24	2.18	2.12	2.05	1.98	1.91
26	5.66	4.27	3.67	3.33	3.10	2.94	2.82	2.73	2.65	2.59	2.49	2.39	2.28	2.22	2.16	2.09	2.03	1.95	1.88
27	5.63	4.24	3.65	3.31	3.08	2.92	2.80	2.71	2.63	2.57	2.47	2.36	2.25	2.19	2.13	2.07	2.00	1.93	1.85
28	5.61	4.22	3.63	3.29	3.06	2.90	2.78	2.69	2.61	2.55	2.45	2.34	2.23	2.17	2.11	2.05	1.98	1.91	1.83
29	5.59	4.20	3.61	3.27	3.04	2.88	2.76	2.67	2.59	2.53	2.43	2.32	2.21	2.15	2.09	2.03	1.96	1.89	1.81
30	5.57	4.18	3.59	3.25	3.03	2.87	2.75	2.65	2.57	2.51	2.41	2.31	2.20	2.14	2.07	2.01	1.94	1.87	1.79
40	5.42	4.05	3.46	3.13	2.90	2.74	2.62	2.53	2.45	2.39	2.29	2.18	2.07	2.01	1.94	1.88	1.80	1.72	1.64
60	5.29	3.93	3.34	3.01	2.79	2.63	2.51	2.41	2.33	2.27	2.17	2.06	1.94	1.88	1.82	1.74	1.67	1.58	1.48
120	5.15	3.80	3.23	2.89	2.67	2.52	2.39	2.30	2.22	2.16	2.05	1.94	1.82	1.76	1.69	1.61	1.53	1.43	1.31
∞	5.02	3.69	3.12	2.79	2.57	2.41	2.29	2.19	2.11	2.05	1.94	1.83	1.71	1.64	1.57	1.48	1.39	1.27	1.00

$\alpha=0.01$

n_1 / n_2	1	2	3	4	5	6	7	8	9	10	12	15	20	24	30	40	60	120	∞
1	4052	4999.5	5403	5625	5764	5859	5928	5982	6022	6056	6106	6157	6209	6235	6261	6287	6313	6339	6366
2	98.50	99.00	99.17	99.25	99.30	99.33	99.36	99.37	99.39	99.40	99.42	99.43	99.45	99.46	99.47	99.47	99.48	99.49	99.50
3	34.12	30.82	29.46	28.71	28.24	27.91	27.67	27.49	27.35	27.23	27.05	26.87	26.69	26.60	26.50	26.41	26.32	26.22	26.13

（续表）

$\alpha = 0.001$

n_1 \ n_2	1	2	3	4	5	6	7	8	9	10	12	15	20	24	30	40	60	120	∞
4	21.20	18.00	16.69	15.98	15.52	15.21	14.98	14.80	14.66	14.55	14.37	14.20	14.02	13.93	13.84	13.75	13.65	13.56	13.46
5	16.26	13.27	12.06	11.39	10.97	10.67	10.46	10.29	10.16	10.05	9.89	9.72	9.55	9.47	9.38	9.29	9.20	9.11	9.02
6	13.75	10.93	9.78	9.15	8.75	8.47	8.26	8.10	7.98	7.87	7.72	7.56	7.40	7.31	7.23	7.14	7.06	6.97	6.88
7	12.25	9.55	8.45	7.85	7.46	7.19	6.99	6.84	6.72	6.62	6.47	6.31	6.16	6.07	5.99	5.91	5.82	5.74	5.65
8	11.26	8.65	7.59	7.01	6.63	6.37	6.18	6.03	5.91	5.81	5.67	5.52	5.36	5.28	5.20	5.12	5.03	4.95	4.86
9	10.56	8.02	6.99	6.42	6.06	5.80	5.61	5.47	5.35	5.26	5.11	4.96	4.81	4.73	4.65	4.57	4.48	4.40	4.31
10	10.04	7.56	6.55	5.99	5.64	5.39	5.20	5.06	4.94	4.85	4.71	4.56	4.41	4.33	4.25	4.17	4.08	4.00	3.91
11	9.65	7.21	6.22	5.67	5.32	5.07	4.89	4.74	4.63	4.54	4.40	4.25	4.10	4.02	3.94	3.86	3.78	3.69	3.60
12	9.33	6.93	5.95	5.41	5.06	4.82	4.64	4.50	4.39	4.30	4.16	4.01	3.86	3.78	3.70	3.62	3.54	3.45	3.36
13	9.07	6.70	5.74	5.21	4.86	4.62	4.44	4.30	4.19	4.10	3.96	3.82	3.66	3.59	3.51	3.43	3.34	3.25	3.17
14	8.86	6.51	5.56	5.04	4.69	4.46	4.28	4.14	4.03	3.94	3.80	3.66	3.51	3.43	3.35	3.27	3.18	3.09	3.00
15	8.68	6.36	5.42	4.89	4.56	4.32	4.14	4.00	3.89	3.80	3.67	3.52	3.37	3.29	3.21	3.13	3.05	2.96	2.87
16	8.53	6.23	5.29	4.77	4.44	4.20	4.03	3.89	3.78	3.69	3.55	3.41	3.26	3.18	3.10	3.02	2.93	2.84	2.75
17	8.40	6.11	5.18	4.67	4.34	4.10	3.93	3.79	3.68	3.59	3.46	3.31	3.16	3.08	3.00	2.92	2.83	2.75	2.65
18	8.29	6.01	5.09	4.58	4.25	4.01	3.84	3.71	3.60	3.51	3.37	3.23	3.08	3.00	2.92	2.84	2.75	2.66	2.57
19	8.18	5.93	5.01	4.50	4.17	3.94	3.77	3.63	3.52	3.43	3.30	3.15	3.00	2.92	2.84	2.76	2.67	2.58	2.49
20	8.10	5.84	4.94	4.43	4.10	3.87	3.70	3.56	3.46	3.37	3.23	3.09	2.94	2.86	2.78	2.69	2.61	2.52	2.42
21	8.02	5.78	4.87	4.37	4.04	3.81	3.64	3.51	3.40	3.31	3.17	3.03	2.88	2.80	2.72	2.64	2.55	2.46	2.36
22	7.95	5.72	4.82	4.31	3.99	3.76	3.59	3.45	3.35	3.26	3.12	2.98	2.83	2.75	2.67	2.58	2.50	2.40	2.31
23	7.88	5.66	4.76	4.26	3.94	3.71	3.54	3.41	3.30	3.21	3.07	2.93	2.78	2.70	2.62	2.54	2.45	2.35	2.26
24	7.82	5.61	4.72	4.22	3.90	3.67	3.50	3.36	3.26	3.17	3.03	2.89	2.74	2.66	2.58	2.49	2.40	2.31	2.21
25	7.77	5.57	4.68	4.18	3.85	3.63	3.46	3.32	3.22	3.13	2.99	2.85	2.70	2.62	2.54	2.45	2.36	2.27	2.17
26	7.72	5.53	4.64	4.14	3.82	3.59	3.42	3.29	3.18	3.09	2.96	2.81	2.66	2.58	2.50	2.42	2.33	2.23	2.13

（续表）

$\alpha=0.001$

n_2 \ n_1	1	2	3	4	5	6	7	8	9	10	12	15	20	24	30	40	60	120	∞
27	7.68	5.49	4.60	4.11	3.78	3.56	3.39	3.26	3.15	3.06	2.93	2.78	2.63	2.55	2.47	2.38	2.29	2.20	2.10
28	7.64	5.45	4.57	4.07	3.75	3.53	3.36	3.23	3.12	3.03	2.90	2.75	2.60	2.52	2.44	2.35	2.26	2.17	2.06
29	7.60	5.42	4.54	4.04	3.73	3.50	3.33	3.20	3.09	3.00	2.87	2.73	2.57	2.49	2.41	2.33	2.23	2.14	2.03
30	7.56	5.39	4.51	4.02	3.70	3.47	3.30	3.17	3.07	2.98	2.84	2.70	2.55	2.47	2.39	2.30	2.21	2.11	2.01
40	7.31	5.18	4.31	3.83	3.51	3.29	3.12	2.99	2.89	2.80	2.66	2.52	2.37	2.29	2.20	2.11	2.02	1.92	1.80
60	7.08	4.98	4.13	3.65	3.34	3.12	2.95	2.82	2.72	2.63	2.50	2.35	2.20	2.12	2.03	1.94	1.84	1.73	1.60
120	6.85	4.79	3.95	3.48	3.17	2.96	2.79	2.66	2.56	2.47	2.34	2.19	2.03	1.95	1.86	1.76	1.66	1.53	1.38
∞	6.63	4.61	3.78	3.32	3.02	2.80	2.64	2.51	2.41	2.32	2.18	2.04	1.88	1.79	1.70	1.59	1.47	1.32	1.00

$\alpha=0.005$

n_2 \ n_1	1	2	3	4	5	6	7	8	9	10	12	15	20	24	30	40	60	120	∞
1	16 211	20 000	21 615	22 500	23 056	23 437	23 715	23 925	24 091	24 224	24 426	24 630	24 836	24 940	25 044	25 148	25 253	25 359	25 465
2	198.5	199.0	199.2	199.2	199.3	199.3	199.4	199.4	199.4	199.4	199.4	199.4	199.4	199.5	199.5	199.5	199.5	199.5	199.5
3	55.55	49.80	47.47	46.19	45.39	44.84	44.43	44.13	43.88	43.69	43.39	43.08	42.78	42.62	42.47	42.31	42.15	41.99	41.83
4	31.33	26.28	24.26	23.15	22.46	21.97	21.62	21.35	21.14	20.97	20.70	20.44	20.17	20.03	19.89	19.75	19.61	19.47	19.32
5	22.78	18.31	16.53	15.56	14.94	14.51	14.20	13.96	13.77	13.62	13.38	13.15	12.90	12.78	12.66	12.5	12.40	12.27	12.14
6	18.63	14.54	12.92	12.03	11.46	11.07	10.79	10.57	10.39	10.25	10.03	9.81	9.59	9.47	9.36	9.24	9.12	9.00	8.88
7	16.24	12.40	10.88	10.05	9.52	9.16	8.89	8.68	8.51	8.38	8.18	7.97	7.75	7.65	7.53	7.42	7.31	7.19	7.08
8	14.69	11.04	9.60	8.81	8.30	7.95	7.69	7.50	7.34	7.21	7.01	6.81	6.61	6.50	6.40	6.29	6.18	6.06	5.95
9	13.61	10.11	8.72	7.96	7.47	7.13	6.88	6.69	6.54	6.42	6.23	6.03	5.83	5.73	5.62	5.52	5.41	5.30	5.19
10	12.83	9.43	8.08	7.34	6.87	6.54	6.30	6.12	5.97	5.85	5.66	5.47	5.27	5.17	5.07	4.97	4.86	4.75	4.64
11	12.23	8.91	7.60	6.88	6.42	6.10	5.86	5.68	5.54	5.42	5.24	5.05	4.86	4.76	4.65	4.55	4.44	4.34	4.23
12	11.75	8.51	7.23	6.52	6.07	5.76	5.52	5.35	5.20	5.09	4.91	4.72	4.53	4.43	4.33	4.23	4.12	4.01	3.90
13	11.37	8.19	6.93	6.23	5.79	5.48	5.25	5.08	4.94	4.82	4.64	4.46	4.27	4.17	4.07	3.97	3.87	3.76	3.65

（续表）

$\alpha=0.005$

n_1 n_2	1	2	3	4	5	6	7	8	9	10	12	15	20	24	30	40	60	120	∞
14	11.06	7.92	6.68	6.00	5.56	5.26	5.03	4.86	4.72	4.60	4.43	4.25	4.06	3.96	3.86	3.76	3.66	3.55	3.44
15	10.80	7.70	6.48	5.80	5.37	5.07	4.85	4.67	4.54	4.42	4.25	4.07	3.88	3.79	3.69	3.58	3.48	3.37	3.26
16	10.58	7.51	6.30	5.64	5.21	4.91	4.9	4.52	4.38	4.27	4.10	3.92	3.73	3.64	3.54	3.44	3.33	3.22	3.11
17	10.38	7.35	6.16	5.50	5.07	4.78	4.56	4.39	4.25	4.14	3.97	3.79	3.61	3.51	3.41	3.31	3.21	3.10	2.98
18	10.22	7.21	6.03	5.37	4.96	4.66	4.44	4.28	4.14	4.03	3.86	3.68	3.50	3.40	3.30	3.20	3.10	2.99	2.87
19	10.07	7.09	5.92	5.27	4.85	4.56	4.34	4.18	4.04	3.93	3.76	3.59	3.40	3.31	3.21	3.11	3.00	2.89	2.78
20	9.94	6.99	5.82	5.17	4.76	4.47	4.26	4.09	3.96	3.85	3.68	3.50	3.32	3.22	3.12	3.02	2.92	8.81	2.69
21	9.83	6.89	5.73	5.09	4.68	4.39	4.18	4.01	3.88	3.77	3.60	3.43	3.24	3.15	3.05	2.95	2.84	2.73	2.61
22	9.73	6.81	5.65	5.02	4.61	4.32	4.11	3.94	3.81	3.70	3.54	3.36	3.18	3.08	2.98	2.88	2.77	2.66	2.55
23	9.63	6.73	5.58	4.95	4.54	4.26	4.05	3.88	3.75	3.64	3.47	3.30	3.12	3.02	2.92	2.82	2.71	2.60	2.48
24	9.55	6.66	5.52	4.89	4.49	4.20	3.99	3.83	3.69	3.59	3.42	3.25	3.06	2.97	2.87	2.77	2.66	2.55	2.43
25	9.48	6.60	5.46	4.84	4.43	4.15	3.94	3.78	3.64	3.54	3.37	3.20	3.01	2.92	2.82	2.72	2.61	2.50	2.38
26	9.41	6.54	5.41	4.79	4.38	4.10	3.89	3.73	3.60	3.49	3.33	3.15	2.97	2.87	2.77	2.67	2.56	2.45	2.33
27	9.34	6.49	5.36	4.74	4.34	4.06	3.85	3.69	3.56	3.45	3.28	3.11	2.93	2.83	2.73	2.63	2.52	2.41	2.29
28	9.28	6.44	5.32	4.70	4.30	4.02	3.81	3.65	3.52	3.41	3.25	3.07	2.89	2.79	2.69	2.59	2.48	2.37	2.25
29	9.23	6.40	5.28	4.66	4.26	3.98	3.77	3.61	3.48	3.38	3.21	3.04	2.86	2.76	2.66	2.56	2.45	2.33	2.21
30	9.18	6.35	5.24	4.62	4.23	3.95	3.74	3.58	3.45	3.34	3.18	3.01	2.82	2.73	2.63	2.52	2.42	2.30	2.18
40	8.83	6.07	4.98	4.37	3.99	3.71	3.51	3.35	3.22	3.12	2.95	2.78	2.60	2.50	2.40	2.30	2.18	2.06	1.93
60	8.49	5.79	4.73	4.14	3.76	3.49	3.29	3.13	3.01	2.90	2.74	2.57	2.39	2.29	2.19	2.08	1.96	1.83	1.69
120	8.18	5.54	4.50	3.92	3.55	3.28	3.09	2.93	2.81	2.71	2.54	2.37	2.19	2.09	1.98	1.87	1.75	1.61	1.43
∞	7.88	5.30	4.28	3.72	3.35	3.09	2.90	2.74	2.62	2.52	2.36	2.19	2.00	1.90	1.79	1.67	1.53	1.36	1.00

附录6 相关系数临界值 r_α 表

$$P\{|r| > r_\alpha\} = \alpha$$

$n-2$ \ α	0.10	0.05	0.02	0.01	0.001	α \ $n-2$
1	0.987 69	0.099 692	0.999 507	0.999 877	0.999 998 8	1
2	0.900 00	0.950 00	0.980 00	0.990 00	0.999 00	2
3	0.805 4	0.878 3	0.934 33	0.958 73	0.991 16	3
4	0.729 3	0.811 4	0.882 2	0.917 20	0.974 06	4
5	0.669 4	0.754 5	0.832 9	0.874 5	0.950 74	5
6	0.621 5	0.706 7	0.788 7	0.834 3	0.924 93	6
7	0.582 2	0.666 4	0.749 8	0.797 7	0.898 2	7
8	0.549 4	0.631 9	0.715 5	0.764 6	0.872 1	8
9	0.521 4	0.602 1	0.685 1	0.734 8	0.847 1	9
10	0.497 3	0.576 0	0.658 1	0.707 9	0.823 3	10
11	0.476 2	0.552 9	0.633 9	0.683 5	0.801 0	11
12	0.457 5	0.532 4	0.612 0	0.661 4	0.780 0	12
13	0.440 9	0.513 9	0.592 3	0.641 1	0.760 3	13
14	0.425 9	0.497 3	0.574 2	0.622 6	0.742 0	14
15	0.412 4	0.482 1	0.557 7	0.605 5	0.724 6	15
16	0.400 0	0.468 3	0.542 5	0.589 7	0.708 4	16
17	0.388 7	0.455 5	0.528 5	0.575 1	0.693 2	17
18	0.378 3	0.443 8	0.515 5	0.561 4	0.678 7	18
19	0.368 7	0.432 9	0.503 4	0.548 7	0.665 2	19
20	0.359 8	0.422 7	0.492 1	0.536 8	0.652 4	20
25	0.323 3	0.380 9	0.445 1	0.486 9	0.597 4	25
30	0.296 0	0.349 4	0.409 3	0.448 7	0.554 1	30
35	0.274 6	0.324 6	0.381 0	0.418 2	0.518 9	35
40	0.257 3	0.304 4	0.357 8	0.393 2	0.489 6	40
45	0.242 8	0.287 5	0.338 4	0.372 1	0.464 8	45
50	0.230 6	0.273 2	0.321 8	0.354 1	0.443 3	50
60	0.210 8	0.250 0	0.294 8	0.324 8	0.407 8	60
70	0.195 4	0.231 9	0.273 7	0.301 7	0.379 9	70
80	0.182 9	0.217 2	0.256 5	0.283 0	0.356 8	80
90	0.172 6	0.205 0	0.242 2	0.267 3	0.337 5	90
100	0.163 8	0.194 6	0.230 1	0.254 0	0.321 1	100

习 题 答 案

习 题 一

1. $A=\{1,3,5\}$, $B=\{1,2,3\}$, $C=\{3,4,5,6\}$, $D=\{5\}$, $A\cup B=\{1,2,3,5\}$, $B\cup C=\{1,2,3,4,5,6\}$, $AB=\{1,3\}$, $BD=\varnothing$, $\overline{A}=\{2,4,6\}$, $\overline{A}C=\{4,6\}$, $A-B=\{5\}$, $B-A=\{2\}$

2. (1) $\overline{C}$; (2) $\overline{A}BC$; (3) $\overline{A}B\overline{C}\cup\overline{A}\overline{C}B\cup\overline{B}\overline{C}A$; (4) $A+B+C$; (5) $ABC\cup AB\overline{C}\cup A\overline{B}C\cup\overline{A}BC$; (6) $ABC\cup AB\overline{C}\cup A\overline{B}\overline{C}\cup\overline{A}BC$

3. 略。

4. 略。

5. (1) $AB\overline{C}$; (2) $AB\overline{C}$; (3) $AB\overline{C}\cup A\overline{B}C\cup\overline{A}B\overline{C}$; (4) $\overline{A}B\overline{C}$; (5) $A+B+C$; (6) $\overline{A}\,\overline{B}C\cup\overline{A}\,\overline{C}B\cup\overline{B}\overline{C}A$; (7) $AB\overline{C}\cup A\overline{B}C\cup\overline{A}BC$; (8) $ABC\cup AB\overline{C}\cup A\overline{B}C\cup\overline{A}BC$; (9) $\overline{ABC}$; (10) $\overline{AB}+\overline{A}B$

6. (1) 用 H 表示出现正面, T 表示出现反面,则样本空间为:
$$\{HHHH,HHHT,HHTH,HHTT,HTHH,HTHT,HTTH,HTTT,$$
$$THHH,THHT,THTH,THTT,TTHH,TTHT,TTTH,TTTT\}$$

(2) 用 G 表示抽取的为合格品, B 表示抽取的为次品,则样本空间为:
$$\{GGG,GGB,GBG,GBB,BGG,BGB,BBG,BBB\}$$

(3) 用 G 表示抽取的为合格品, B 表示抽取的为次品,则样本空间为:
$$\{GGG,GGB,GBG,BGG\}$$

7. (1) $A\cup C=\{x:x\neq 0\}$, $A\cap C=\varnothing$, $\overline{A}=\{x:x\leqslant 0\}$, $B\cap C=\{x:-1<x<0\}$, $A\cap\overline{B}=\{x:2\leqslant x\}$, $A\cup B=\{x:-1<x\}$;

(2) $D=A\cap B$, $E=\overline{A\cup C}$, $F=\overline{A\cup B}$

8. (1) $\dfrac{C_{500}^{90}C_{1\,200}^{110}}{C_{1\,700}^{200}}$; (2) $1-\dfrac{C_{500}^{1}C_{1\,200}^{199}+C_{1\,200}^{200}}{C_{1\,700}^{200}}$

9. (1) $\dfrac{1}{5}$; (2) $\dfrac{3}{5}$; (3) $\dfrac{9}{10}$

10. 甲先胜的概率是 0.5,两人一直打平手的概率是 0。

11. 0.214

12. $\dfrac{3}{323}, \dfrac{96}{323}, \dfrac{224}{323}$

13 (1) $\dfrac{28}{45}$； (2) $\dfrac{1}{45}$； (3) $\dfrac{16}{45}$； (4) $\dfrac{9}{45}$

14. 15%

15. 1/3

16. $P(A|B)=0.99, P(\bar{A}|B)=0.01, P(A|\bar{B})=0.01, P(\bar{A}|\bar{B})=0.99$

17. $P(T|O)=\dfrac{0.01P}{0.01P+0.99(1-q)}, P(T|\bar{O})=\dfrac{0.01(1-P)}{0.01(1-P)+0.99q}, P(T\bigcap O)=0.01P,$
$P(T\bigcap\bar{O})=0.01(1-P)$

18. $\dfrac{mN+n(N+1)}{(N+M+1)(n+m)}$

19. $0.4;0.58;0.18;0.42;0.72$

20. (1) 0.899 2； (2) 0.069 93； (3) 1

21. A 和 B 不是互斥事件

22. 0.000 298

23. 略。

24. 略。

25. 0.645

26. (1) 0.056； (2) $\dfrac{1}{18}$

27. (1) 0.892； (2) 0.705

28. $\dfrac{196}{197}$

习 题 二

1. (1) 不是,不满足概率的规范性。

(2) 是,满足概率的非负性和规范性。

(3) 是,满足概率的非负性和规范性。

(4) 不是,不满足概率的规范性。

2. $c=\dfrac{8}{7}$

3. $P\{X=k\}=\dfrac{C_{k-1}^{2}}{C_{5}^{3}}, k=3,4,5$

4.

X	0	1	2	3
P	0.125	0.375	0.375	0.125

5. $2.3125, 0.32$

6.

X	1	2	3
P	4/7	2/7	1/7

7.

X	-1	1	3
P	0.4	0.4	0.2

8. $P\{X=n\}=\dfrac{6}{\pi^2}\dfrac{1}{n^2}, \quad n=1,2,\cdots$

9. $P\{Y\geqslant 1\}=\dfrac{65}{81}$

10. $P\{X=k\}=p\cdot C_{k-1}^{m-1}p^{m-1}(1-p)^{k-m}, \quad k=m,m+1,m+2,\cdots$

11. $P\{X=2k\}=\dfrac{1}{2^k}, \quad k=1,2,\cdots$

12. 令 X,Y 分别表示甲乙二人的各自射击次数,Z 表示目标被击中时,总的射击次数。X,Y 的分布列分别为
$$P\{X=k\}=(0.24)^{k-1}\times 0.76, \quad k=1,2,\cdots$$
$$P\{Y=k\}=(0.24)^{k-1}\times 0.456, \quad k=1,2,\cdots, \quad P\{Y=0\}=0.4$$

13. (1) $\ln 2,1,1-\ln 2$; (2) $f(x)=\begin{cases}\dfrac{1}{x}, & 1\leqslant x<e \\ 0, & \text{其他}\end{cases}$

14. (1) $A=\dfrac{1}{2}$; (2) $\dfrac{\sqrt{2}}{4}$; (3) $F(x)=\begin{cases}0, & x<-\dfrac{\pi}{2} \\ \dfrac{1}{2}\sin x+\dfrac{1}{2}, & -\dfrac{\pi}{2}\leqslant x<\dfrac{\pi}{2} \\ 1, & x\geqslant\dfrac{\pi}{2}\end{cases}$

15. $a=-\dfrac{3}{2},b=\dfrac{7}{4}$

16. (1) $A=1$; (2) 0.4; (3) $f(x)=\begin{cases}2x, & 0<x<1 \\ 0, & \text{其他}\end{cases}$

17. $f(x)=\dfrac{1}{\pi(1+x^2)},x\in\mathbf{R}$

18. (1) 是; (2) 不是; (3) 不是

19. $k=1$

20. $P\{X=k\}=(0.98)^{k-1}\times 0.02, \quad k=1,2,\cdots$;或者 X 服从参数为 0.02 的几何分布。

21. $P\{X=k\}=\dfrac{C_5^k C_{15}^{4-k}}{C_{20}^4}, \quad k=1,2,3,4$

22. $P\{X=k\}=C_5^k(0.1)^k(0.9)^{5-k}, \quad k=0,1,2,3,4,5$

23. 0.095,或者 $1-e^{-0.1}$

24. 0.0902

25. 13

26. $f(t)=\begin{cases}\lambda \mathrm{e}^{-\lambda t}, & t>0 \\ 0, & \text{其他}\end{cases}$

27. (1) 0.022 8; (2) 0.341 3; (3) 0.818 6

28. 0.682 6; $x\geqslant 2.6$

29. 0.039 5; 0.04

30. $x_1=5.05; x_2=10; x_3=14.95$

31. 0.954 4

32. (1) 0.05; (2) 0.573 1

33.

Y	-3	-1	1	3	5	7
$P\{Y=y_j\}$	0.1	0.2	0.1	0.3	0.2	0.1

Z	0	1	4	9
$P\{Z=z_k\}$	0.1	0.5	0.3	0.1

34. $f_Y(y)=\begin{cases}\sqrt[3]{\dfrac{2}{9\pi}}\dfrac{1}{b-a}\dfrac{1}{\sqrt[3]{y^2}}, & \dfrac{1}{6}\pi a^3<y<\dfrac{1}{6}\pi b^3 \\ 0, & \text{其他}\end{cases}$

35. $f_Y(y)=\begin{cases}\dfrac{1}{y^2}, & y>1 \\ 0, & \text{其他}\end{cases}$

36. $f_Y(y)=\begin{cases}1, & y\in[0,1] \\ 0, & \text{其他}\end{cases}$，即 Y 服从$[0,1]$上的指数分布。

37. $f_Y(y)=\begin{cases}\dfrac{1}{\sqrt{2\pi}}\mathrm{e}^{-\frac{(2-y)^2}{8}}, & y\in(-\infty,2) \\ 0, & \text{其他}\end{cases}$

38. $f_Y(y)=\begin{cases}\lambda \mathrm{e}^{-\lambda y}, & y>0 \\ 0, & \text{其他}\end{cases}$，即随机变量 Y 服从参数为 λ 的指数分布。

39. $f_Y(y)=\dfrac{2}{\pi(1+\mathrm{e}^{2y})}\mathrm{e}^y, \quad y\in(-\infty,+\infty)$

40. 存在,如 $h(x)=\sqrt{x}$

41. $\dfrac{9}{64}$

42.

X	1	2	3	4
$P(Y=y_i)$	0.115 1	0.229 5	0.443 5	0.211 9

习　题　三

1.

X \ Y	1	2	3	4	$p_{i\cdot}$
1	$\dfrac{1}{4}$	0	0	0	$\dfrac{1}{4}$
2	$\dfrac{1}{8}$	$\dfrac{1}{8}$	0	0	$\dfrac{1}{4}$
3	$\dfrac{1}{12}$	$\dfrac{1}{12}$	$\dfrac{1}{12}$		$\dfrac{1}{4}$
4	$\dfrac{1}{16}$	$\dfrac{1}{16}$	$\dfrac{1}{16}$	$\dfrac{1}{16}$	$\dfrac{1}{4}$
$p_{\cdot j}$	$\dfrac{25}{48}$	$\dfrac{13}{48}$	$\dfrac{7}{48}$	$\dfrac{3}{48}$	

2. $0.4, 0.4$

3. $0.05, 0.3, 0.6$

4. $c = 24/5$

$$f_X(x) = \begin{cases} \dfrac{12}{5}x^2(2-x), & 0 \leqslant x \leqslant 1 \\ 0, & \text{其他} \end{cases}$$

$(2)\ f_Y(y) = \begin{cases} \dfrac{24}{5}y\left(\dfrac{3}{2} - 2y + \dfrac{y^2}{2}\right), & 0 \leqslant y \leqslant 1 \\ 0, & \text{其他} \end{cases}$

5. $f_X(x) = \displaystyle\int_{-\infty}^{+\infty} f(x,y)\,\mathrm{d}y = \begin{cases} \displaystyle\int_{x^2}^{x} 6\,\mathrm{d}y = 6(x - x^2), & 0 \leqslant x \leqslant 1 \\ 0, & \text{其他} \end{cases}$

$f_Y(y) = \displaystyle\int_{-\infty}^{+\infty} f(x,y)\,\mathrm{d}x = \begin{cases} \displaystyle\int_{y}^{\sqrt{y}} 6\,\mathrm{d}x = 6(\sqrt{y} - y), & 0 \leqslant y \leqslant 1 \\ 0, & \text{其他} \end{cases}$

$$f_X(x) = \begin{cases} \dfrac{2}{\pi}\sqrt{1 - x^2}, & -1 \leqslant x \leqslant 1 \\ 0, & \text{其他} \end{cases}$$

6. $f_Y(y) = \begin{cases} \dfrac{2}{\pi}\sqrt{1 - y^2}, & -1 \leqslant y \leqslant 1 \\ 0, & \text{其他} \end{cases}$

7. X 和 Y 不独立。

8. $f_{X|Y}(x|y) = \begin{cases} \dfrac{1}{2\sqrt{1 - y^2}}, & -\sqrt{1 - y^2} \leqslant x \leqslant \sqrt{1 - y^2} \\ 0, & \text{其他} \end{cases}$

9. $y > 0,\ P\{X > 1 \mid Y = y\} = \displaystyle\int_{1}^{\infty} \dfrac{\mathrm{e}^{-x/y}}{y}\,\mathrm{d}x = -\mathrm{e}^{-x/y}\Big|_{1}^{\infty} = \mathrm{e}^{-1/y}$

10. (1) $f_X(x) = \int_{-\infty}^{+\infty} f(x, y) \mathrm{d}y = \begin{cases} \int_{-x}^{x} \mathrm{d}y = 2x, & 0 < x < 1 \\ \\ 0, & \text{其他} \end{cases}$

$f_Y(y) = \int_{-\infty}^{\infty} f(x, y) \mathrm{d}x = \begin{cases} \int_{y}^{1} \mathrm{d}x = 1 - y, & 0 \leqslant y < 1 \\ \int_{-y}^{1} \mathrm{d}x = 1 + y, & -1 \leqslant y < 0 \\ 0, & \text{其他} \end{cases} = \begin{cases} 1 - |y|, & |y| < 1 \\ 0, & \text{其他} \end{cases}$

(2) 当 $|y| < 1, f_{X|Y}(x|y) = \dfrac{f(x, y)}{f_Y(y)} = \begin{cases} \dfrac{1}{1 - |y|}, & |y| < x < 1 \\ 0, & \text{其他} \end{cases}$

当 $0 < x < 1, f_{Y|X}(x|y) = \dfrac{f(x, y)}{f_X(x)} = \begin{cases} \dfrac{1}{2x}, & |y| < x \\ 0, & \text{其他} \end{cases}$

(3) $P\left\{ X > \dfrac{1}{2} \,\middle|\, Y > 0 \right\} = \dfrac{P\left\{ X > \dfrac{1}{2}, Y > 0 \right\}}{P\{Y > 0\}} = \dfrac{\left(1 + \dfrac{1}{2}\right) \times \dfrac{1}{2} \div 2}{\dfrac{1}{2} \times 1 \times 1} = \dfrac{3}{4}$

11. $P\{X = m, Y = n\} = q^{m-1} \cdot p \cdot q^{n-m-1} \cdot p$
(其中 $q = 1 - p$)$(n = 2, 3, \cdots; m = 1, 2, \cdots, n-1)$ X 的边缘分布率为
$P\{X = m\} = pq^{m-1}, m = 1, 2, \cdots$
Y 的边缘分布率为
$P\{Y = n\} = (n-1)p^2 q^{n-2}, n = 2, 3, \cdots$
在 $Y = n$ 条件下随机变量 X 的条件分布律为
当 $n = 2, 3, \cdots$ 时
$P\{X = m | Y = n\} = \dfrac{1}{n-1}, m = 1, 2, \cdots, n-1$
在 $X = m$ 条件下随机变量 Y 的条件分布律为
当 $m = 1, 2, 3, \cdots$ 时
$P\{Y = n | X = m\} = pq^{n-m-1}, n = m+1, m+2, \cdots$

12. $f_Z(z) \begin{cases} z, & 0 < z \leqslant 1 \\ 2 - z, & 1 < z < 2 \\ 0, & \text{其他} \end{cases}$

13. $f_Z(z) = \begin{cases} \dfrac{z^3}{6} \mathrm{e}^{-z}, & z > 0 \\ 0, \text{其他} \end{cases}$

习　题　四

1. (1) 1;　(2) 2;　(3) 5;　(4) 1

2. 11/2

3. (1) 1; (2) 0; (3) 1/6

4. (1) 1; (2) 4/3; (3) 1

5. (1) 3/2;9/4; (2) 2/5;9/100

6. (1) 2;17; (2) 2;17

7. 3/4;3/5

8. 略

9. 4;18;6;1

10. 4/225;1/9

11. −0.36

12. 7/6;7/6;−1/36;−1/11;5/9

13. $7;\dfrac{2}{\sqrt{7}}$

14. 略

15. 不独立;不相关

习 题 五

1. 小于等于 1/2

2. 大于等于 8/9

3. 大于等于 13/48

4. 大于等于 0.9

5. (1) 0.291 2; (2) 10 426

6. 0.211 9

7. 0.022 75

8. 147 个

9. 0.682 6

10. 0.001 3

11. 0;0.5

12. 0.993 8

习 题 六

1. $F(X) = \begin{cases} 0, & x<-2 \\ 0.1, & -2 \leqslant x < 0 \\ 0.2, & 0 \leqslant x < 2 \\ 0.4, & 2 \leqslant x < 2.5 \\ 0.7, & 2.5 \leqslant x < 3 \\ 0.8, & 3 \leqslant x < 3.2 \\ 0.9, & 3.2 \leqslant x < 4 \\ 1, & x \geqslant 4 \end{cases}$

2. 当常数 $C=\dfrac{1}{3}$ 时，CY 服从 $\chi^2(2)$ 的分布。

3. （1）当常数 $C=\dfrac{\sqrt{6}}{2}$ 时，$Y_1=\dfrac{C(X_1+X_2)}{\sqrt{X_3^2+X_4^2+X_5^2}}$ 服从 $t(3)$ 的分布；

（2）$Y_2=\dfrac{(X_1+X_2)^2}{(X_4-X_3)^2}$ 服从 $F(1,1)$ 的分布。

习 题 七

1. θ 的矩估计值为 $\dfrac{5}{6}$

2. 316.64，提示，求期望 μ 的 95% 的置信区间，得 $[161.14,316.64]$

3. 参数 λ 的最大似然估计值 $\hat{\lambda}=\dfrac{1}{\bar{x}}=\dfrac{1}{\dfrac{1}{n}\sum\limits_{i=1}^{n}x_i}=\dfrac{n}{\sum\limits_{i=1}^{n}x_i}$

4. μ 的 95% 置信区间为 $[20.56,139.44]$

5. μ 的 95% 置信区间为 $[500.445,507.055]$

6. μ 的 90% 置信区间为 $[136.72,235.28]$，σ 的 90% 置信区间为 $[9.74,15.80]$

习 题 八

1. 厂方声称的 15 公斤的说法与抽样实测结果的偏离在统计上达到显著程度，不好用随机误差来解释。

2. 可以认为该批木材是一等品。

3. 接受原假设 $H_0:\mu=52.0$。

4. 当日生产的维尼龙纤度的方差有显著改变。

5. 在 $\alpha=0.05$ 水平下可以相信厂方的说明书。

6. 可以出厂。

7. 两车床生产的产品重量有显著差异。

8. 两种轮胎的耐磨性有显著差异。

9. 孟德尔定律成立。

10. 灯泡的寿命 t 服从参数为 $\lambda=0.005$ 的指数分布。

11. 该皮炎的发生与工种有关。

12. 这段时间机器工作不正常。

13. 钢筋强度有显著提高。

14. 这批罐头的 V_C 含量合格。

15. 含碳量的方差仍为 0.098^2。

16. 纤度标准差显著偏大。

17. 两台机床加工的滚珠直径有显著差异。

18. 该校游泳运动员的最大耗氧量不低于优秀运动员。

19. 光明中学的成绩显著高于全区的成绩。

20. 男女生成绩的总体方差一致。

21. 实验班的成绩与对照班的成绩无显著性差异。

22. 99 级男女生比例与师范院校男女生比例一致。

23. 师大附中的成绩仍然显著高于全市的成绩。